新・数理/工学ライブラリ［数学＝4］

フーリエ級数・変換と
ラプラス変換

―基礎から実践まで―

新中新二 著

数理工学社

浄土の父母兄に捧ぐ

まえがき

　大学工学部，工業高等専門学校においては，工学を本格的に学ぶ準備として，線形代数学，幾何学，微積分学などの基礎的数学の教育後に，応用数学を教育している．工学の効率的な修得に必要とされる応用数学は，分野に依存して変わることになるが，最大公約数的には，「フーリエ級数，フーリエ変換，ラプラス変換」を含むであろう．しかし残念ながら，フーリエ級数，フーリエ変換，ラプラス変換の三者をバランスよく解説した教科書は，驚くほど少ない．

　本書は，上記認識の下，大学工学部，工業高等専門学校の学生，特にはじめて応用数学を学ぶ学生を対象に用意したものであり，以下の特徴をもたせた．

① フーリエ級数，フーリエ変換，ラプラス変換の三者を，量的にもレベル的にもバランスをもたせるよう心掛けた．この視点より，本書は，第1部・フーリエ級数，第2部・フーリエ変換，第3部・ラプラス変換の3部構成とし，各部は3章から構成した．

② 第1部〜第3部を順次学修されることを期待しているが，教育機関の授業編成に柔軟に対応できるように，さらには各部単独でも利用できるように，各部に高い独立性を付与した．

③ 真の理解には，体系的な理解が欠かせない．本書は，学生による体系的な理解を目指した．このため，各部は，体系的な理解に不可欠な原理・基礎から解説を開始し，段階的にレベルを上げ，各部末では工学系学生として，十分な知識が獲得できるようにした．

④ 学生自身で独修できるよう配慮した．このため，数式の展開は，基礎的数学を履修した学生の学力でフォローできるよう，詳しく解説した．

⑤ 余りに数学的厳密性を追求しすぎ，工学系学生にとって難解となることを避けた（工学的観点からは十分な厳密性を維持している）．代わって，多数の波形図を用意し，直観的理解をうながすようにした．また，例題は工学的応用を意識したものとした．

⑥ 第③項と関連するが，学生が技術者・研究者になった後の長期利用にも耐えうるよう，内容の充実を心掛けた．

本書は，上記第②項と関連するが，2セメスターあるいは1セメスターの教科書として利用されることを想定している．2セメスター利用の場合には，基本的に本書の全内容を解説いただきたい．1セメスター利用の場合には，本書の要所を抜粋・解説いただきたい（目次末の追記参照）．本書を2セメスター・30回の授業に利用する場合，基盤的性格をもつ第1部を第1セメスター，発展的性格をもつ第2部，第3部を第2セメスターとし，適時中間試験を実施するのがよいであろう．本書を1セメスター・15回の授業に利用する場合，第1部・フーリエ級数を6回（中間試験1回を含む），第2部・フーリエ変換を5回（中間試験1回を含む），第3部・ラプラス変換を4回とし，この上でラプラス変換を対象とした期末試験を実施するのが標準的であろう．

本書は，著者の神奈川大学における講義ノートをベースにしたものであるが，執筆に際しては，参考文献欄に挙げた先達の書籍を参考させていただいた．講義ノートも先達の影響を大いに受けている．しかしながら，浅学非才ゆえの考え違いを危惧している．読者諸氏の指摘を仰ぎたい．

2009年12月31日　瀬戸内の小島・上蒲刈島にて

新中 新二

目　　次

第1部　フーリエ級数

第1章 ベクトル空間　3
- 1.1　ベクトル空間 …………………………………………… 4
- 1.2　ノルム空間 ……………………………………………… 7
- 1.3　距離空間 ………………………………………………… 10
- 1.4　内積空間 ………………………………………………… 11
  - 1.4.1　内積の公理 ………………………………………… 11
  - 1.4.2　内積の不等式 ……………………………………… 12
  - 1.4.3　内積とノルム ……………………………………… 14
  - 1.4.4　内積と射影 ………………………………………… 15
  - 1.4.5　内積と直交 ………………………………………… 16
- 1.5　ベクトル空間の次元と基底 …………………………… 17
- 1.6　ベクトルの直交化と直交関数系 ……………………… 19
  - 1.6.1　ベクトルの直交化 ………………………………… 19
  - 1.6.2　直交関数系 ………………………………………… 20

第2章 複素フーリエ級数　27
- 2.1　一般化フーリエ級数 …………………………………… 28
- 2.2　直交関数系によるフーリエ級数 ……………………… 31
- 2.3　複素フーリエ級数 ……………………………………… 32
  - 2.3.1　複素フーリエ級数の導出 ………………………… 32
  - 2.3.2　複素フーリエ級数の収束特性 …………………… 34
  - 2.3.3　複素フーリエ係数の特性 ………………………… 39
  - 2.3.4　任意周期の複素フーリエ級数 …………………… 44

第3章 三角フーリエ級数　　　　　　　　　　　　　　　　　47

- 3.1　偶関数と奇関数 …………………………………………… 48
- 3.2　三角フーリエ級数 …………………………………………… 50
  - 3.2.1　三角フーリエ級数の導出 ………………………… 50
  - 3.2.2　複素フーリエ級数との関係 ……………………… 51
  - 3.2.3　直流成分と交流成分 ……………………………… 52
  - 3.2.4　偶関数と奇関数の三角フーリエ級数 …………… 56
- 3.3　代表的信号の三角フーリエ級数 ………………………… 60
  - 3.3.1　矩形パルス信号 …………………………………… 60
  - 3.3.2　矩形波信号 ………………………………………… 64
  - 3.3.3　120度矩形波信号 ………………………………… 67
  - 3.3.4　のこぎり波信号 …………………………………… 70
  - 3.3.5　三角波信号 ………………………………………… 73
  - 3.3.6　台形波信号 ………………………………………… 76
  - 3.3.7　全波整流信号 ……………………………………… 79
  - 3.3.8　半波整流信号 ……………………………………… 81
  - 3.3.9　2次信号 …………………………………………… 84
- 3.4　任意周期の三角フーリエ級数 …………………………… 87
- 3.5　余弦フーリエ級数と正弦フーリエ級数 ………………… 89
  - 3.5.1　余弦フーリエ級数 ………………………………… 89
  - 3.5.2　正弦フーリエ級数 ………………………………… 91

第2部　フーリエ変換

第4章 フーリエ変換　　　　　　　　　　　　　　　　　　　97

- 4.1　複素フーリエ積分 ………………………………………… 98
  - 4.1.1　無限積分 …………………………………………… 98
  - 4.1.2　複素フーリエ積分の導出 ………………………… 98
  - 4.1.3　複素フーリエ積分の性質 ………………………… 100
- 4.2　フーリエ変換の定義と表現 ……………………………… 103
  - 4.2.1　フーリエ変換の定義 ……………………………… 103

4.2.2　フーリエ変換の 3 表現 …………………………………… 103
　　　4.2.3　振幅・位相スペクトラム …………………………………… 104
　4.3　フーリエ変換の性質 ……………………………………………… 106
　　　4.3.1　変換上の諸性質 ……………………………………………… 106
　　　4.3.2　パーシバルの定理 …………………………………………… 114
　4.4　基本信号のフーリエ変換 ………………………………………… 116
　　　4.4.1　指数信号 ……………………………………………………… 116
　　　4.4.2　矩形パルス信号 ……………………………………………… 117
　　　4.4.3　三角パルス信号 ……………………………………………… 119
　　　4.4.4　指数減衰の余弦・正弦信号 ………………………………… 122
　　　4.4.5　有限区間の余弦・正弦信号 ………………………………… 124
　　　4.4.6　ヒルベルト信号と符号信号 ………………………………… 128
　　　4.4.7　ガウス信号 …………………………………………………… 130
　4.5　デルタ関数を利用したフーリエ変換 …………………………… 131
　　　4.5.1　超関数とデルタ関数 ………………………………………… 131
　　　4.5.2　デルタ関数の性質 …………………………………………… 134
　　　4.5.3　インパルス信号と直流信号 ………………………………… 137
　　　4.5.4　無限区間の余弦・正弦信号 ………………………………… 138
　　　4.5.5　単位ステップ信号 …………………………………………… 140
　　　4.5.6　周期信号 ……………………………………………………… 141

第 5 章 余弦変換と正弦変換　　　143

　5.1　フーリエ積分と変換式 …………………………………………… 144
　　　5.1.1　実関数のフーリエ積分 ……………………………………… 144
　　　5.1.2　余弦・正弦変換の定義 ……………………………………… 145
　5.2　基本信号の余弦・正弦変換 ……………………………………… 146
　　　5.2.1　指数信号 ……………………………………………………… 146
　　　5.2.2　矩形パルス信号 ……………………………………………… 147
　　　5.2.3　三角パルス信号 ……………………………………………… 149

第 6 章 フーリエ変換を用いた偏微分方程式の解法　　151

- 6.1 求解の準備 …………………………………………………… 152
- 6.2 波動方程式 …………………………………………………… 153
- 6.3 熱伝導方程式 ………………………………………………… 156
- 6.4 ラプラス方程式 ……………………………………………… 157

第 3 部　ラプラス変換

第 7 章 ラプラス変換　　161

- 7.1 ラプラス変換の有用性 ……………………………………… 162
- 7.2 ラプラス変換の定義 ………………………………………… 165
  - 7.2.1 ラプラス変換の定義と存在 ………………………… 165
  - 7.2.2 ラプラス逆変換の定義と存在 ……………………… 168
- 7.3 ラプラス変換の性質 ………………………………………… 170
  - 7.3.1 変換上の諸性質 ……………………………………… 170
  - 7.3.2 初期値定理と最終値定理 …………………………… 178
- 7.4 基本信号のラプラス変換 …………………………………… 180
  - 7.4.1 第 1 基本信号 ………………………………………… 180
  - 7.4.2 第 2 基本信号 ………………………………………… 185

第 8 章 ラプラス逆変換　　191

- 8.1 部分分数展開によるラプラス逆変換 ……………………… 192
  - 8.1.1 一般的な場合 ………………………………………… 192
  - 8.1.2 単根のみの場合 ……………………………………… 193
  - 8.1.3 n 重根のみの場合 …………………………………… 193
- 8.2 部分分数展開法 ……………………………………………… 194
  - 8.2.1 係数決定の 3 方法 …………………………………… 194
  - 8.2.2 ヘビサイドの展開定理 ……………………………… 195
  - 8.2.3 2 次有理関数の係数決定法 ………………………… 197
- 8.3 ラプラス逆変換の遂行例 …………………………………… 198
  - 8.3.1 部分分数展開のみによる例 ………………………… 198

8.3.2　時間積分定理を併用する例 ……………………………………… 205
　　8.3.3　時間畳込み定理を活用する例 ……………………………………… 207

第 9 章 ラプラス変換を用いた微分方程式の解法　　211
9.1　線形定係数常微分方程式の解法 …………………………………………… 212
　　9.1.1　直接的な解法 ………………………………………………………… 212
　　9.1.2　求解の例 ……………………………………………………………… 214
9.2　連立線形定係数常微分方程式の解法 ……………………………………… 222
　　9.2.1　直接的な解法 ………………………………………………………… 222
　　9.2.2　状態空間表現による解法 …………………………………………… 224
　　9.2.3　求解の例 ……………………………………………………………… 225
9.3　境界条件問題の解法 ………………………………………………………… 230
　　9.3.1　駆動信号がない場合 ………………………………………………… 230
　　9.3.2　駆動信号がある場合 ………………………………………………… 231
　　9.3.3　自励振動の場合 ……………………………………………………… 232
9.4　積分方程式の解法 …………………………………………………………… 235
　　9.4.1　積分初期値の扱い …………………………………………………… 235
　　9.4.2　逆問題 ………………………………………………………………… 237
9.5　偏微分方程式の解法 ………………………………………………………… 240
　　9.5.1　求解の準備 …………………………………………………………… 240
　　9.5.2　基礎的方程式 ………………………………………………………… 241
　　9.5.3　無損失線路電信方程式と波動方程式 ……………………………… 243
　　9.5.4　損失線路電信方程式と熱伝導方程式 ……………………………… 248

参 考 文 献　　253

索　　引　　254

追 記

本書を 1 セメスター・15 回の授業に利用する場合には，「フーリエ級数，フーリエ変換，ラプラス変換」の原理と要点の解説に力点をおくことを勧める．この場合，以下に示した節，項，および小項の解説を省略するとよいであろう．

第 1 部　フーリエ級数の省略部分
第 1 章：1.3 節，1.4.2 項，1.6.1 項，1.6.2 項 [1] 小項
第 2 章：2.3.2 〜 2.3.3 項，2.3.4 項 [2] 小項
第 3 章：3.2.2 項，3.2.3 項 [2] 小項，3.2.4 項 [2] 小項，3.3.3 項，3.3.9 項，3.5 節

第 2 部　フーリエ変換の省略部分
第 4 章：4.1.3 項，4.4.6 〜 4.4.7 項，4.5 節
第 5 章：全省略
第 6 章：全省略

第 3 部　ラプラス変換の省略部分
第 7 章：7.4.2 項
第 8 章：8.3.1 項 [3] 小項，8.3.2 〜 8.3.3 項
第 9 章：9.3 〜 9.5 節

第1部
フーリエ級数

1. ベクトル空間
2. 複素フーリエ級数
3. 三角フーリエ級数

第1章

ベクトル空間

　フーリエ級数のとらえ方は，種々考えられる．その中で，フーリエ級数の原理・本質を最も理解しやすいアプローチが，ベクトル空間によるものである．本章では，フーリエ級数のための基礎として，ベクトル空間の要点を説明する．これまで慣れ親しんできた有限次元の数ベクトルとこの内積を，無限次元の関数ベクトルとこの内積に発展させる．関数ベクトルを元とし，内積を備えたベクトル空間より，ただちにフーリエ級数を得ることができる．

[1章の内容]

ベクトル空間
ノルム空間
距離空間
内積空間
ベクトル空間の次元と基底
ベクトルの直交化と直交関数系

1.1 ベクトル空間

簡単のため,次の 3×1(3 行 1 列)数ベクトル $\boldsymbol{x}$, $\boldsymbol{y}$, $\boldsymbol{z}$ を考える.

$$\left.\begin{array}{l}\boldsymbol{x}=\begin{bmatrix}x_1\\x_2\\x_3\end{bmatrix}\\[2mm]\boldsymbol{y}=\begin{bmatrix}y_1\\y_2\\y_3\end{bmatrix}\\[2mm]\boldsymbol{z}=\begin{bmatrix}z_1\\z_2\\z_3\end{bmatrix}\end{array}\right\} \tag{1.1}$$

3×1 数ベクトルの集合 $\{\boldsymbol{x},\boldsymbol{y},\boldsymbol{z},\cdots\}$ はベクトル空間(**vector space**)あるいは**線形空間**(**linear space**)と呼ばれ,簡単に V として表現される.このとき,ベクトル空間 V を構成する個々の数ベクトルは,**元**(**element**)と呼ばれる.すなわち,ベクトル空間においては,個々のベクトルと元とは同義である.

ベクトル空間 V は,一般には,次の**公理**(証明を必要としない自明的前提)に示す**ベクトル加算**(**vector addition**)と**スカラ乗算**(**scalar multiplication**)を満足する元の集合として定められる.

ベクトル空間の公理

ベクトル加算

① ベクトル空間 V に属する任意の 2 個の元 $\boldsymbol{x}$, $\boldsymbol{y}$ による和(sum)はまたベクトル空間 V に属する.すなわち,$^\forall \boldsymbol{x},\boldsymbol{y}\in \mathrm{V}$ に対して,

$$\boldsymbol{x}+\boldsymbol{y}=\boldsymbol{z}\in \mathrm{V} \tag{1.2}$$

② 元の和に関し,**交換則**(**commutative law**)が成立する.すなわち,$^\forall \boldsymbol{x},\boldsymbol{y}\in \mathrm{V}$ に対して,

$$\boldsymbol{x}+\boldsymbol{y}=\boldsymbol{y}+\boldsymbol{x} \tag{1.3}$$

③ 元の和に関し,**結合則**(**associative law**)が成立する.すなわち,

$^\forall \boldsymbol{x}, \boldsymbol{y}, \boldsymbol{z} \in \mathrm{V}$ に対して,

$$[\boldsymbol{x} + \boldsymbol{y}] + \boldsymbol{z} = \boldsymbol{x} + [\boldsymbol{y} + \boldsymbol{z}] \tag{1.4}$$

④ ベクトル空間 V に属するすべての元に関し，ゼロ元（**zero element**, 単位元, **unit element**）が一意に存在する．すなわち，$^\forall \boldsymbol{x} \in \mathrm{V}$ に対して，次式を満足する $\boldsymbol{0} \in \mathrm{V}$ が一意に存在する．

$$\boldsymbol{x} + \boldsymbol{0} = \boldsymbol{0} + \boldsymbol{x} = \boldsymbol{x} \in \mathrm{V} \tag{1.5}$$

⑤ ベクトル空間 V に属するすべての元に関し，逆元（**inverse element**）が一意に存在する．すなわち，$^\forall \boldsymbol{x} \in \mathrm{V}$ に対して，次式を満足する $-\boldsymbol{x} \in \mathrm{V}$ が一意に存在する．

$$\boldsymbol{x} + [-\boldsymbol{x}] = \boldsymbol{0} \in \mathrm{V} \tag{1.6}$$

スカラの乗算

⑥ ベクトル空間 V に属するすべての元との任意のスカラ（scalar）a による積（product）が，一意に定まり，またベクトル空間に属する．すなわち，$^\forall \boldsymbol{x} \in \mathrm{V}$ に対して，

$$a\,\boldsymbol{x} = \boldsymbol{y} \in \mathrm{V} \tag{1.7}$$

⑦ a, b を任意のスカラとするとき，ベクトル空間 V に属する任意の 2 個の元 $\boldsymbol{x}, \boldsymbol{y}$ に関し，次の (a), (b) の分配則（**distributive law**）と (c) の結合則とが成立し，さらに (d) に示した積の単位スカラが存在する．

(a) $\quad a\,[\boldsymbol{x} + \boldsymbol{y}] = a\,\boldsymbol{x} + a\,\boldsymbol{y} \in \mathrm{V}$ \hfill (1.8a)

(b) $\quad (a+b)\,\boldsymbol{x} = a\,\boldsymbol{x} + b\,\boldsymbol{x} \in \mathrm{V}$ \hfill (1.8b)

(c) $\quad a\,[b\,\boldsymbol{x}] = (a\,b)\,\boldsymbol{x} \in \mathrm{V}$ \hfill (1.8c)

(d) $\quad 1\,\boldsymbol{x} = \boldsymbol{x} \in \mathrm{V} \quad$ （1 は単位スカラ） \hfill (1.8d)

ベクトル空間の公理において用いた記号 $\in$ は，enclosed の頭文字を記号化したもので，"属する"，"含まれる" ことを意味する．また，記号 $\forall$ は every の頭文字を記号化したもので，"任意の"，"すべての" を意味する．

ベクトル空間に関する上記公理において，スカラ a, b は通常の代数学で使用されるもの，すなわち**実数**（**real number**）または**複素数**（**complex number**）である．ベクトルを (1.1) 式のような 3×1 数ベクトルとするとき，3×1 数ベクトルの三つの要素が実数で定義されている場合にはスカラ a, b は実数であり，三つの要素が複素数で定義されている場合にはスカラ a, b は複素数である．通常の代数学で利用されているような，加減乗除の四則演算を伴う閉じた集合は，**体**（**field**）と呼ばれる．ベクトル空間は，**実数体**上で定義されることもあれば，**複素数体**上で定義されることもある．

ベクトル空間の公理によれば，a, b を任意のスカラとするとき，ベクトル空間 V に属する任意の 2 個の元 $\boldsymbol{x}, \boldsymbol{y}$ に関し，$a\boldsymbol{x} + b\boldsymbol{y}$ もベクトル空間に存在する．また次の性質も得られる．

$$0\,\boldsymbol{x} = \boldsymbol{0} \in \mathrm{V} \quad (0 \text{ はゼロスカラ}) \tag{1.9a}$$

$$a\,\boldsymbol{0} = \boldsymbol{0} \in \mathrm{V} \tag{1.9b}$$

$$(-1)\,\boldsymbol{x} = -\boldsymbol{x} \in \mathrm{V} \tag{1.9c}$$

上の公理に従うベクトル空間は，数ベクトルを元とするものもあれば，区間 $[d_1, d_2]$ で定義された関数 $f_n(x)$ を元とするものもある．元としての関数 $f_n(x)$ は，**関数ベクトル**（**function vector**）と呼ばれる．関数ベクトルの集合 $\{f_n(x) \,;\, n = 0, 1, 2, \cdots\}$，すなわち関数を元とするベクトル空間は，特に，**関数空間**（**function space**）と呼ばれる．例えば，区間 $[1, 1]$ で定義された多項式 $\sum a_n x^n$ の集合は，関数空間を形成する．本空間では，個々の多項式が元となる．

なお，本書では，区間を $[d_1, d_2]$ のように四角括弧 $[,]$ を用いて表現する場合には，本区間は両端を含む**閉区間** $d_1 \leq x \leq d_2$ を意味する．一方，区間を (d_1, d_2) のように丸括弧 $(,)$ を用いて表現する場合には，本区間は両端を除外した**開区間** $d_1 < x < d_2$ を意味する．

1.2 ノルム空間

再び，(1.1) 式の 3×1 数ベクトル $\boldsymbol{x}$ を考える．また，本ベクトルの**ノルム**（**norm**）を $\|\boldsymbol{x}\|$ と表現する．数ベクトルのノルムとしては，次式がなじみ深い．

$$\|\boldsymbol{x}\| = \sqrt{|x_1|^2 + |x_2|^2 + |x_3|^2} \tag{1.10}$$

ベクトル空間における元 $\boldsymbol{x}$ のノルム $\|\boldsymbol{x}\|$ は，一般には，次の公理のように定義される．

ノルムの公理

任意の 2 個の元 $\boldsymbol{x}$, $\boldsymbol{y}$ と任意のスカラ a とに関し，次の 3 性質が成立するとき，$\|\boldsymbol{x}\|$ を元のノルムという．

① $\left.\begin{array}{l}\|\boldsymbol{x}\| > 0 \ ; \ \boldsymbol{x} \neq \boldsymbol{0} \\ \|\boldsymbol{x}\| = 0 \ ; \ \boldsymbol{x} = \boldsymbol{0}\end{array}\right\}$ (1.11a)

② $\|a\,\boldsymbol{x}\| = |a|\,\|\boldsymbol{x}\|$ (1.11b)

③ $\|\boldsymbol{x} + \boldsymbol{y}\| \leq \|\boldsymbol{x}\| + \|\boldsymbol{y}\|$ (1.11c)

上の (1.11c) に示した関係式は，**ミンコフスキーの不等式**（**Minkowski inequality**）あるいは**三角不等式**と呼ばれる．図 1.1 に，ミンコフスキーの不等式の概念図 2 例を示した．上のノルムの公理に従うならば，数ベクトル $\boldsymbol{x}$ のノルムとして，一般に，正数 $p \geq 1$ を用いた次のものを考えることができる．

$$\|\boldsymbol{x}\|_p = (|x_1|^p + |x_2|^p + |x_3|^p + \cdots)^{1/p} = \left(\sum_i |x_i|^p\right)^{1/p} \tag{1.12}$$

(1.10) 式のノルムは，(1.12) 式において $p = 2$ としたものに対応しており，特に**ユークリッドノルム**（**Euclidean norm**）あるいは ℓ_2 **ノルム**と呼ばれる．数ベクトルの代表的なノルムとしては，ユークリッドノルムを含む次のものがある．

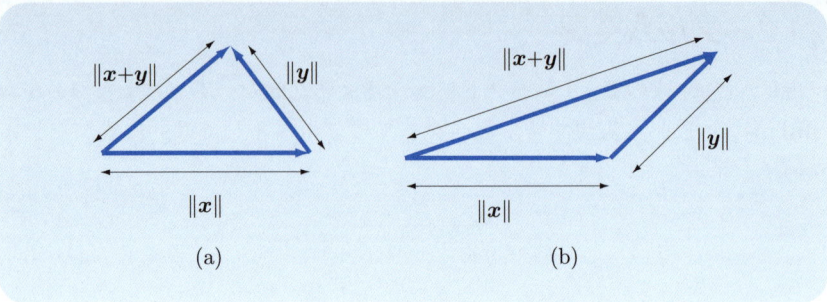

図 1.1 ミンコフスキーの不等式の概念図

$$\|\boldsymbol{x}\|_1 = |x_1| + |x_2| + |x_3| + \cdots = \sum_i |x_i| \tag{1.13a}$$

$$\|\boldsymbol{x}\|_2 = (|x_1|^2 + |x_2|^2 + |x_3|^2 + \cdots)^{1/2} = \left(\sum_i |x_i|^2\right)^{1/2} \tag{1.13b}$$

$$\|\boldsymbol{x}\|_\infty = \max_i \{|x_i|\} \tag{1.13c}$$

(1.13c) 式のノルムは，**最大ノルム**（**maximum norm**），あるいは**無限ノルム**（**infinity norm**）と呼ばれる．

ノルムの理解を深めるため，1 例を示す．3×1 数ベクトル $\boldsymbol{x}$ として，次のものを考える．

$$\boldsymbol{x} = \begin{bmatrix} 1 & 2 & -5 \end{bmatrix}^T \tag{1.14}$$

上記の頭符（superscript）T は**転置**（**transpose**）を意味する．一般に，数ベクトルは列ベクトルとして表現する．このため，行ベクトルを転置し，列ベクトルとしている．(1.14) 式に関する 3 種のノルムは，次のように定まる．

$$\left.\begin{aligned} \|\boldsymbol{x}\|_1 &= 8 \\ \|\boldsymbol{x}\|_2 &= \sqrt{30} \approx 5.48 \\ \|\boldsymbol{x}\|_\infty &= 5 \end{aligned}\right\} \tag{1.15}$$

区間 $[d_1, d_2]$ で定義された関数 $f_n(x)$ を元とする関数ベクトルにおいても，前述のノルムの公理に従い，このノルムを定める．関数ベクトルのノルムとし

1.2 ノルム空間

ては，一般には，有界値の存在を条件に，正数 $p \geq 1$ を用いた次のものを考えることができる．

$$\|f_n(x)\|_p = \left(\int_{d_1}^{d_2} |f_n(x)|^p \, dx\right)^{1/p} \tag{1.16}$$

代表的ノルムは，次の 3 種である．

$$\|f_n(x)\|_1 = \int_{d_1}^{d_2} |f_n(x)| \, dx \tag{1.17a}$$

$$\|f_n(x)\|_2 = \sqrt{\int_{d_1}^{d_2} |f_n(x)|^2 \, dx} \tag{1.17b}$$

$$\|f_n(x)\|_\infty = \max_{d_1 \leq x \leq d_2} \{|f_n(x)|\} \tag{1.17c}$$

(1.17b) 式のノルムは，数ベクトルと同様に，**ユークリッドノルム**と呼ばれる．

関数ベクトルに対するノルムの 1 例を示す．関数ベクトルとして，区間 $[-\pi, \pi]$ で定義された次の正弦関数 $f(x)$ を考える．

$$f(x) = \sin x \quad ; \quad -\pi \leq x \leq \pi \tag{1.18}$$

本関数の 3 種のノルムは，以下のように定まる．

$$\left.\begin{aligned}
\|f(x)\|_1 &= \int_{-\pi}^{\pi} |\sin x| \, dx = 4 \\
\|f(x)\|_2 &= \sqrt{\int_{-\pi}^{\pi} |\sin x|^2 \, dx} = \sqrt{\pi} \\
\|f(x)\|_\infty &= \max_{-\pi \leq x \leq \pi} \{|\sin x|\} = 1
\end{aligned}\right\} \tag{1.19}$$

ノルム表記の厳密性を期す場合には，(1.12) ～ (1.19) 式のように正数 p をノルム記号の脚符として付すが，以降では，簡単のため，特に断らない限りユークリッドノルムを利用するものとして，脚符 $p = 2$ の付記を省略する．

なお，ノルムが定義されたベクトル空間は，特に**ノルム空間**（**norm space**）と呼ばれる．

1.3 距離空間

ベクトル空間における 2 個の元 x, y の距離を，$d(x, y)$ と表現する．元と元との距離は，次の公理を満足する形で測定される．

---**距離の公理**---

任意の 3 個の元 x, y, z に関して次の 3 性質が成立するとき，これを元の距離という．

① $d(x, y) = d(y, x)$ (1.20a)

② $\left.\begin{array}{l} d(x, y) > 0 \;\; ; \;\; x \neq y \\ d(x, y) = 0 \;\; ; \;\; x = y \end{array}\right\}$ (1.20b)

③ $d(x, y) \leq d(x, z) + d(z, y)$ (1.20c)

距離の公理とノルムの公理との比較から，明白なように，元 x, y の距離 $d(x, y)$ は，ℓ_p ノルムを利用した次式により測定可能である．

$$d(x, y) = \|x - y\|_p \tag{1.21}$$

図 1.2 に元と元の距離に関する概念図を例示した．なお，距離の公理を満足した距離を備えたベクトル空間は，特に，**距離空間**と呼ばれる．

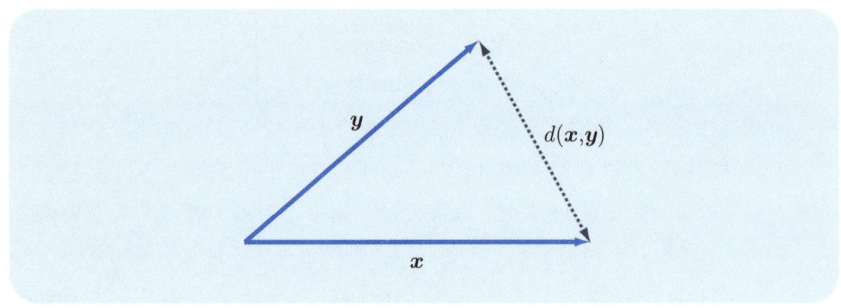

図 **1.2** ベクトル間の距離に関する概念図

1.4 内積空間

1.4.1 内積の公理

再び，(1.1) 式の 3×1 数ベクトル $\boldsymbol{x}$, $\boldsymbol{y}$ を考える．このとき，3×1 数ベクトルの 3 要素は，複素数とする．数ベクトルの**内積**（**inner product**）は，以下のように定義される．

$$\langle \boldsymbol{x}, \boldsymbol{y} \rangle = \boldsymbol{x}^\dagger \boldsymbol{y} = \boldsymbol{x}^{*T} \boldsymbol{y} = x_1^* y_1 + x_2^* y_2 + x_3^* y_3 \tag{1.22}$$

ここに，記号 † （ダガー，dagger）は共役転置を，* は**共役**（**conjugate**）を意味する．なお，山形括弧 $\langle \ \rangle$ はブラケット（bracket）と称され，これを利用して，内積に使用された行ベクトル $\langle \boldsymbol{x}$ はブラベクトル（**bra-vector**）と，列ベクトル $\boldsymbol{y} \rangle$ はケットベクトル（**cket-vector**）と呼ばれることもある．

ベクトル空間における内積とは，一般には，次の内積の公理を満足するものをいう．

内積の公理

任意の元 $\boldsymbol{x}$, $\boldsymbol{y}$ と任意のスカラ a とに関し，次の 3 性質が成立するとき，これを元 $\boldsymbol{x}$, $\boldsymbol{y}$ の内積という．

① $\left. \begin{array}{l} \langle \boldsymbol{x}, \boldsymbol{x} \rangle > 0 \ ; \ \boldsymbol{x} \neq \boldsymbol{0} \\ \langle \boldsymbol{x}, \boldsymbol{x} \rangle = 0 \ ; \ \boldsymbol{x} = \boldsymbol{0} \end{array} \right\}$ (1.23a)

② $\langle \boldsymbol{x}, \boldsymbol{y} \rangle = \langle \boldsymbol{y}, \boldsymbol{x} \rangle^*$ (1.23b)

③ $\boldsymbol{x}$ を $\boldsymbol{x} = a_1 \boldsymbol{x}_1 + a_2 \boldsymbol{x}_2$ とするとき
$\langle \boldsymbol{x}, \boldsymbol{y} \rangle = \langle a_1 \boldsymbol{x}_1 + a_2 \boldsymbol{x}_2, \boldsymbol{y} \rangle = a_1^* \langle \boldsymbol{x}_1, \boldsymbol{y} \rangle + a_2^* \langle \boldsymbol{x}_2, \boldsymbol{y} \rangle$ (1.23c)

(1.23b)，(1.23c) 式より，ただちに次の関係も成立する．

$$\langle \boldsymbol{x}, a_1 \boldsymbol{y}_1 + a_2 \boldsymbol{y}_2 \rangle = a_1 \langle \boldsymbol{x}, \boldsymbol{y}_1 \rangle + a_2 \langle \boldsymbol{x}, \boldsymbol{y}_2 \rangle \tag{1.23d}$$

数ベクトルの内積である (1.22) 式が上の公理を満足することは，明白である．なお，内積を備えたベクトル空間は，**内積空間**（**inner product space**）と呼ばれる．

1.4.2 内積の不等式

内積に関しては，コーシー・シュワルツの不等式（**Cauchy-Schwarz inquality**），ミンコフスキーの不等式と呼ばれている不等関係が成立する．以下にこれを示す．

コーシー・シュワルツの不等式

内積空間における任意の元 $\bm{x}, \bm{y}$ に関し，次の不等式が成立する．

$$|\langle \bm{x}, \bm{y}\rangle|^2 \leq \langle \bm{x}, \bm{x}\rangle \langle \bm{y}, \bm{y}\rangle \tag{1.24}$$

上式における等式関係は，元 $\bm{x}, \bm{y}$ が，スカラ a に対して次式に示された互いに線形な（collinear）関係にある場合に限り，成立する．

$$\bm{x} = a\,\bm{y} \tag{1.25}$$

【証明】 元 $\bm{x}, \bm{y}$ のいずれかがゼロ元の場合，あるいは (1.25) 式が成立する場合，(1.24) 式の等式関係は明白である．このため，元 $\bm{x}, \bm{y}$ が非ゼロ元で，かつ (1.25) 式が成立しない場合の証明を以下に示す．

内積空間における任意の元 $\bm{x}, \bm{z}$ に関し，内積の公理より，次の不等式が成立する．

$$\langle \bm{x}-\bm{z}, \bm{x}-\bm{z}\rangle = \langle \bm{x}, \bm{x}\rangle - \langle \bm{x}, \bm{z}\rangle - \langle \bm{z}, \bm{x}\rangle + \langle \bm{z}, \bm{z}\rangle \geq 0 \tag{1.26}$$

これより，次式を得る．

$$\langle \bm{x}, \bm{x}\rangle \geq \langle \bm{x}, \bm{z}\rangle + \langle \bm{z}, \bm{x}\rangle - \langle \bm{z}, \bm{z}\rangle \tag{1.27}$$

ここで，元 $\bm{z}$ として，次のものを考える．

$$\bm{z} = \frac{\langle \bm{x}, \bm{y}\rangle^*}{\langle \bm{y}, \bm{y}\rangle} \bm{y} \quad ; \quad \bm{y} \neq 0 \tag{1.28}$$

(1.28) 式の元 $\bm{z}$ を (1.27) 式に用い，内積の公理を活用し，等式 $\langle \bm{y}, \bm{y}\rangle = \langle \bm{y}, \bm{y}\rangle^*$ に留意すると，次式を得る．

1.4　内積空間

$$\langle x, x \rangle \geq \left\langle x, \frac{\langle x, y \rangle^*}{\langle y, y \rangle} y \right\rangle + \left\langle \frac{\langle x, y \rangle^*}{\langle y, y \rangle} y, x \right\rangle - \left\langle \frac{\langle x, y \rangle^*}{\langle y, y \rangle} y, \frac{\langle x, y \rangle^*}{\langle y, y \rangle} y \right\rangle$$
$$= \frac{1}{\langle y, y \rangle} \left(\langle x, \langle x, y \rangle^* y \rangle + \langle \langle x, y \rangle^* y, x \rangle - \left\langle \langle x, y \rangle^* y, \frac{\langle x, y \rangle^*}{\langle y, y \rangle} y \right\rangle \right)$$
(1.29)

(1.29) 式の両辺に $\langle y, y \rangle$ を乗じ，内積の公理を活用し整理すると，次式を得る．

$$\langle x, x \rangle \langle y, y \rangle$$
$$\geq \left(\langle x, \langle x, y \rangle^* y \rangle + \langle \langle x, y \rangle^* y, x \rangle - \left\langle \langle x, y \rangle^* y, \frac{\langle x, y \rangle^*}{\langle y, y \rangle} y \right\rangle \right)$$
$$= \langle x, y \rangle^* \langle x, y \rangle + \langle x, y \rangle \langle y, x \rangle - \langle x, y \rangle \langle x, y \rangle^*$$
$$= |\langle x, y \rangle|^2 \quad (1.30)$$

上式は，(1.24) 式を意味する．　　　□

ミンコフスキーの不等式（三角不等式）

内積空間における任意の元 x, y に関し，次の不等式が成立する．

$$\sqrt{\langle x+y, x+y \rangle} \leq \sqrt{\langle x, x \rangle} + \sqrt{\langle y, y \rangle} \quad (1.31)$$

【証明】　内積の公理より，次式が成立する．

$$\langle x+y, x+y \rangle = \langle x+y, x \rangle + \langle x+y, y \rangle$$
$$\leq |\langle x+y, x \rangle| + |\langle x+y, y \rangle| \quad (1.32)$$

上式右辺にコーシー・シュワルツの不等式を適用すると，次式を得る．

$$\langle x+y, x+y \rangle \leq \sqrt{\langle x+y, x+y \rangle \langle x, x \rangle}$$
$$+ \sqrt{\langle x+y, x+y \rangle \langle y, y \rangle} \quad (1.33)$$

(1.33) 式の両辺を $\sqrt{\langle x+y, x+y \rangle}$ で除すると，(1.31) 式を得る．　　　□

1.4.3 内積とノルム

前項に示したように,内積はミンコフスキーの不等式すなわち三角不等式を満足する.内積の公理とミンコフスキーの不等式とを考慮するならば,元 $\boldsymbol{x}$ 自身の内積平方根 $\sqrt{\langle \boldsymbol{x}, \boldsymbol{x} \rangle}$ は,(1.11) 式に示したノルムの公理を満足することが確認される.すなわち,次式のように,元 $\boldsymbol{x}$ の内積平方根 $\sqrt{\langle \boldsymbol{x}, \boldsymbol{x} \rangle}$ はこのノルムとして使用されることがわかる.

$$\|\boldsymbol{x}\| = \sqrt{\langle \boldsymbol{x}, \boldsymbol{x} \rangle} \tag{1.34}$$

数ベクトルを元とする内積空間において,内積を (1.22) 式のように定義する場合には,内積平方根はユークリッドノルムに対応する.このため,**実数体**上で定義された数ベクトルによる内積空間は**ユークリッド空間**(**Euclidean space**)と呼ばれる.これに対して,**複素数体**上で定義された数ベクトルを元とする内積空間は**ユニタリー空間**(**unitary space**)と呼ばれる.

区間 $[d_1, d_2]$ で定義された関数を元とするベクトル空間(関数空間)において,任意の二つの元を $f(x), g(x)$ とし,これら元は**ルベーグ積分**(**Lebesgue integral**)の意味で次のように二乗積分可能とする.

$$\int_{d_1}^{d_2} |f(x)|^2 \, dx < \infty \tag{1.35}$$

このとき,内積は(ルベーグ積分の意味で)以下のように定義される.

$$\langle f(x), g(x) \rangle = \int_{d_1}^{d_2} f^*(x) \, g(x) \, dx \tag{1.36}$$

上に定義した内積が,(1.23) 式に示した内積の公理の3性質を満足することは明らかである.

(1.34) 式に示したノルムと内積の関係は,元を関数ベクトル $f(x)$ とする場合には,次のように表現される.

$$\|f(x)\| = \sqrt{\langle f(x), f(x) \rangle} \tag{1.37}$$

(1.37) 式に基づき,実数体上で定義された関数ベクトルによる内積空間は,**実ユークリッド関数空間**(**real Euclidean function space**)と呼ばれる.

1.4.4 内積と射影

ここで,内積の物理的意味を整理しておく.簡単のため,(1.1) 式の 3×1 数ベクトル $\boldsymbol{x}$, $\boldsymbol{y}$ を考え,両数ベクトルの要素はすべて実数とする.また,本数ベクトルは,図 1.3 のように図示されたとする.このとき,(1.22) 式に定義された内積は,ユークリッドノルムを用い,次式のように展開することもできる.

$$
\begin{aligned}
\langle \boldsymbol{x},\, \boldsymbol{y} \rangle &= x_1^* y_1 + x_2^* y_2 + x_3^* y_3 \\
&= x_1 y_1 + x_2 y_2 + x_3 y_3 \\
&= \|\boldsymbol{x}\|\, \|\boldsymbol{y}\| \cos\theta \\
&= \|\boldsymbol{x}\|\, \|\boldsymbol{y}_x\| \\
&= \langle \boldsymbol{x},\, \boldsymbol{y}_x \rangle
\end{aligned}
\tag{1.38a}
$$

ここに,θ は,両数ベクトルのなす角であり,また,数ベクトル $\boldsymbol{y}_x$ は,$\boldsymbol{y}$ を $\boldsymbol{x}$ に平行な成分 $\boldsymbol{y}_x$ と直交する成分 $\boldsymbol{y}_{\bar{x}}$ とに分割したときの**平行成分**である.これらの間には,次の関係が成立している.

$$
\boldsymbol{y} = \boldsymbol{y}_x + \boldsymbol{y}_{\bar{x}} \tag{1.38b}
$$

$$
\|\boldsymbol{y}_x\| = \|\boldsymbol{y}\| \cos\theta \tag{1.38c}
$$

平行成分 $\boldsymbol{y}_x$ は,数ベクトル $\boldsymbol{y}$ を数ベクトル $\boldsymbol{x}$ に射影(projection)した成分としてとらえることもできる.したがって,数ベクトル $\boldsymbol{x}$, $\boldsymbol{y}$ の内積は,$\boldsymbol{x}$ のノルム $\|\boldsymbol{x}\|$ と並行成分(**射影成分**)$\boldsymbol{y}_x$ のノルム $\|\boldsymbol{y}_x\|$ との積としてとらえることができる.

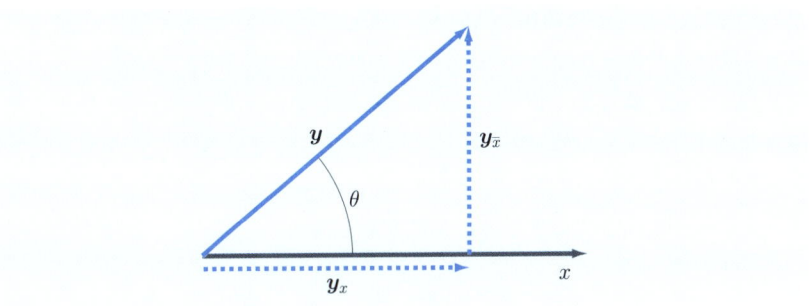

図 1.3 内積の概念

以上は，数ベクトルを元とする内積空間の議論である．本議論は，一般の内積空間にも適用され，次のように再表現される．内積空間における元 y は，元 x の平行成分 y_x と直交成分 $y_{\bar{x}}$ に分割され，この関係は，内積を用いた (1.39) 式として記述される．

$$\begin{aligned}
y_x &= \|y_x\| \frac{x}{\|x\|} = \left\langle \frac{x}{\|x\|}, y \right\rangle \frac{x}{\|x\|} \\
&= \frac{\langle x, y \rangle}{\|x\|^2} x
\end{aligned} \tag{1.39a}$$

$$\begin{aligned}
y_{\bar{x}} &= y - y_x \\
&= y - \frac{\langle x, y \rangle}{\|x\|^2} x
\end{aligned} \tag{1.39b}$$

(1.39) 式におけるノルムは，(1.34) 式の関係を満たすユークリッドノルムである点には，注意されたい．

1.4.5 内積と直交

一般の内積空間における元 x, y と (1.39) 式とを考える．元 x とこれに直交する直交成分 $y_{\bar{x}}$ との内積は，次のように評価される．

$$\begin{aligned}
\langle x, y_{\bar{x}} \rangle &= \langle x, y - y_x \rangle \\
&= \langle x, y \rangle - \langle x, y_x \rangle = \langle x, y_x \rangle - \langle x, y_x \rangle = 0
\end{aligned} \tag{1.40}$$

すなわち，直交する二つの元による内積はゼロとなる．

一般に，内積空間における 2 個の元（ベクトル）x, y の内積がゼロとなるとき，「2 個の元（ベクトル）は直交する」という．すなわち，内積空間において，"直交"と"ゼロ内積"は同義である．2 個の元 x, y が直交状態，ゼロ内積状態にあるときには，元 x, y の間の射影成分は当然ゼロである．

上記の直交の概念は，数ベクトルを元とする場合，関数ベクトルを元とする場合のいずれの場合にも適用される．区間 $[d_1, d_2]$ で定義された関数を元とする内積空間において，2 個の関数 $f(x), g(x)$ が直交するとは，(1.36) 式の内積定義式より，次式が成立することを意味する．

$$\langle f(x), g(x) \rangle = \int_{d_1}^{d_2} f^*(x)\, g(x)\, dx = 0 \tag{1.41}$$

1.5 ベクトル空間の次元と基底

再び (1.1) 式に定義した 3 個の 3×1 数ベクトル x, y, z を考える．3 個のベクトルが下の (1.42) 式を満足するには，すべてのスカラ a, b, c がゼロでなければならないとする．この場合，3 個のベクトル x, y, z は**線形独立**（**linearly independent**）または **1 次独立**であるという．

$$a\,x + b\,y + c\,z = 0 \tag{1.42}$$

一方，(1.42) 式を満足する非ゼロのスカラが存在するとき，ベクトル x, y, z は**線形従属**（**linearly dependent**）または **1 次従属**であるという．ベクトル空間における線形独立な元の数を**次元**（**dimension**）という．

実数体上あるいは複素数体上で定義されたすべての $n \times 1$ 数ベクトルを元とするベクトル空間には，n 個の線形独立なベクトル $\{v_i\,;\,i=1,2,\cdots,n\}$ が存在する．すなわち，本ベクトル空間の次元は n 次元となる．また，本ベクトル空間に属する任意の数ベクトル x は，次式のように，線形独立な数ベクトルの線形和として表現される．

$$x = a_1 v_1 + a_2 v_2 + \cdots + a_n v_n = \sum_{i=1}^{n} a_i v_i \tag{1.43}$$

(1.43) 式のベクトル表現においては，n 個の線形独立な数ベクトル $\{v_i\,;\,i=1,2,\cdots,n\}$ は，**基底**（**basis**）と呼ばれる．特に，基底を構成する n 個の線形独立な数ベクトルが互いに直交する場合には，本基底は**直交基底**（**orthogonal basis**）と呼ばれる．

また，直交基底を構成する全ベクトルのノルムが 1 の場合には，本基底は**正規直交基底**（**orthonormal basis**）と呼ばれる．正規直交基底を構成する数ベクトルを $\{u_i\,;\,i=1,2,\cdots\}$ で表現すると，次の関係が成立している．

$$\langle u_i, u_j \rangle = \delta_{ij} = \begin{cases} 1 & ;\ i = j \\ 0 & ;\ i \neq j \end{cases} \tag{1.44}$$

上の δ_{ij} は**クロネッカのデルタ**（**Kronecker delta**）と呼ばれる．

第1章 ベクトル空間

3×1 数ベクトルを元とする 3 次元ベクトル空間の基本的な正規直交基底の一つが，慣れ親しんでいる次のものである．

$$\left.\begin{array}{l} \boldsymbol{u}_1 = \begin{bmatrix} 1 \\ 0 \\ 0 \end{bmatrix} \\ \boldsymbol{u}_2 = \begin{bmatrix} 0 \\ 1 \\ 0 \end{bmatrix} \\ \boldsymbol{u}_3 = \begin{bmatrix} 0 \\ 0 \\ 1 \end{bmatrix} \end{array}\right\} \qquad (1.45)$$

なお，n 個の線形独立な基底 $\{\boldsymbol{v}_i\,;\,i=1,2,\cdots,n\}$ により (1.43) 式のように表現される元（すなわちベクトル）$\boldsymbol{x}$ からなるベクトル空間の様子は，「ベクトル $\boldsymbol{x}$ が n 次元ベクトル空間 V を張る (span)」ともいう．また，これを V $\equiv$ span$\{\boldsymbol{v}_i\,;\,i=1,2,\cdots,n\}$ と表現することもある．

次元は，必ずしも有限とは限らない．$n\times 1$ 数ベクトルを構成する要素の数 n を無限とすることを，すなわち $n\to\infty$ とすることを考える．このような数ベクトルを元とするベクトル空間の次元は無限次元となる．

さてここで，区間 $[d_1, d_2]$ で定義された関数 $f_n(x)$ を元とするベクトル空間を考える．関数空間においても，数ベクトルを元とするベクトル空間と同様に，基底，直交基底，正規直交基底が，さらには次元が定義される．関数空間の次元は，一般に，無限次元である．以下に 1 例を示す．

区間 $[-1, 1]$ で定義された多項式 $\sum a_n x^n$ の集合としてのベクトル空間を考え，この基底として関数の無限集合 $\{f_n(x) = x^n\,;\,n=0,1,2,\cdots\}$ を考える．基底を構成する各関数の次数は互いに異なっており，明らかに各関数は互いに線形独立である．しかも，基底を構成する関数の個数は無限であり，本基底を有するベクトル空間の次元は無限である．

1.6 ベクトルの直交化と直交関数系

1.6.1 ベクトルの直交化

ベクトル空間における n 個の線形独立な元すなわちベクトル $\{\boldsymbol{v}_i\,;\,i=1,2,\cdots,n\}$ を考える．これら n 個のベクトルは，必ずしも，互いに直交しているとは限らない．ベクトル空間における線形独立なベクトルはこの基底となりえるが，基底は直交している方が扱いやすく，便利である．ここでは，n 個の線形独立なベクトル $\{\boldsymbol{v}_i\,;\,i=1,2,\cdots,n\}$ の**直交化**を考える．

いま，ベクトル $\boldsymbol{w}_1$ を $\boldsymbol{w}_1=\boldsymbol{v}_1$ と定める．ベクトル $\boldsymbol{v}_2$ をベクトル $\boldsymbol{w}_1$ に射影し，**射影成分**を取り除いた**残差ベクトル**を $\boldsymbol{w}_2$ とする．残差ベクトル $\boldsymbol{w}_2$ は，(1.39b) 式の結果を利用するならば，次式で与えられる．

$$\boldsymbol{w}_2 = \boldsymbol{v}_2 - \frac{\langle \boldsymbol{w}_1,\,\boldsymbol{v}_2\rangle}{\|\boldsymbol{w}_1\|^2}\,\boldsymbol{w}_1 \tag{1.46a}$$

残差ベクトル $\boldsymbol{w}_2$ は，(1.40) 式に示したように $\boldsymbol{w}_1=\boldsymbol{v}_1$ に直交しており，直交成分ともいうべきものである．

同様に，ベクトル $\boldsymbol{v}_3$ をベクトル $\boldsymbol{w}_1$ とベクトル $\boldsymbol{w}_2$ とに射影し，射影成分を取り除いた残差ベクトルを $\boldsymbol{w}_3$ とする．この残差ベクトル $\boldsymbol{w}_3$ は，(1.46a) 式の繰り返しとして，次のように与えられる．

$$\boldsymbol{w}_3 = \boldsymbol{v}_3 - \frac{\langle \boldsymbol{w}_1,\,\boldsymbol{v}_3\rangle}{\|\boldsymbol{w}_1\|^2}\,\boldsymbol{w}_1 - \frac{\langle \boldsymbol{w}_2,\,\boldsymbol{v}_3\rangle}{\|\boldsymbol{w}_2\|^2}\,\boldsymbol{w}_2 \tag{1.46b}$$

このときの残差ベクトル $\boldsymbol{w}_3$ は，ベクトル $\boldsymbol{w}_1$ とベクトル $\boldsymbol{w}_2$ とに直交することになる．

上記の繰り返しにより，次のグラム・シュミットの直交化法（**Gram-Schmidt orthogonalization procedure**）を得る．

グラム・シュミットの直交化法

$$\boldsymbol{w}_k = \boldsymbol{v}_k - \sum_{i=1}^{k-1}\frac{\langle \boldsymbol{w}_i,\,\boldsymbol{v}_k\rangle}{\|\boldsymbol{w}_i\|^2}\,\boldsymbol{w}_i = \boldsymbol{v}_k - \sum_{i=1}^{k-1}\langle \boldsymbol{u}_i,\,\boldsymbol{v}_k\rangle \boldsymbol{u}_i \tag{1.47a}$$

$$\boldsymbol{u}_i = \frac{\boldsymbol{w}_i}{\|\boldsymbol{w}_i\|} \tag{1.47b}$$

本直交化法を通じ，n 個の線形独立なベクトル $\{\boldsymbol{v}_i\,;\,i=1,2,\cdots,n\}$ から得た n 個の線形独立なベクトル $\{\boldsymbol{w}_i\,;\,i=1,2,\cdots,n\}$ は，互いに直交する．また，(1.47b) 式に定義された n 個の線形独立なベクトル $\{\boldsymbol{u}_i\,;\,i=1,2,\cdots,n\}$ は，直交化と同時に正規化もされており，正規直交基底として利用される．

上では，n 次元ベクトル空間に属するベクトルの直交化を説明したが，グラム・シュミットの直交化法は，無限次元ベクトル空間に属するベクトルにも適用可能である．このときのベクトルは，数ベクトルでも，関数ベクトルでもよい．

1.6.2 直交関数系

[1] **直交関数系の原理と定義** 区間 $[-1,1]$ で定義された多項式を元とする関数空間を考える．また，本空間に属する線形独立な関数ベクトルの集合として，$\{f_n(x)=x^n\,;\,n=0,1,2,\cdots\}$ を考える．本関数ベクトルの集合は，直交していない．このため，グラム・シュミットの直交化法を利用してこれを直交化し，直交化された集合 $\{\phi_n(x)\,;\,n=0,1,2,\cdots\}$ を得ることを考える．

まず，基準となる関数ベクトルとして，次式を設定する．

$$\phi_0(x) = f_0(x) = 1 \tag{1.48a}$$

このとき，次式が成立している．

$$\|\phi_0(x)\|^2 = \langle \phi_0(x),\,\phi_0(x) \rangle = \int_{-1}^{1} dx = 2 \tag{1.48b}$$

次に，$f_1(x)=x$ の直交化を (1.47) 式に従い図る．すなわち，

$$\phi_1(x) = f_1(x) - \frac{\langle \phi_0(x),\,f_1(x) \rangle}{\|\phi_0(x)\|^2}\,\phi_0(x) = f_1(x) = x \tag{1.49a}$$

このとき，次式が成立している．

$$\langle \phi_0(x),\,f_1(x) \rangle = \int_{-1}^{1} x\,dx = 0 \tag{1.49b}$$

$$\|\phi_1(x)\|^2 = \langle \phi_1(x),\,\phi_1(x) \rangle = \int_{-1}^{1} x^2\,dx = \frac{2}{3} \tag{1.49c}$$

1.6 ベクトルの直交化と直交関数系

つづいて，$f_2(x) = x^2$ の直交化を (1.47) 式に従い図る．すなわち，

$$\phi_2(x) = f_2(x) - \frac{\langle \phi_0(x),\, f_2(x) \rangle}{\|\phi_0(x)\|^2}\,\phi_0(x) - \frac{\langle \phi_1(x),\, f_2(x) \rangle}{\|\phi_1(x)\|^2}\,\phi_1(x)$$

$$= x^2 - \frac{1}{3} \tag{1.50a}$$

このとき，次式が成立している．

$$\langle \phi_0(x),\, f_2(x) \rangle = \int_{-1}^{1} x^2 dx = \frac{2}{3} \tag{1.50b}$$

$$\langle \phi_1(x),\, f_2(x) \rangle = \int_{-1}^{1} x^3 dx = 0 \tag{1.50c}$$

以下，同様な手順を繰り返すことにより，直交化された多項式の集合 $\{\phi_n(x) \,;\, n = 0, 1, 2, \cdots\}$ を得ることができる．

上記の各関数ベクトル $\phi_n(x)$ が $x = 1$ において値 1 をとるように，これをスケーリングするならば，次の多項式の集合 $\{\phi'_n(x) \,;\, n = 0, 1, 2, \cdots\}$ を得る．

$$\left.\begin{aligned}
\phi'_0(x) &= 1 \\
\phi'_1(x) &= x \\
\phi'_2(x) &= \frac{1}{2}(3x^2 - 1) \\
\phi'_3(x) &= \frac{1}{2}(5x^3 - 3x) \\
\phi'_4(x) &= \frac{1}{8}(35x^4 - 30x^2 + 3) \\
&\vdots
\end{aligned}\right\} \tag{1.51}$$

本多項式の集合は，ルジャンドル多項式（**Legendre polynomials**）と呼ばれる．ルジャンドル多項式に関しては，次のロドリグの公式（**Rodrigues formula**）の関係が成立することが知られている．

$$\phi'_n(x) = \frac{1}{2^n n!} \frac{d^n}{dx^n} (x^2-1)^n \quad ; \quad n \geq 1 \tag{1.52}$$

図 1.4 にルジャンドル多項式の低次分を例示した．

ルジャンドル多項式 $\{\phi'_n(x) \, ; \, n = 0, 1, 2, \cdots\}$ のような直交関数の集合は，**直交関数系（orthogonal functions）**と呼ばれる．ノルムが 1 となるように正規化された直交関数系は，**正規直交関数系（orthonomal functions）**と呼ばれる．ルジャンドル多項式を正規化するには，次式の係数操作を行えばよい．

$$\psi_n(x) = \sqrt{\frac{2n+1}{2}} \phi'_n(x) \quad ; \quad n = 0, 1, 2, \cdots \tag{1.53}$$

このとき，多項式の集合 $\{\psi_n(x) \, ; \, n = 0, 1, 2, \cdots\}$ は正規直交関数系となっている．

［2］ 指数関数系　直交関数系としては，ルジャンドル多項式に加え，種々のものが知られている．その代表的な一つが以下に説明する**指数関数系**である．

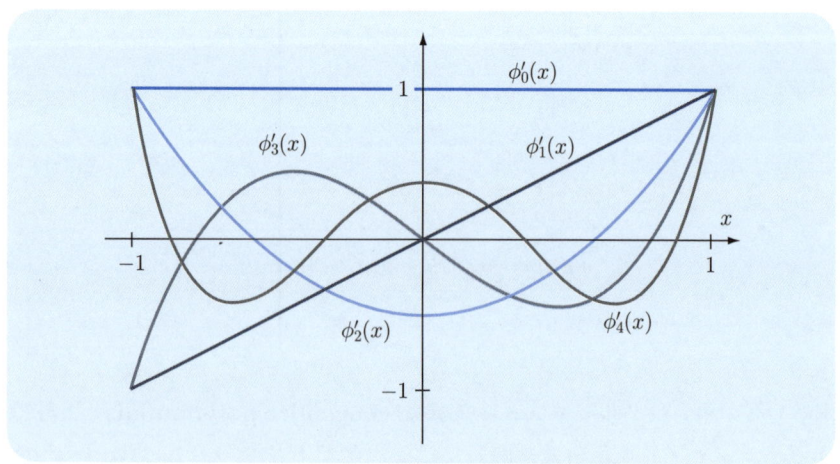

図 **1.4**　直交したルジャンドル多項式

1.6 ベクトルの直交化と直交関数系

区間 $[-\pi, \pi]$ で定義された関数の集合としてのベクトル空間を考える．この基底としては，指数関数系 $\{\phi_n(x) = \exp(jnx)\,;\, n = 0, \pm 1, \pm 2, \cdots\}$ が知られている．ここに，j は次の虚数単位であり，複素数の虚数部を示す．

$$j^2 = -1 \tag{1.54}$$

本指数関数系は，基底としての線形独立性のみならず，直交性も有する．直交性は，個々の指数関数の内積を介し次のように確認される．

$$\begin{aligned}
\langle \phi_n(x), \phi_m(x) \rangle &= \langle e^{jnx}, e^{jmx} \rangle \\
&= \int_{-\pi}^{\pi} e^{j(m-n)x}\, dx \\
&= \begin{cases} \dfrac{1}{j(m-n)} e^{j(m-n)x} \Big|_{-\pi}^{\pi} = 0 & ;\, m \neq n \\ 2\pi & ;\, m = n \end{cases}
\end{aligned} \tag{1.55a}$$

上の指数関数系においては，二乗ノルムは一様に次式となる．

$$\begin{aligned}
\|\phi_n(x)\|^2 &= \langle \phi_n(x), \phi_n(x) \rangle \\
&= 2\pi \;;\; n = 0, \pm 1, \pm 2, \cdots
\end{aligned} \tag{1.55b}$$

[3] 三角関数系 指数関数と並んで有用性の高い直交関数系が**三角関数系**である．区間 $[-\pi, \pi]$ で定義された関数の集合としてのベクトル空間を考える．この基底として三角関数系 $\{\cos nx, \sin mx\,;\, n = 0, 1, 2, \cdots, m = 1, 2, \cdots\}$ が知られている．本関数系は，基底としての線形独立性のみならず，直交性も有する．

直交性は，個々の三角関数の内積を介し確認される．内積のための関数ベクトルの組合せは，①$\{\cos nx, \cos mx\}$，②$\{\sin nx, \sin mx\}$，③$\{\cos nx, \sin mx\}$ の 3 種であり，これらの内積は以下のように評価される．

① $\langle \cos nx, \cos mx \rangle = \displaystyle\int_{-\pi}^{\pi} \cos nx \cos mx \, dx$

$\displaystyle\qquad\qquad\qquad = \frac{1}{2} \int_{-\pi}^{\pi} (\cos(n+m)\,x + \cos(n-m)\,x)\, dx$

$\qquad\qquad\qquad = \begin{cases} 0 & ; \ n \neq m \\ \pi & ; \ n = m \neq 0 \\ 2\pi & ; \ n = m = 0 \end{cases}$ \hfill (1.56a)

② $\langle \sin nx, \sin mx \rangle = \displaystyle\int_{-\pi}^{\pi} \sin nx \sin mx \, dx$

$\displaystyle\qquad\qquad\qquad = \frac{1}{2} \int_{-\pi}^{\pi} (-\cos(n+m)\,x + \cos(n-m)\,x)\, dx$

$\qquad\qquad\qquad = \begin{cases} 0 & ; \ n \neq m \\ \pi & ; \ n = m \neq 0 \end{cases}$ \hfill (1.56b)

③ $\langle \cos nx, \sin mx \rangle = \displaystyle\int_{-\pi}^{\pi} \cos nx \sin mx \, dx$

$\displaystyle\qquad\qquad\qquad = \frac{1}{2} \int_{-\pi}^{\pi} (\sin(n+m)\,x - \sin(n-m)\,x)\, dx$

$\qquad\qquad\qquad = 0$ \hfill (1.56c)

上の三角関数系においては，ノルムは以下のように必ずしも一様ではない．

$$\left. \begin{aligned} \|\cos 0x\|^2 &= \|1\|^2 = \langle 1, 1 \rangle = 2\pi \\ \|\cos nx\|^2 &= \langle \cos nx, \cos nx \rangle = x \quad ; \ n \geq 1 \\ \|\sin nx\|^2 &= \langle \sin nx, \sin nx \rangle = \pi \quad ; \ n \geq 1 \end{aligned} \right\} \quad (1.57)$$

$n = 0$ の余弦関数の二乗ノルムは，例外的に他の三角関数の二乗ノルムの 2 倍になっている．この点には注意されたい．

図 1.5 に三角関数系の一部を例示した．同図では，余弦関数を実線で，正弦関数を破線で示している．

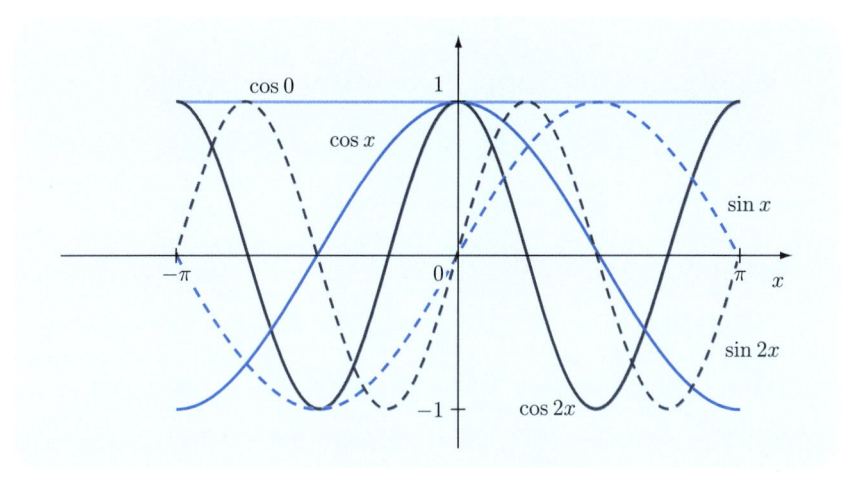

1.6 ベクトルの直交化と直交関数系

図 1.5 直交した三角関数

問題 1.1[*1]

(1) **直交関数系** 直交関数系の一つとして，ウォルシュ関数 (Walsh functions) が知られている．ウォルシュ関数について調べよ．

(2) **直交関数系** 区間 $[-\pi, \pi]$ で定義された関数として，三角関数系で利用した三角関数を符号関数 $\mathrm{sgn}(\cdot)$ で処理した次の関数を考える（符号関数に関しては，4.4.6 項を参照）．

$$\mathrm{sgncs}(nx) = \mathrm{sgn}(\cos nx) \quad ; \; n = 0, 1, 2, \cdots$$
$$\mathrm{sgnsn}(mx) = \mathrm{sgn}(\sin mx) \quad ; \; m = 1, 2, 3, \cdots$$

① 上の関数を，数例について描画せよ．
② 各関数の二乗ノルムを評価せよ．
③ 各関数は，互いに直交するか否か検討せよ．

[*1] 本書では，上のように，適所に課題を設けている．課題内容は，理解力の向上，解答の有用性などを考慮し厳選している．読者は課題に挑戦されたい．なお，本課題のヒントをサイエンス社・数理工学社 HP (http://www.saiensu.co.jp) のサポートページに掲載した．

第2章
複素フーリエ級数

　無限次元の内積空間の元を，同空間の直交基底を用いて表現するならば，これはただちに一般化フーリエ級数に帰着する．本章では，上記のような体系的手順に従い，一般化フーリエ級数，関数を対象とした一般化フーリエ級数，複素フーリエ級数を順次導出する．加えて，応用上重要な複素フーリエ級数を対象に，不連続関数を対象とした場合の収束特性，原関数のフーリエ係数と原関数の導関数，積分関数のフーリエ係数の関係，さらには，任意期間のフーリエ級数について解説する．

[2章の内容]
一般化フーリエ級数
直交関数系によるフーリエ級数
複素フーリエ級数

2.1 一般化フーリエ級数

無限次元の**内積空間** V を考える．本空間の**直交基底**を $\{\boldsymbol{w}_i \,;\, i=1, 2, \cdots\}$ とし，本空間には基底に直交する非ゼロベクトルは存在しないものとする．すなわち，$\text{V} \equiv \text{span}\{\boldsymbol{w}_i \,;\, i=1, 2, \cdots\}$ とする．なお，このような基底は，**完全**（**complete**）と呼ばれる．完全な基底をもつ内積空間に属する任意のベクトル $\boldsymbol{x}$ は，本基底を用いて以下のように展開することができる．

---一般化フーリエ級数 **I**---

$$\boldsymbol{x} = \sum_{i=1}^{\infty} a_i \boldsymbol{w}_i \tag{2.1a}$$

$$a_i = \frac{\langle \boldsymbol{w}_i,\, \boldsymbol{x} \rangle}{\langle \boldsymbol{w}_i,\, \boldsymbol{w}_i \rangle} = \frac{\langle \boldsymbol{w}_i,\, \boldsymbol{x} \rangle}{\|\boldsymbol{w}_i\|^2} \tag{2.1b}$$

【証明】 ベクトル空間の基底の定義より，(2.1a) 式は成立する．問題は，係数 a_i を定めた (2.1b) 式である．(2.1b) 式の妥当性を以下に示す．ベクトル $\boldsymbol{w}_i,\, \boldsymbol{x}$ の内積は，(2.1a) 式を利用すると，以下のように評価される（(1.23) 式参照）．

$$\langle \boldsymbol{w}_i,\, \boldsymbol{x} \rangle = \left\langle \boldsymbol{w}_i,\, \sum_{n=1}^{\infty} a_n \boldsymbol{w}_n \right\rangle = \sum_{n=1}^{\infty} a_n \langle \boldsymbol{w}_i,\, \boldsymbol{w}_n \rangle \tag{2.2a}$$

ここで，基底の直交性を考慮すると，上式は以下のように整理される．

$$\langle \boldsymbol{w}_i,\, \boldsymbol{x} \rangle = a_i \langle \boldsymbol{w}_i,\, \boldsymbol{w}_i \rangle = a_i \|\boldsymbol{w}_i\|^2 \tag{2.2b}$$

(2.2b) 式は，(2.1b) 式を意味する． □

(2.1) 式は，**一般化フーリエ級数**（**generalized Fourier series**），あるいは**一般化フーリエ級数展開**（**generalized Fourier series expansion**）と呼ばれる．また，このときの a_i は**一般フーリエ係数**（**general Fourier coefficient**）と呼ばれる．級数における第 i 番項 $[a_i \boldsymbol{w}_i]$ は，ベクトル $\boldsymbol{x}$ のベクトル $\boldsymbol{w}_i$ への**射影成分**を意味している（図 1.3 参照）．

一般化フーリエ級数において，直交基底に代わって，

$$\boldsymbol{u}_i = \frac{\boldsymbol{w}_i}{\|\boldsymbol{w}_i\|} \tag{2.3}$$

の性質をもつ**正規直交基底** $\{\boldsymbol{u}_i\,;\,i=1,2,\cdots\}$ が利用される場合には，ベクトル $\boldsymbol{x}$ は次のように展開される．

---**一般化フーリエ級数 II**--------------------

$$\boldsymbol{x} = \sum_{i=1}^{\infty} b_i \boldsymbol{u}_i \tag{2.4a}$$

$$b_i = \langle \boldsymbol{u}_i,\, \boldsymbol{x} \rangle \tag{2.4b}$$

このときの一般フーリエ係数 a_i, b_i の間には，(2.3) 式より，次の関係が成立している．

$$b_i = a_i \|\boldsymbol{w}_i\| \tag{2.5}$$

一般化フーリエ級数は，級数の一定値への収束を仮定するならば，**パーシバルの等式**（**Parseval equation**, **Parseval identity**）と呼ばれる次の関係を有する．

---**パーシバルの等式**--------------------

$$\|\boldsymbol{x}\|^2 = \sum_{i=1}^{\infty} \|a_i \boldsymbol{w}_i\|^2 = \sum_{i=1}^{\infty} |b_i|^2 \tag{2.6}$$

【証明】 (1.34) 式のノルム定義式に (2.1a) 式を用いると，前段の関係式を得る．すなわち，

$$\|\boldsymbol{x}\|^2 = \langle \boldsymbol{x},\, \boldsymbol{x} \rangle = \left\langle \sum_{i=1}^{\infty} a_i \boldsymbol{w}_i,\, \sum_{n=1}^{\infty} a_n \boldsymbol{w}_n \right\rangle = \sum_{i=1}^{\infty} |a_i|^2 \|\boldsymbol{w}_i\|^2 \tag{2.7}$$

上式に (2.5) 式を用いると，(2.6) 式の後段の関係式を得る． □

有界（無限でない有限）なノルム $\|\boldsymbol{x}\|^2 < \infty$ に関し，(2.6) 式右辺の級数すなわち無限和がある有界一定値に収束するということは，一般フーリエ係数の収束を意味する．すなわち，$i \to \infty$ に応じて次の**収束特性**（**convergence characteristic**）が成立することを意味する．

$$\|a_i \boldsymbol{w}_i\| \to 0, \quad |b_i| \to 0 \tag{2.8}$$

無限次元の内積空間におけるベクトル x のフーリエ級数による展開には，無限個の基底による線形和が必要となる．そこで，有限個の基底のみを用いて，ベクトル x を近似することを考える．このとき，次の**近似定理**が成立する．

近似定理

ベクトル x を，次式のように，N 個の直交基底 $\{w_i\,;\,i=1,2,\cdots,N\}$ で近似することを考える．

$$x \approx \sum_{i=1}^{N} \bar{a}_i w_i \tag{2.9}$$

ここに，$\bar{a}_i$ は近似係数である．

このとき，次式で定義された距離 $d(\cdot)$

$$d^2\left(x,\sum_{i=1}^{N}\bar{a}_i w_i\right) = \left\|x - \sum_{i=1}^{N}\bar{a}_i w_i\right\|^2 \tag{2.10}$$

を最小化する近似係数 $\bar{a}_i$ は一般フーリエ係数 a_i そのものである．すなわち，

$$\bar{a}_i = a_i \tag{2.11}$$

【証明】 (2.10) 式に定義したベクトル間**距離** $d(\cdot)$ の二乗は，(2.9) を用いると，次のように展開・整理される．

$$\begin{aligned}
d^2\left(x,\sum_{i=1}^{N}\bar{a}_i w_i\right) &= \left\|x - \sum_{i=1}^{N}\bar{a}_i w_i\right\|^2 = \left\langle x - \sum_{i=1}^{N}\bar{a}_i w_i,\ x - \sum_{n=1}^{N}\bar{a}_n w_n\right\rangle \\
&= \langle x,x\rangle - \sum_{i=1}^{N}\bar{a}_i^* \langle w_i,x\rangle - \sum_{n=1}^{N}\bar{a}_n\langle x,w_n\rangle + \sum_{i=1}^{N}\sum_{n=1}^{N}\bar{a}_i^*\bar{a}_n\langle w_i,w_n\rangle \\
&= \|x\|^2 - \sum_{i=1}^{N}\bar{a}_i^* a_i \|w_i\|^2 - \sum_{i=1}^{N}\bar{a}_i a_i^* \|w_i\|^2 + \sum_{i=1}^{N}|\bar{a}_i|^2\|w_i\|^2 \\
&= \|x\|^2 + \sum_{i=1}^{N}\left((\bar{a}_i - a_i)(\bar{a}_i^* - a_i^*) - |a_i|^2\right)\|w_i\|^2 \\
&= \|x\|^2 + \sum_{i=1}^{N}\left(|\bar{a}_i - a_i|^2 - |a_i|^2\right)\|w_i\|^2 \tag{2.12}
\end{aligned}$$

ノルム $\|\boldsymbol{x}\|^2, \|\boldsymbol{w}_i\|^2$ および一般フーリエ係数 a_i が一定であることを考慮すると，上の距離は，$\bar{a}_i - a_i = 0$ すなわち (2.11) 式が成立する場合に，最小化される． □

 前述の近似定理は，無限次元のベクトルをフーリエ級数展開し，適当な個数で打ち切った場合，フーリエ係数が最良の近似係数を与えることを意味する．

2.2 直交関数系によるフーリエ級数

 前節で解説した一般化フーリエ級数は，関数ベクトルを元とする**内積空間**においても適用される．区間 $[x_1, x_2]$ で定義された関数 $f(x)$ を元とする内積空間に関し，その**直交基底**を $\{\phi_i(x)\,;\,i=1,2,3,\cdots\}$ とする．また，本直交基底は**完全**であるとする．この**一般化フーリエ級数**は，(2.1) 式よりただちに以下のように与えられる．

関数の一般化フーリエ級数 I

$$f(x) = \sum_{i=1}^{\infty} a_i \phi_i(x) \tag{2.13a}$$

$$a_i = \frac{\langle \phi_i(x),\,f(x)\rangle}{\langle \phi_i(x),\,\phi_i(x)\rangle} = \frac{\langle \phi_i(x),\,f(x)\rangle}{\|\phi_i(x)\|^2} \tag{2.13b}$$

$$\langle \phi_i(x),\,f(x)\rangle = \int_{x_1}^{x_2} \phi_i^*(x) f(x)\,dx \tag{2.13c}$$

$$\|\phi_i(x)\|^2 = \langle \phi_i(x),\,\phi_i(x)\rangle = \int_{x_1}^{x_2} \phi_i^*(x)\phi_i(x)\,dx = \int_{x_1}^{x_2} |\phi_i(x)|^2\,dx \tag{2.13d}$$

 同様に，**正規直交基底** $\{\psi_i(x)\,;\,i=1,2,3,\cdots\}$ による一般化フーリエ級数は，(2.4) 式よりただちに以下のように与えられる．

関数の一般化フーリエ級数 II

$$f(x) = \sum_{i=1}^{\infty} b_i \psi_i(x) \tag{2.14a}$$

$$b_i = \langle \psi_i(x),\,f(x)\rangle = \int_{x_1}^{x_2} \psi_i^*(x) f(x)\,dx \tag{2.14b}$$

(2.13), (2.14) 式に示した関数を対象としたフーリエ級数においても，基本的には，(2.8) 式の**収束特性**，(2.11) 式の**近似定理**が成立する．直交基底の**完全性**が保証されている本場合には，(2.6) 式の**パーシバルの等式**も成立する．

なお，区間 $[x_1, x_2]$ で定義された関数 $f(x)$ を任意とする場合には，完全性が主張できない場合がある．換言するならば，区間 $[x_1, x_2]$ で定義された任意の関数の中には，直交基底あるいは正規直交基底に直交するものもありえる．この場合にも，(2.13), (2.14) 式に示したフーリエ級数展開は可能である．しかし，関数 $f(x)$ とこのフーリエ級数による無限和との間には，必ずしも等式は成立しない．

完全性が必ずしも保証できない場合には，完全性の保証の下に得られた (2.6) 式の等式関係は，次の不等式関係に修正されることになる．

$$\|f(x)\|^2 \geq \sum_{i=1}^{\infty} \|a_i \phi_i(x)\|^2, \qquad \|f(x)\|^2 \geq \sum_{i=1}^{\infty} |b_i|^2 \tag{2.15}$$

上式は，**ベッセルの不等式**（**Bessel inequality**）と呼ばれている．

区間 $[x_1, x_2]$ で定義された任意関数 $f(x)$ をベクトル（すなわち元）とする無限次元の内積空間における直交基底の完全性の議論は，工学系学部教育の範囲を超えるので，これまでとする．

2.3 複素フーリエ級数

2.3.1 複素フーリエ級数の導出

さてここで，議論の具体化を図るべく，具体的な直交基底として**指数関数系** $\{\phi_n(x) = \exp(jnx) ; n = 0, \pm1, \pm2, \cdots\}$ を考える．また，これに対応した内積空間として区間 $[-\pi, \pi]$ で定義された関数 $f(x)$ の集合（すなわち関数空間）を考える．指数関数系は，(1.55) 式に示した直交性を有している．これを (2.13) 式に用いると，次の**複素フーリエ級数**を得る．

複素フーリエ級数

$$f(x) = \sum_{n=-\infty}^{\infty} c_n \phi_n(x) = \sum_{n=-\infty}^{\infty} c_n e^{jnx} \tag{2.16a}$$

$$c_n = \frac{\langle \phi_n(x),\ f(x) \rangle}{\|\phi_n(x)\|^2} = \frac{1}{2\pi} \int_{-\pi}^{\pi} f(x) e^{-jnx} dx \tag{2.16b}$$

2.3 複素フーリエ級数

本書では,一般化フーリエ級数の係数表現には,(2.13) 式で示したように,a_n を用いた.複素フーリエ級数は,一般化フーリエ級数の特別な場合として導出したが,このフーリエ係数は c_n で表現するものとする.これは,複素数(complex number)の頭文字 c を利用したものである.本書では c_n を**複素フーリエ係数**と呼称する.

一般化フーリエ級数で説明したように,内積空間における任意の関数 $f(x)$ に対して,基底の完全性が保証されない場合には,(2.16a) 式における第 1 辺と第 2 辺との間の等式関係は必ずしも成立しない.しかし,関数 $f(x)$ が,次項に示す「区分的に滑らかさ」の性質を有する場合には,これを実質的に等式として扱うことができる.

直交基底として利用した指数関数系 $\{\phi_n(x) = \exp(jnx)\,;\,n = 0, \pm 1, \pm 2, \cdots\}$ は周期 2π の**周期関数**でもある.(2.16a) 式のように,区間 $[-\pi, \pi]$ で定義された関数 $f(x)$ を周期 2π の周期関数で級数展開するということは,区間 $[-\pi, \pi]$ で定義された関数 $f(x)$ を本区間外では周期 2π の周期関数として定義し級数展開することと,等価である.関数 $f(x)$ を周期 2π の周期関数として扱う場合には,(2.16b) 式右辺の積分区間は次のように変更することもできる.

$$c_n = \frac{\langle \phi_n(x),\, f(x) \rangle}{\|\phi_n(x)\|^2} = \frac{1}{2\pi} \int_{-\pi+x_1}^{\pi+x_1} f(x) e^{-jnx}\, dx \qquad (2.16c)$$

関数 $f(x)$ が**実数**の場合には,複素フーリエ係数に関し,**共役性**が成立する.すなわち,

$$\begin{aligned}
c_{-n} &= \frac{1}{2\pi} \int_{-\pi}^{\pi} f(x) e^{jnx}\, dx \\
&= \left(\frac{1}{2\pi} \int_{-\pi}^{\pi} f^*(x) e^{-jnx}\, dx \right)^* \\
&= \left(\frac{1}{2\pi} \int_{-\pi}^{\pi} f(x) e^{-jnx}\, dx \right)^* \\
&= c_n^*
\end{aligned} \qquad (2.17)$$

ここに,記号 $*$ は複素数の共役を意味する.

2.3.2 複素フーリエ級数の収束特性

[1] 広義積分 左開区間 $(x_1, x_2]$ で定義された関数 $f(x)$ の定積分は，微小な正数 $\varepsilon > 0$ を用いた次の極限として評価するものとする．

$$\int_{x_1}^{x_2} f(x)\,dx = \lim_{\varepsilon \to 0_+} \int_{x_1+\varepsilon}^{x_2} f(x)\,dx \tag{2.18a}$$

同様に，右開区間 $[x_1, x_2)$ で定義された関数 $f(x)$ の定積分は，微小な正数 $\varepsilon > 0$ を用いた次の極限として評価するものとする．

$$\int_{x_1}^{x_2} f(x)\,dx = \lim_{\varepsilon \to 0_+} \int_{x_1}^{x_2-\varepsilon} f(x)\,dx \tag{2.18b}$$

左右開区間 (x_1, x_2) で定義された関数 $f(x)$ の定積分の評価も同様に行うものとする．上記のような開区間での定積分は，**広義積分**と呼ばれる．広義積分が有界な収束値をもつとき，**広義積分可能**であるという．

[2] 収束特性 関数 $f(x)$ の連続性に関し，次の定義を行っておく．

区分的な連続な関数

区間 $[-\pi, \pi]$ で定義された関数 $f(x)$ を考える．本関数は，次式に示したこの区間内の有限個の点 $x = x_1, x_2, \cdots, x_m$ を除いて連続であるとする．

$$-\pi = x_1 < x_2 <, \cdots, < x_{m-1} < x_m = \pi \tag{2.19}$$

一方，不連続点においては，関数 $f(x)$ は次式に示すように，右極限 $\varepsilon > 0 \to 0_+$，左極限 $\varepsilon < 0 \to 0_-$ とも有界な値をとるものとする．すなわち，

$$|f(x_{i+})| = \lim_{\varepsilon \to 0_+} |f(x_i + \varepsilon)| < \infty \quad ; i = 2, 3, \cdots, m-1 \tag{2.20a}$$

$$|f(x_{i-})| = \lim_{\varepsilon \to 0_-} |f(x_i + \varepsilon)| < \infty \quad ; i = 2, 3, \cdots, m-1 \tag{2.20b}$$

また，$f(x_{1+})$, $f(x_{m-})$ も (2.20) 式の意味において有界であるとする．このとき，$f(x)$ は**区分的に連続な関数**（**piecewise continuous function**）であるという．

さらに，関数 $f(x)$ の導関数が各開区間 $x_i < x < x_{i+1}$ で有界な連続値として存在する場合には，区分的に連続な関数 $f(x)$ は，特に，**区分的に滑らかな関数**（**piecewise smooth function**）であるという．連続な関数に対しても，同様に，区分的に滑らかさが定義される．

2.3 複素フーリエ級数

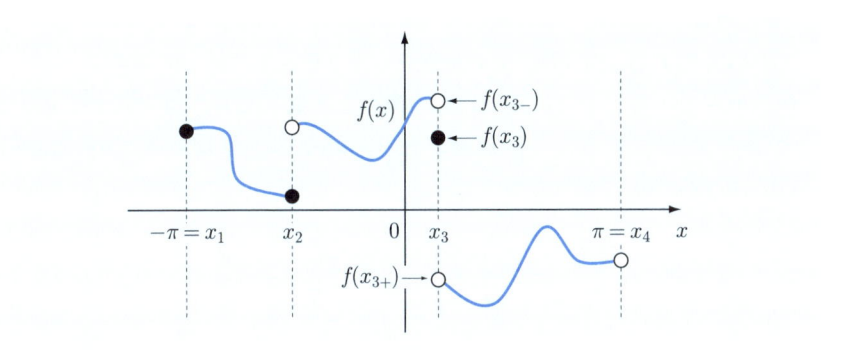

図 2.1 区分的に連続な関数の例

図 2.1 に区分的に連続な関数の例を示した．同図においては，黒丸は不連続点 $x = x_i$ で $f(x_i)$ がとる値を示している．また，白丸は (2.20) 式に示した右極限値あるいは左極限値を意味する．

複素フーリエ級数の収束を議論する場合には，一般化フーリエ級数で利用した一般的な収束の概念以上に，詳細な定義しておくと都合がよい．以下にこれを与える．

──**絶対収束**──────────────────────

周期関数 $f(x)$ を複素フーリエ級数で展開し，複素フーリエ係数が次の特性を有するとき，複素フーリエ級数は **絶対収束**（**absolute convergence**）するという．

$$\sum_{n=-\infty}^{\infty} |c_n| < \infty \tag{2.21a}$$

────────────────────────────

なお，(2.21a) 式から次の**収束特性**も主張される．

$$\lim_{n \to \pm\infty} |c_n| = 0 \tag{2.21b}$$

上の定義による絶対収束は，一般化フーリエ級数における (2.6)～(2.8) 式での意味における収束に対応している．

平均収束

周期関数 $f(x)$ を有限個 N の複素フーリエ係数を利用して複素フーリエ級数展開することを考える．任意の微小な正数 ε を有する次式を成立させる N が存在するとき，複素フーリエ級数は，**平均収束**（**average convergence**）するという．

$$d^2\left(f(x), \sum_{n=-N/2}^{N/2} c_n e^{jnx}\right) = \left\|f(x) - \sum_{n=-N/2}^{N/2} c_n e^{jnx}\right\|^2$$

$$= \int_{-\pi}^{\pi} \left|f(x) - \sum_{n=-N/2}^{N/2} c_n e^{jnx}\right|^2 dx < \varepsilon \quad (2.22)$$

一様収束

周期関数 $f(x)$ を有限個 N の複素フーリエ係数を利用して複素フーリエ級数展開することを考える．任意の微小な正数 ε を有する次式を成立させる N が存在するとき，複素フーリエ級数は，**一様収束**（**uniform convergence**）するという．

$$\left|f(x) - \sum_{n=-N/2}^{N/2} c_n e^{jnx}\right| < \varepsilon \quad (2.23)$$

一様収束は，微小な正数 ε を限りなく小さく選定する場合にも，(2.23) 式を満足する N が存在することを意味している．換言するならば，N を大きく選定することにより，級数はもとの関数に収束することを意味する．図 2.2 に一様収束の概念を概略的に示した．同図では，有限和の級数が収束する範囲を 2 個の関数 $f(x) \pm \varepsilon$ で表現している．N を大きく選定することにより，範囲の幅 ε を小さくできる．一様収束は，ℓ_∞ ノルムでの収束と理解することもできる．

一様収束に対し，平均収束はもとの関数とこの複素フーリエ級数との ℓ_2 ノルムで定義した距離 $d(\cdot)$ がゼロに漸近することを意味する．もとの関数のノルムが有界な場合には，すなわち $\|f(x)\|^2 < \infty$ の場合には，平均収束は絶対収束を意味する．しかし，ℓ_2 ノルムでの収束を意味する平均収束が，ℓ_∞ ノルムでの収束を意味する一様収束を必ずしも意味しない．反対に，一様収束

2.3 複素フーリエ級数

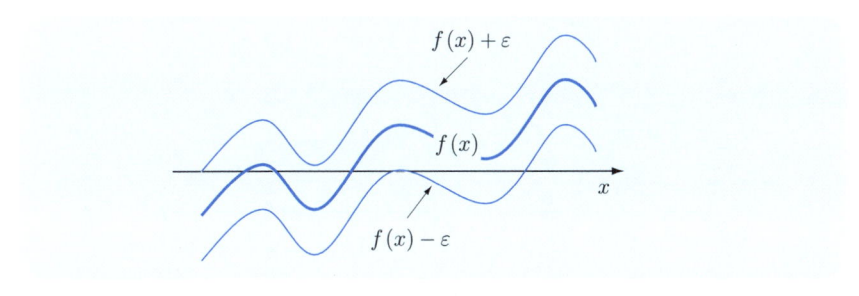

図 2.2 一様収束の概念図

は平均収束をも意味する．一様収束は平均収束より強い収束である．

幸いにも，区分的に滑らかな関数に関しては，次の収束定理が示すように，区分的ではあるが一様収束性が確保される．

収束定理 I

周期 2π をもつ周期関数 $f(x)$ を考える．本関数は，区分的に連続であり，かつ区分的に滑らかとする．周期 2π をもつ区分的に滑らかな関数 $f(x)$ の複素フーリエ級数は，$f(x)$ が連続な点では $f(x)$ に一様収束する．また，$f(x)$ が不連続な点 $x = x_i$ では次の値に収束する．

$$\sum_{n=-\infty}^{\infty} c_n \phi_n(x_i) = \sum_{n=-\infty}^{\infty} c_n e^{jnx_i} \to \frac{f(x_{i-}) + f(x_{i+})}{2} \tag{2.24}$$

（証明省略）

収束定理 II

周期 2π をもつ周期関数 $f(x)$ を考える．本関数は，連続でかつ区分的に滑らかとする．このとき，周期関数 $f(x)$ の複素フーリエ級数は，周期関数 $f(x)$ に絶対収束かつ一様収束する．（証明省略）

収束定理 I は，「区分的に連続な周期関数 $f(x)$ が滑らかでありさえすれば，そのフーリエ級数は，連続点では関数 $f(x)$ の真値に，不連続点では関数 $f(x)$ の平均値に収束する」ことを意味している．図 2.3 に収束定理の意味を示した．同図では，不連続点における黒菱形がフーリエ級数の収束値を示している．

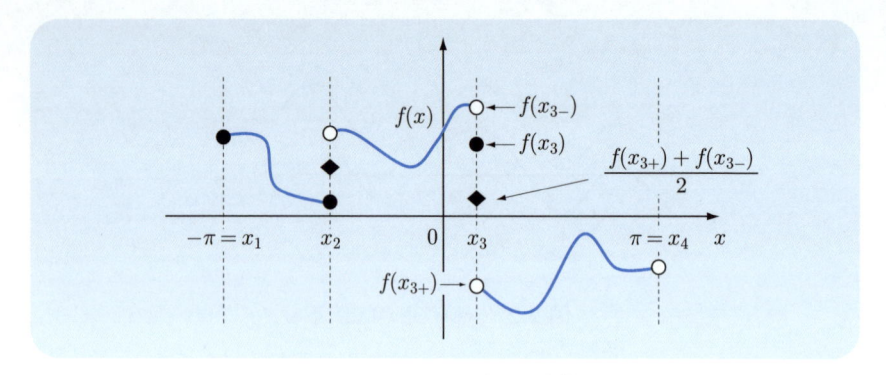

図 2.3　フーリエ級数の収束値の例

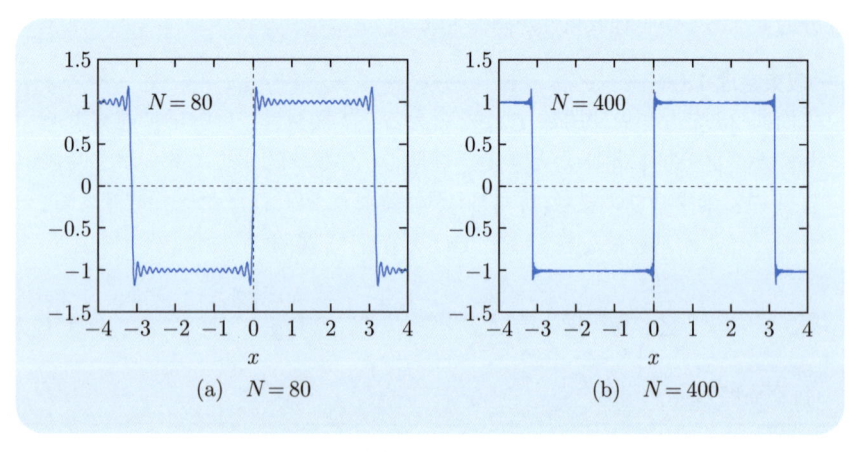

図 2.4　不連続点でのギブス現象の例

　一方，収束定理 II は，「連続な周期関数 $f(x)$ が滑らかな場合には，そのフーリエ級数は，関数 $f(x)$ の真値に収束する」ことを示している．

[3] ギブス現象　平均収束は達成されるが，一様収束は連続域でのみしか達成されない例を紹介しておく．次式で定義された振幅 ±1，周期 2π の矩形関数を考える（図 3.8, 3.9 参照）．

$$f(x) = \begin{cases} -1 & ; \; -\pi \leq x < 0 \\ 1 & ; \; 0 \leq x < \pi \end{cases} \tag{2.25}$$

2.3 複素フーリエ級数

本関数を，複素フーリエ級数展開し，有限個の部分和として再合成した波形を図 2.4 に示した．同図は，左から (a) $N = 80$, (b) $N = 400$ の場合の合成波形である．部分和の数 N を増加させることにより，不連続点である $x = \pm m\pi$ において，上下に鋭いスパイクが発生する様子が確認される．一方，連続な点においては，部分和の数 N を増加とともに，部分和は 1 または -1 に収束する様子が確認される．本スパイクに関しては，部分和の数 N の増加につれ，そのピーク値は $0.28/\pi \approx 0.089$ に収束し，その幅は無限小に収束する．

本例では，一様収束は連続域では得られるが，不連続点では得られていない．しかし，(2.22) 式に意味における平均収束は達成されている．平均収束の達成は，「大きさが有界で幅が無限小のスパイクの積分はゼロとなる」ことより，理解されよう．なお，図 2.4 のようなスパイクの発生現象は，**ギブス現象**（**Gibbs phenomenon**）と呼ばれる．

2.3.3 複素フーリエ係数の特性

本項では，複素フーリエ係数に関する特性の中で，係数算定に有用な特性を定理の形で整理し説明する．

上限定理

周期 2π をもつ周期関数 $f(x)$ の複素フーリエ係数を c_n とするとき，複素フーリエ係数の大きさに関し，次の関係が成立する．

$$|c_n| \leq \frac{1}{2\pi} \int_{-\pi}^{\pi} |f(x)|\, dx \tag{2.26}$$

【証明】 (2.16b) 式より，次の不等式が成立する．

$$\begin{aligned}
|c_n| &= \frac{1}{2\pi} \left| \int_{-\pi}^{\pi} f(x) e^{-jnx}\, dx \right| \\
&\leq \frac{1}{2\pi} \int_{-\pi}^{\pi} |f(x) e^{-jnx}|\, dx \\
&= \frac{1}{2\pi} \int_{-\pi}^{\pi} |f(x)|\, |e^{-jnx}|\, dx \\
&= \frac{1}{2\pi} \int_{-\pi}^{\pi} |f(x)|\, dx
\end{aligned} \tag{2.27}$$

上式は，(2.26) 式を意味する． □

第2章 複素フーリエ級数

―― 線形定理 ――――――――――――――――――――――――――

周期 2π をもつ周期関数 $f(x)$, $g(x)$ の複素フーリエ係数を，おのおの c'_n, c''_n とする．このとき，周期関数 $af(x)+bg(x)$ の複素フーリエ係数 c_n は，次式となる．

$$c_n = a\,c'_n + b\,c''_n \tag{2.28}$$

【証明】 複素フーリエ係数は，(2.16b) 式に示されているように，内積を通じ決定される．本認識より，(2.28) 式は内積の公理（p. 11）特に (1.23d) 式より明らかであるが，以下に，証明を与える．

(2.16b) 式に関数 $af(x)+bg(x)$ を用いると，次式を得る．

$$\begin{aligned}
c_n &= \frac{1}{2\pi}\langle e^{jnx}, af(x)+bg(x)\rangle \\
&= \frac{1}{2\pi}\langle e^{jnx}, af(x)\rangle + \frac{1}{2\pi}\langle e^{jnx}, bg(x)\rangle \\
&= \frac{a}{2\pi}\langle e^{jnx}, f(x)\rangle + \frac{b}{2\pi}\langle e^{jnx}, g(x)\rangle \\
&= ac'_n + bc''_n
\end{aligned} \tag{2.29}$$

□

―― 微分定理 ――――――――――――――――――――――――――

周期 2π の周期関数 $f(x)$ を考える．本関数は，連続でかつ区分的に滑らかとする．このとき，周期関数 $f(x)$ の導関数の複素フーリエ級数は，周期関数 $f(x)$ のフーリエ級数の各項別微分となる．すなわち，上記周期関数 $f(x)$ に関し，

$$f(x) = \sum_{n=-\infty}^{\infty} c_n e^{jnx} \tag{2.30}$$

の級数展開が成立するときには，次式の級数展開が成立する．

$$\frac{d}{dx}f(x) \equiv \dot{f}(x) = \sum_{n=-\infty}^{\infty} c'_n e^{jnx}$$

$$= \sum_{n=-\infty}^{\infty} \frac{d}{dx} c_n e^{jnx} = \sum_{n=-\infty}^{\infty} (jnc_n)e^{jnx} \tag{2.31a}$$

$$c'_n = jnc_n \tag{2.31b}$$

2.3 複素フーリエ級数

【証明】 (2.30) 式の複素フーリエ係数 c_n は，(2.16b) 式より次式で与えられる．

$$c_n = \frac{1}{2\pi}\int_{-\pi}^{\pi} f(x)e^{-jnx}\,dx \tag{2.32}$$

$n \neq 0$ の場合には，上式は，部分積分と $f(x)$ の周期性により以下のように評価される．

$$\begin{aligned}c_n &= -\frac{1}{jn2\pi} f(x)e^{-jnx}\Big|_{-\pi}^{\pi} + \frac{1}{jn2\pi}\int_{-\pi}^{\pi} \dot{f}(x)e^{-jnx}\,dx \\ &= \frac{1}{jn}\left(\frac{1}{2\pi}\int_{-\pi}^{\pi} \dot{f}(x)e^{-jnx}\,dx\right) \quad;\; n \neq 0\end{aligned} \tag{2.33}$$

一方，$n = 0$ の場合には，導関数 $\dot{f}(x)$ の複素フーリエ係数 c'_0 は，$f(x)$ の周期性より次のように評価される．

$$\begin{aligned}c'_0 &= \frac{1}{2\pi}\int_{-\pi}^{\pi} \dot{f}(x)e^{-j0x}\,dx \\ &= \frac{1}{2\pi} f(x)\Big|_{-\pi}^{\pi} = 0\end{aligned} \tag{2.34}$$

(2.33), (2.34) 式は定理を意味する． □

━ 積分定理 ━

周期 2π の周期関数 $f(x)$ を考える．周期関数 $f(x)$ に関し，(2.35) 式の級数展開が成立するものとする．

$$f(x) = \sum_{n=-\infty}^{\infty} c_n e^{jnx} \tag{2.35}$$

また，周期関数は，周期 2π の範囲で積分可能とし，この不定積分を $g(x)$ とする．すなわち，

$$g(x) = \int f(x)\,dx \tag{2.36}$$

このとき，$g(x) - c_0 x$ の $n \neq 0$ のフーリエ項は，周期関数 $f(x)$ のフーリエ級数の各項別積分と等しい．すなわち，次の級数展開が成立する．

$$\int (f(x) - c_0)\, dx = g(x) - c_0 x = \sum_{n=-\infty}^{\infty} c_n'' e^{jnx}$$

$$= c_0'' + \sum_{\substack{n=-\infty \\ n \neq 0}}^{\infty} c_n \int e^{jnx}\, dx$$

$$= c_0'' + \sum_{\substack{n=-\infty \\ n \neq 0}}^{\infty} \left(\frac{c_n}{jn}\right) e^{jnx} \tag{2.37a}$$

$$c_0'' = \frac{1}{2\pi} \int_{-\pi}^{\pi} (g(x) - c_0 x)\, dx \tag{2.37b}$$

【証明】 関数 $g(x) - c_0 x$ の複素フーリエ係数 c_n'' は，$n \neq 0$ の場合には，部分積分を用い以下のように求められる．

$$\begin{aligned}
c_n'' &= \frac{1}{2\pi} \int_{-\pi}^{\pi} (g(x) - c_0 x)\, e^{-jnx}\, dx \\
&= -\frac{1}{jn2\pi}(g(x) - c_0 x) e^{-jnx} \Big|_{-\pi}^{\pi} + \frac{1}{jn2\pi} \int_{-\pi}^{\pi} (f(x) - c_0)\, e^{-jnx}\, dx \\
&= -\frac{1}{jn2\pi}(g(x) - c_0 x) e^{-jnx} \Big|_{-\pi}^{\pi} - \frac{1}{jn2\pi} \int_{-\pi}^{\pi} c_0\, e^{-jnx}\, dx \\
&\quad + \frac{1}{jn2\pi} \int_{-\pi}^{\pi} f(x)\, e^{-jnx}\, dx
\end{aligned} \tag{2.38a}$$

上式右辺第 1 項と第 2 項は，関数 $f(x)$, e^{-jnx} の周期性より，消滅する．したがって，上式は次のように整理される．

$$c_n'' = \frac{1}{jn}\left(\frac{1}{2\pi} \int_{-\pi}^{\pi} f(x)\, e^{-jnx}\, dx\right) = \frac{c_n}{jn} \quad ; n \neq 0 \tag{2.38b}$$

(2.38b) 式は，(2.37a) 式に他ならない．

複素フーリエ係数 c_0'' を定める (2.37b) 式は，定義式そのものである． ■

積分定理は，「この利用には，実質的に周期関数 $f(x)$ の複素フーリエ係数が $c_0 = 0$ である」ことを要請するものである．この点には注意されたい．

2.3 複素フーリエ級数

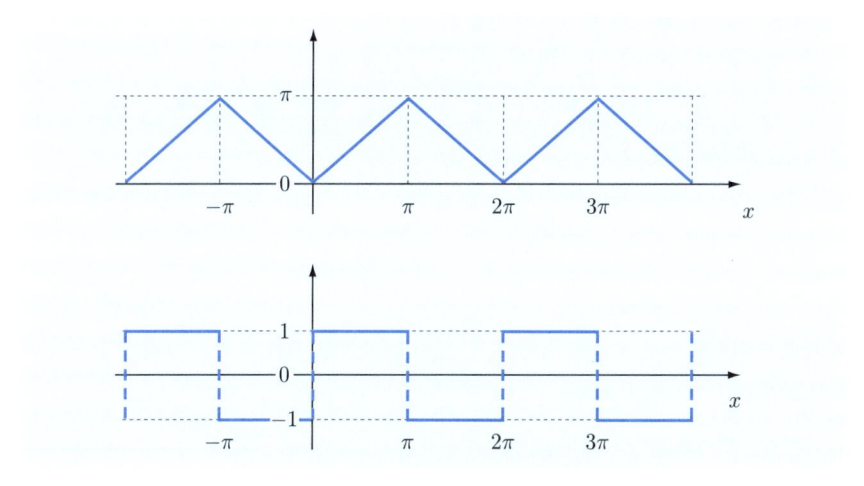

図 2.5 三角波関数と矩形波関数

図 2.5 に，微分定理，積分定理が適用可能な関数の 1 例として，次式によるものを示した．

$$g(x) = |x|$$
$$= \begin{cases} -x & ; \ -\pi \leq x < 0 \\ x & ; \ 0 \leq x < \pi \end{cases} \quad (2.39\text{a})$$

$$f(x) = \begin{cases} -1 & ; \ -\pi \leq x < 0 \\ 1 & ; \ 0 \leq x < \pi \end{cases} \quad (2.39\text{b})$$

同図では，上段の三角波関数 $g(x)$ の微分が下段の矩形波関数 $f(x)$ になっている．三角波関数は，連続でかつ区分的に滑らか（その微分値が区分的に連続）であり，微分定理が適用可能である．したがって，矩形波関数の複素フーリエ係数は，三角波関数の複素フーリエ係数よりただちに求められる．

一方，下段の矩形波関数 $f(x)$ の積分が上段の三角波関数 $g(x)$ になっているので，積分定理によれば，$n \neq 0$ の場合の複素フーリエ係数は，矩形波関数から三角波関数の複素フーリエ係数をただちに求められることができる．なお，三角波関数の $n = 0$ の複素フーリエ係数に限っては，三角波関数を直接的に評価して得ることになる．

2.3.4 任意周期の複素フーリエ級数

[1] 導出 これまでは，周期関数 $f(x)$ の周期としては 2π を考えた．関数によっては，2π 以外の周期をもつ．本項では，任意周期 T をもつ関数の複素フーリエ級数を考える．

(2.16) 式に定義された複素フーリエ級数において，次の変数置換を考える．

$$x = \frac{2\pi}{T} t, \qquad dx = \frac{2\pi}{T} dt \tag{2.40}$$

本置換を実施すると，任意周期 T をもつ周期関数 $f(t)$ のための複素フーリエ級数が次のように得られる．

任意周期の複素フーリエ級数

$$f(t) = \sum_{n=-\infty}^{\infty} c_n \phi_n(t) = \sum_{n=-\infty}^{\infty} c_n \exp\left(jn\frac{2\pi}{T} t\right) \tag{2.41a}$$

$$c_n = \frac{\langle \phi_n(t),\, f(t) \rangle}{\|\phi_n(t)\|^2} = \frac{1}{T} \int_{-T/2}^{T/2} f(t) \exp\left(-jn\frac{2\pi}{T} t\right) dt \tag{2.41b}$$

$$\phi_n(t) = \exp\left(jn\frac{2\pi}{T} t\right) \tag{2.41c}$$

---

[2] デルタ関数列に対するフーリエ級数 微小値 $\varepsilon > 0$ を用いて定義された次の矩形パルス関数 $\delta_\varepsilon(t)$ を考える．

$$\delta_\varepsilon(t) = \begin{cases} \dfrac{1}{\varepsilon} & ;\ |t| \leq \dfrac{\varepsilon}{2} \\ 0 & ;\ |t| > \dfrac{\varepsilon}{2} \end{cases} \tag{2.42}$$

図 2.6 に，本関数を示した．図より明白なように，本関数の積分値は 1 である．微小値 ε をゼロへ漸近させたときの $\delta_\varepsilon(t)$ を $\delta(t)$ とする．すなわち，

$$\lim_{\varepsilon \to 0} \delta_\varepsilon(t) = \delta(t) \tag{2.43}$$

本関数は，ディラックのデルタまたはデルタ関数（**Dirac delta function**）と呼ばれ，次の性質をもつ（デルタ関数の詳細は，4.5.1 項で説明する）．

2.3 複素フーリエ級数

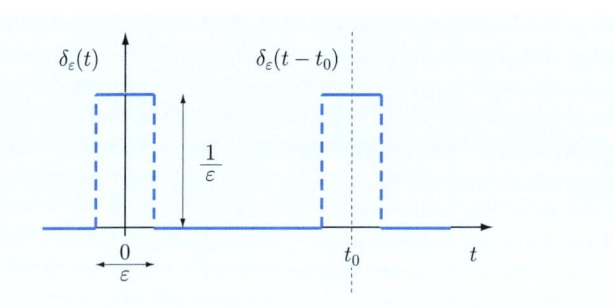

図 2.6 単位積分値をもつパルス関数

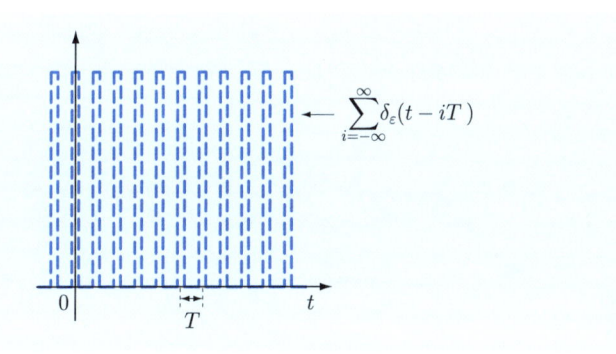

図 2.7 デルタ関数の例

$$\left.\begin{array}{l}\int_{-\infty}^{\infty} \delta(t)\,dt = \lim_{\varepsilon \to 0} \int_{-\infty}^{\infty} \delta_{\varepsilon}(t)\,dt = 1 \\ \delta(t) = 0 \quad ; \quad t \neq 0 \end{array}\right\} \quad (2.44)$$

$$\int_{-\infty}^{\infty} \delta(t-t_0)f(t)\,dt = \lim_{\varepsilon \to 0} \int_{-\infty}^{\infty} \delta_{\varepsilon}(t-t_0)f(t)\,dt = f(t_0) \quad (2.45)$$

さてここで，デルタ関数 $\delta(t)$ が周期 T で繰り返し発生する次の**デルタ関数列** $\delta_T(t)$ を考える．

$$\delta_T(t) = \sum_{i=-\infty}^{\infty} \delta(t-iT) = \lim_{\varepsilon \to 0} \sum_{i=-\infty}^{\infty} \delta_{\varepsilon}(t-iT) \quad (2.46)$$

図 2.7 にデルタ関数列 $\delta_T(t)$ を，概略的に示した．なお，同図では，図示上の

都合から,デルタ関数 $\delta(t)$ に代わって矩形パルス関数 $\delta_\varepsilon(t)$ を用いて,これを概略的に示している.

(2.46) 式のデルタ関数列 $\delta_T(t)$ は周期 T の周期関数である.したがって,デルタ関数列には,周期 T の周期関数を対象とした (2.41) 式の複素フーリエ級数が適用可能である.すなわち,デルタ関数列は次のように表現することができる.

$$\delta_T(t) = \sum_{n=-\infty}^{\infty} c_n \exp\left(jn\frac{2\pi}{T}t\right) \tag{2.47a}$$

このときの複素フーリエ係数 c_n は,周期関数 $\delta_T(t)$ の区間 $[-T/2, T/2]$ の部分であるデルタ関数 $\delta(t)$ を (2.41b) 式に用い,(2.45) 式を考慮すると,次のように求められる.

$$\begin{aligned}c_n &= \frac{1}{T}\int_{-T/2}^{T/2} \delta(t) \exp\left(-jn\frac{2\pi}{T}t\right) dt \\ &= \frac{1}{T}\exp\left(-jn\frac{2\pi}{T}0\right) = \frac{1}{T}\end{aligned} \tag{2.47b}$$

(2.47b) 式は,すべての n に関して,複素フーリエ係数は同一の $1/T$ であることを示している.換言するならば,(2.8) 式に示した一般フーリエ係数のゼロへの漸近収束の特性が得られていないので,注意されたい.

(2.8) 式は,「対象のベクトルの二乗ノルムが有界である」ことを条件に得られたものである.ところが,デルタ関数 $\delta(t)$ の二乗ノルムは,(2.45) 式を考慮すると以下のように評価され,この有界性は満足されていない.

$$\|\delta(t)\|^2 = \int_{-T/2}^{T/2} \delta(t)\delta(t)\, dt = \delta(0) = \infty \tag{2.48}$$

この結果,(2.8) 式に示した一般フーリエ係数の**収束特性**が得られていない.

第3章

三角フーリエ級数

　第1章で説明したように，有用な直交関数系としては，指数関数系の他に三角関数系がある．三角関数系を関数空間の直交基底として用い，本空間の元である関数ベクトルを直交基底上で表現する場合，これは三角フーリエ級数となる．三角フーリエ級数は，簡単に「フーリエ級数」と呼ばれることが多い．本事実から理解されるように，三角フーリエ級数は代表的なフーリエ級数である．本章では，三角フーリエ級数について解説する．また，今後の利用の便を考え，代表的な信号の三角フーリエ級数を与える．

[3章の内容]

偶関数と奇関数
三角フーリエ級数
代表的信号の三角フーリエ級数
任意周期の三角フーリエ級数
余弦フーリエ級数と正弦フーリエ級数

3.1 偶関数と奇関数

[1] 定義 関数 $f(x)$ を考える．関数が (3.1) 式の性質を有する場合には，本関数は**偶関数**（**even function**）と呼ばれる．これに対して，関数が (3.2) 式の性質を有する場合には，本関数は**奇関数**（**odd function**）と呼ばれる．

$$f(x) = f(-x) \tag{3.1}$$

$$f(x) = -f(-x) \tag{3.2}$$

(3.1) 式は，「関数による波形が，$x=0$ での縦軸に対して線対称である」ことを意味する．一方，(3.2) 式は，「関数による波形が，原点 $x=0$ に対して点対称である」ことを意味する．図 3.1 に，偶関数と奇関数を例示した．余弦関数 $\{\cos nx\,;\,n=0,1,2,\cdots\}$ は偶関数であり，正弦関数 $\{\sin nx\,;\,n=1,2,\cdots\}$ は奇関数である．

[2] 関数の分割 任意の関数 $f(x)$ を次式のように 2 種の関数 $g(x)$, $h(x)$ に分割することを考える．

$$f(x) = g(x) + h(x) \tag{3.3a}$$

ただし，

$$g(x) = \frac{f(x) + f(-x)}{2} \tag{3.3b}$$

$$h(x) = \frac{f(x) - f(-x)}{2} \tag{3.3c}$$

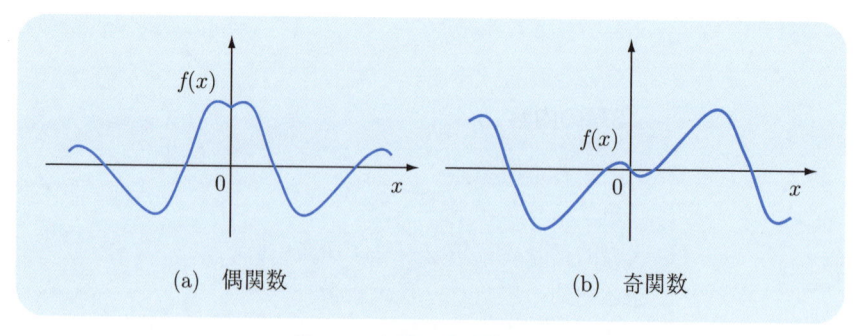

図 **3.1** 偶関数と奇関数の例

3.1 偶関数と奇関数

このとき，関数 $g(x)$ は偶関数に，また関数 $h(x)$ は奇関数になっている．すなわち，次式が成立している．

$$g(x) = g(-x), \qquad h(x) = -h(-x) \tag{3.4}$$

(3.3), (3.4) 式は，「任意の関数 $f(x)$ は，偶関数と奇関数に分割できる」ことを意味する．

[3] **性質** 偶関数，奇関数をおのおの $g(x)$, $h(x)$ で表現する．偶関数，奇関数は次の性質を有する．

① **関数の積** 偶関数と偶関数との積，奇関数と奇関数の積は，偶関数となる．すなわち，次の関係が成立する．

$$g_1(x)g_2(x) \to g_3(x), \qquad h_1(x)h_2(x) \to g_1(x) \tag{3.5}$$

一方，偶関数と奇関数の積は奇関数となる．すなわち，次の関係が成立する．

$$g_1(x)h_1(x) \to h_2(x) \tag{3.6}$$

② **関数の定積分** $x_1 > 0$ とするとき，対称な区間 $[-x_1, x_1]$ での定積分に関しては，(3.1), (3.2) 式に示した偶関数と奇関数の性質より，次式が成立する．

$$\int_{-x_1}^{x_1} g(x)\,dx = \int_{-x_1}^{0} g(x)\,dx + \int_{0}^{x_1} g(x)\,dx$$
$$= -\int_{x_1}^{0} g(-x)\,dx + \int_{0}^{x_1} g(x)\,dx = 2\int_{0}^{x_1} g(x)\,dx \tag{3.7}$$

$$\int_{-x_1}^{x_1} h(x)\,dx = \int_{-x_1}^{0} h(x)\,dx + \int_{0}^{x_1} h(x)\,dx$$
$$= -\int_{x_1}^{0} h(-x)\,dx + \int_{0}^{x_1} h(x)\,dx = 0 \tag{3.8}$$

3.2 三角フーリエ級数

3.2.1 三角フーリエ級数の導出

2.2 節において，区間 $[x_1, x_2]$ で定義された関数 $f(x)$ を元とする**内積空間**に関し，その**直交基底**を利用した関数 $f(x)$ の**一般化フーリエ級数**を示した．一般化フーリエ級数では，直交基底を特定していなかった．

ここで一般化フーリエ級数の具体化を図るべく，関数の具体的な区間を $[-\pi, \pi]$ とし，また，具体的な直交基底として (1.56), (1.57) 式で検討した**三角関数系**を考える．三角関数系は，(1.56), (1.57) 式に示した直交性を有している．これを (2.13) 式に用いると，次の**三角フーリエ級数**（(**trigonometric**) **Fourier series**）を得る．

三角フーリエ級数

$$f(x) = \frac{a_0}{2} + \sum_{n=1}^{\infty} a_n \cos nx + \sum_{n=1}^{\infty} b_n \sin nx \qquad (3.9a)$$

$$a_n = \frac{1}{\pi} \int_{-\pi}^{\pi} f(x) \cos nx \, dx \quad ; \quad n = 0, 1, 2, \cdots \qquad (3.9b)$$

$$b_n = \frac{1}{\pi} \int_{-\pi}^{\pi} f(x) \sin nx \, dx \quad ; \quad n = 1, 2, \cdots \qquad (3.9c)$$

上式においては，フーリエ係数 $a_0/2$ に限っては，(3.9b) 式に従って a_0 を算定した上で追加的に 2 で除し決定している．これは，(1.57) 式に示したように，三角関数系を構成する関数 $\cos nx$ の二乗ノルムが，$n=0$ の場合には 2π となり，$n \geq 1$ の場合には π となるためである．(3.9b) 式は，元来，$n \geq 1$ の場合のものであるが，これを $n=0$ の場合に流用するものとし，2 による除算を追加している．なお，本書では，(3.9) 式におけるフーリエ係数 a_n, b_n を**三角フーリエ係数**と呼称する．

一般化フーリエ級数においては，(2.13) 式で示したように，一般フーリエ係数を a_n で表現した．しかし，三角フーリエ級数においては，伝統に従い，余弦関数 $\{\cos nx \, ; \, n = 0, 1, 2, \cdots\}$ の三角フーリエ係数は a_n で，正弦関数 $\{\sin nx \, ; \, n = 1, 2, \cdots\}$ の三角フーリエ係数は b_n で表現する．

(3.9) 式の三角フーリエ級数は，簡単に "**フーリエ級数（Fourier series）**"

3.2 三角フーリエ級数

と呼ばれることもある．本書では，**複素フーリエ級数**との区別の必要性から，このような呼称を使用した．

直交基底として利用した三角関数系は周期 2π の周期関数でもある．(3.9a) 式のように，区間 $[-\pi, \pi]$ で定義された関数 $f(x)$ を周期 2π の周期関数で級数展開するということは，区間 $[-\pi, \pi]$ で定義された関数 $f(x)$ を本区間外では周期 2π をもつ**周期関数**（**periodic function**）として定義し級数展開すること，と等価である．関数 $f(x)$ を周期 2π の周期関数として扱う場合には，(3.9b)，(3.9c) 式の右辺は，おのおの次のように積分区間を変更することもできる．

$$a_n = \frac{1}{\pi} \int_{-\pi+x_1}^{\pi+x_1} f(x) \cos nx \, dx \quad ; \quad n = 0, 1, 2, \cdots \tag{3.9d}$$

$$b_n = \frac{1}{\pi} \int_{-\pi+x_1}^{\pi+x_1} f(x) \sin nx \, dx \quad ; \quad n = 1, 2, \cdots \tag{3.9e}$$

上式における x_1 としては，任意の値を採用してよい．しかしながら，一般には $x_1 = 0$ または $x_1 = \pi$ が採用される．

3.2.2 複素フーリエ級数との関係

三角フーリエ級数おける収束特性，三角フーリエ係数の特性は，複素フーリエ級数における**収束特性**，**複素フーリエ係数の特性**と同一である（2.3.2, 2.3.3 項参照）．このため，これらの説明は省略する．代わって，三角フーリエ係数と複素フーリエ係数との関係を示しておく．

複素フーリエ級数の $\pm n \neq 0$ 番目の項に関し，次式が成立する．

$$c_n e^{jnx} = c_n \cos nx + j c_n \sin nx \tag{3.10a}$$

$$\begin{aligned} c_{-n} e^{-jnx} &= c_{-n} \cos(-nx) + j c_{-n} \sin(-nx) \\ &= c_{-n} \cos nx - j c_{-n} \sin nx \end{aligned} \tag{3.10b}$$

上の 2 式の左辺，右辺をおのおの加算し，三角フーリエ級数の n 番目の項と等値すると，

$$\begin{aligned} c_n e^{jnx} + c_{-n} e^{-jnx} &= (c_n + c_{-n}) \cos nx + j(c_n - c_{-n}) \sin nx \\ &= a_n \cos nx + b_n \sin nx \end{aligned} \tag{3.11}$$

上式より，ただちに次の関係を得る．

$$\begin{bmatrix} a_n \\ b_n \end{bmatrix} = \begin{bmatrix} 1 & 1 \\ j & -j \end{bmatrix} \begin{bmatrix} c_n \\ c_{-n} \end{bmatrix} \quad ; \; n \geq 1 \tag{3.12a}$$

$$\begin{bmatrix} c_n \\ c_{-n} \end{bmatrix} = \begin{bmatrix} 1 & 1 \\ j & -j \end{bmatrix}^{-1} \begin{bmatrix} a_n \\ b_n \end{bmatrix} = \frac{1}{2} \begin{bmatrix} 1 & -j \\ 1 & j \end{bmatrix} \begin{bmatrix} a_n \\ b_n \end{bmatrix} \quad ; \; n \geq 1 \tag{3.12b}$$

$n=0$ の項は，両フーリエ級数において同一であるので，次式が成立する．

$$\frac{a_0}{2} = c_0 \tag{3.13a}$$

$$a_0 = 2c_0 = c_0 + c_{-0} \quad ; \; c_{-0} \equiv c_0 \tag{3.13b}$$

(3.13b) 式の関係は，幸いにも，(3.12a) 式に含まれている．本事実は，「$c_{-0} \equiv c_0$ と定義する場合には，(3.12) 式の関係はすべての $n \geq 0$ において適用可能である」ことを意味する．

(3.12b) 式より明らかなように，両フーリエ級数の係数に関して次の簡単な関係も成立している．

$$|c_n|^2 + |c_{-n}|^2 = \frac{1}{2}(|a_n|^2 + |b_n|^2) \quad ; \; n \geq 0 \tag{3.14a}$$

周期関数 $f(x)$ が**実数**の場合には，次式も成立する．

$$|c_n| = |c_{-n}| = \frac{1}{2}\sqrt{|a_n|^2 + |b_n|^2} \quad ; \; n \geq 0 \tag{3.14b}$$

3.2.3　直流成分と交流成分

[1] 直流成分と基本波成分と高調波成分　周期 2π をもつ関数 $f(x)$ に対する三角フーリエ級数すなわち (3.9) 式を再度考える．(3.9) 式は，次のように書き改めることができる．

$$f(x) = f_{dc}(x) + f_{ac}(x) \tag{3.15a}$$

$$f_{dc}(x) = \frac{a_0}{2} \tag{3.15b}$$

3.2 三角フーリエ級数

$$f_{ac}(x) = \sum_{n=1}^{\infty}(a_n \cos nx + b_n \sin nx)$$
$$= (a_1 \cos x + b_1 \sin x) + \sum_{n=2}^{\infty}(a_n \cos nx + b_n \sin nx) \quad (3.15c)$$

(3.15) 式の表現においては,関数 $f_{dc}(x)$ は,変数 x のいかんにかかわらず一定であり,関数 $f(x)$ の**直流成分**(**DC component**)を表現している.これに対して,関数 $f_{ac}(x)$ は,変数 x に応じて余弦および正弦的に周期変動する成分を,すなわち関数 $f(x)$ の**交流成分**(**AC component**)を表現している.交流成分を表現した関数 $f_{ac}(x)$ は,(3.15c) 式の第 2 式のように,$(a_1 \cos x + b_1 \sin x)$ 成分とこれ以外の成分とに分離表現することもできる.前者は**基本波成分**(**fundamental frequency component**),後者は**高調波成分**(**harmonic components, harmonics**)と呼ばれる.$(a_n \cos nx + b_n \sin nx)$ は,具体的に **n 次高調波成分**(**n-th harmonic**)と呼ばれることもある.

[2] 奇数次項成分と偶数次項成分　正の整数 $n = 1, 2, 3, \cdots$ は,以下のように奇数と偶数に分割することができる.

$$n = \begin{cases} 2m-1 & ; \ m = 1, 2, 3, \cdots \\ 2m & ; \ m = 1, 2, 3, \cdots \end{cases} \quad (3.16)$$

(3.16) 式の考えを,(3.15c) 式の基本周期 2π をもつ交流成分 $f_{ac}(x)$ に適用すると,これは次式のように書き改めることができる.

$$f_{ac}(x) = f_{ho}(x) + f_{he}(x) \quad (3.17a)$$

$$f_{ho}(x) = \sum_{m=1}^{\infty}(a_{2m-1}\cos(2m-1)x + b_{2m-1}\sin(2m-1)x) \quad ; \ m = 1, 2, \cdots \quad (3.17b)$$

$$f_{he}(x) = \sum_{m=1}^{\infty}(a_{2m}\cos 2mx + b_{2m}\sin 2mx) \quad ; \ m = 1, 2, \cdots \quad (3.17c)$$

周期関数 $f_{ho}(x)$, $f_{he}(x)$ は,おのおの,**奇数次項成分**,**偶数次項成分**を意味する.$n = 1$ に該当する基本波成分は,奇数次項成分に含まれている.

基本周期 2π をもつ周期関数 $f_{ho}(x)$, $f_{he}(x)$ は,周期性により,次の性質を有する.

$$f_{ho}(x+\pi) = \sum_{m=1}^{\infty}(a_{2m-1}\cos(2m-1)(x+\pi) + b_{2m-1}\sin(2m-1)(x+\pi))$$

$$= \sum_{m=1}^{\infty}(a_{2m-1}\cos((2m-1)x-\pi) + b_{2m-1}\sin((2m-1)x-\pi))$$

$$= -\sum_{m=1}^{\infty}(a_{2m-1}\cos(2m-1)x + b_{2m-1}\sin(2m-1)x)$$

$$= -f_{ho}(x) \quad ; \quad m=1,2,\cdots \tag{3.18a}$$

$$f_{he}(x+\pi) = \sum_{m=1}^{\infty}(a_{2m-1}\cos 2m(x+\pi) + b_{2m-1}\sin 2m(x+\pi))$$

$$= \sum_{m=1}^{\infty}(a_{2m-1}\cos 2mx + b_{2m-1}\sin 2mx)$$

$$= f_{he}(x) \quad ; \quad m=1,2,\cdots \tag{3.18b}$$

(3.18) 式を (3.17a) 式に用いると，

$$f_{ac}(x+\pi) = f_{ho}(x+\pi) + f_{he}(x+\pi) = -f_{ho}(x) + f_{he}(x) \tag{3.19}$$

(3.17a) 式と (3.19) 式とより，基本周期 2π の周期関数 $f_{ac}(x)$ に関し，次の関係を得る．

$$f_{ho}(x) = \frac{1}{2}\left(f_{ac}(x) - f_{ac}(x+\pi)\right) \tag{3.20a}$$

$$f_{he}(x) = \frac{1}{2}\left(f_{ac}(x) + f_{ac}(x+\pi)\right) \tag{3.20b}$$

図 3.2 の上下段に，基本周期 2π をもつ周期関数 $f_{ho}(x)$, $f_{he}(x)$ の 1 例を示した．図より，(3.18) 式の性質を確認されたい．(3.18a) 式は，負側（正側）の波形を半周期移動させると，正側（負側）の波形と線対称になることを意味している．このため，(3.18a) 式の性質を備えた基本周期 2π の周期関数は，**半波対称（half-wave symmetry）** と呼ばれる．一方，(3.18b) 式は，偶数次項成分を表現した関数の基本周期は $2\pi \to \pi$ と半分に短縮することを示している．当然のことながら，奇数次項成分，偶数次項成分とも交流成分であるので，これらには直流成分は含まれていない．

三角フーリエ級数展開において，興味深い関数は半波対称関数であり，これは次のように整理される．

3.2 三角フーリエ級数

半波対称関数の三角フーリエ級数

周期 2π の周期関数 $f(x)$ が次の半波対称性をもつ場合には,

$$f(x) = -f(x+\pi) = -f(x-\pi) \tag{3.21}$$

本周期関数の三角フーリエ級数は奇数次項成分のみとなる.すなわち,

$$f(x) = \sum_{m=1}^{\infty} a_{2m-1}\cos(2m-1)x + \sum_{m=1}^{\infty} b_{2m-1}\sin(2m-1)x \tag{3.22a}$$

$$a_{2m-1} = \frac{1}{\pi}\int_{-\pi}^{\pi} f(x)\cos(2m-1)x\,dx \quad;\ m=1,\,2,\,\cdots \tag{3.22b}$$

$$b_{2m-1} = \frac{1}{\pi}\int_{-\pi}^{\pi} f(x)\sin(2m-1)x\,dx \quad;\ m=1,\,2,\,\cdots \tag{3.22c}$$

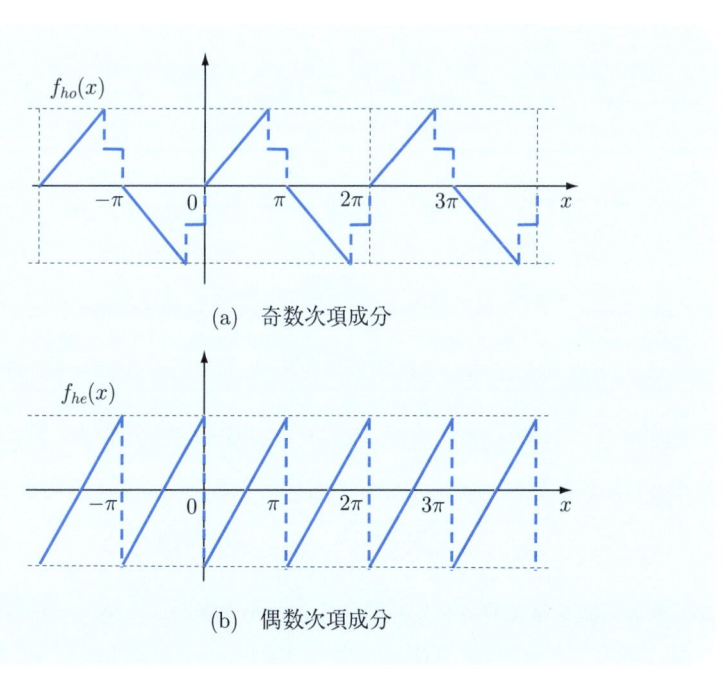

(a) 奇数次項成分

(b) 偶数次項成分

図 **3.2** 交流成分の奇数次項成分と偶数次項成分

3.2.4 偶関数と奇関数の三角フーリエ級数

[1] 偶関数成分と奇関数成分 (3.9) 式に示した三角フーリエ級数における余弦関数 $\cos nx$, 正弦関数 $\sin nx$ は, おのおの偶関数, 奇関数である. この点を考慮するならば,「三角フーリエ級数は, 周期関数 $f(x)$ を偶関数成分と奇関数成分に分割展開している」, ととらえることもできる.

(3.5), (3.6) 式を用いて一般性のある形で説明したように, 周期関数 $f(x)$ が偶関数の場合には, 積 $f(x)\cos nx$ は偶関数となり, 積 $f(x)\sin nx$ は奇関数となる. 一方, 周期関数 $f(x)$ が奇関数の場合には, 積 $f(x)\cos nx$ は奇関数となり, 積 $f(x)\sin nx$ は偶関数となる. したがって, 周期 2π の周期関数 $f(x)$ が偶関数あるいは奇関数の場合には, (3.7), (3.8) 式に示した偶関数, 奇関数の積分の性質を利用することにより, 周期関数に対する (3.9) 式の三角フーリエ級数は以下のように簡略化される.

偶関数に対する三角フーリエ級数

$$f(x) = \frac{a_0}{2} + \sum_{n=1}^{\infty} a_n \cos nx \tag{3.23a}$$

$$a_n = \frac{1}{\pi}\int_{-\pi}^{\pi} f(x)\cos nx\, dx = \frac{2}{\pi}\int_{0}^{\pi} f(x)\cos nx\, dx \quad ; \ n = 0, 1, 2, \cdots \tag{3.23b}$$

奇関数に対する三角フーリエ級数

$$f(x) = \sum_{n=1}^{\infty} b_n \sin nx \tag{3.24a}$$

$$b_n = \frac{1}{\pi}\int_{-\pi}^{\pi} f(x)\sin nx\, dx = \frac{2}{\pi}\int_{0}^{\pi} f(x)\sin nx\, dx \quad ; \ n = 1, 2, \cdots \tag{3.24b}$$

偶関数 $f(x)$ は偶関数成分のみを有し, 本関数の三角フーリエ級数は, 偶関数である余弦関数 $\cos nx$ のみによる展開となる. 一方で, 奇関数 $f(x)$ は奇関数成分のみを有し, 本関数の三角フーリエ級数は, 奇関数である正弦関数 $\sin nx$ のみによる展開となる. 周期関数 $f(x)$ の本性質を利用すると, 三角フーリエ係数を比較的容易に算定することができる.

[2] 四半波対象関数 周期 2π をもつ関数 $f(x)$ が偶関数かつ半波対象関数の場合には, 換言するならば, 次の (3.25) 式の性質をもつ場合には, 本関数

は四半波対称偶関数（**even quarter-wave symmetry function**）と呼ばれる．

$$f(x) = f(-x), \qquad f(x) = -f(x+\pi) \tag{3.25}$$

一方，周期 2π をもつ関数 $f(x)$ が奇関数かつ半波対称関数の場合には，換言するならば，次の (3.26) 式の性質をもつ場合には，本関数は**四半波対称奇関数**（**odd quarter-wave symmetry function**）と呼ばれる．

$$f(x) = -f(-x), \qquad f(x) = -f(x+\pi) \tag{3.26}$$

図 3.3 (a), (b) に，四半波対称偶関数と四半波対称奇関数の 1 例をおのおの示した．同図より容易に理解されるように，これらの関数は，1/4 周期の波形を線対称，点対称に繰り返し利用して，1 周期分の関数としている．なお，本項では，簡単のためこれらの関数の周期を 2π としたが，一般には周期は任意でよい．

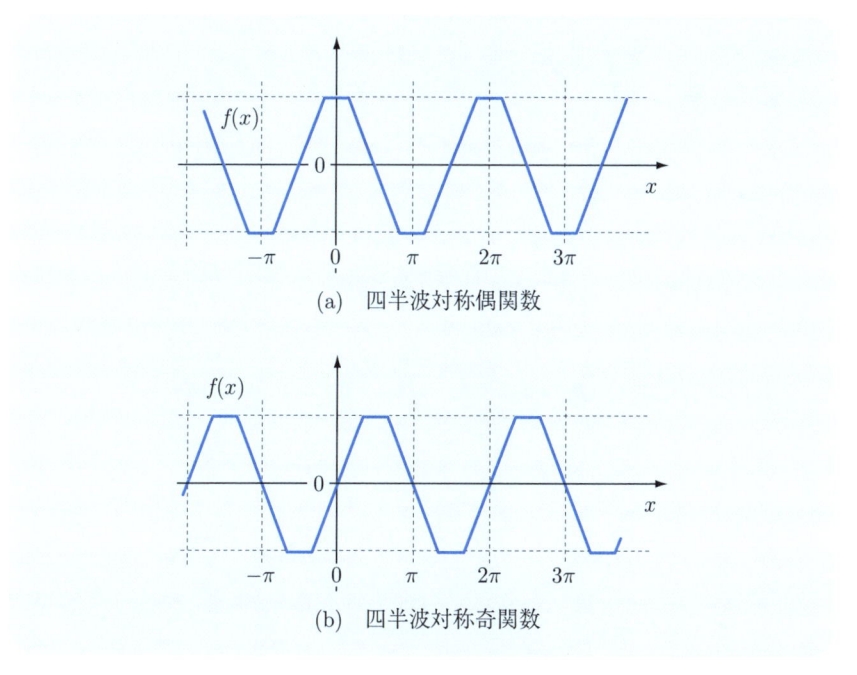

(a) 四半波対称偶関数

(b) 四半波対称奇関数

図 **3.3** 四半波対称な周期関数の例

第3章 三角フーリエ級数

偶関数と半波対称関数との両性質を備える四半波対称偶関数，奇関数と半波対称関数との両性質を備える四半波対称奇関数に関しては，三角フーリエ級数は，これら性質の利用を通じ，以下のように簡略化される．

四半波対称偶関数の三角フーリエ級数

四半波対称偶関数 $f(x)$ は，奇数次項の余弦関数 $\cos(2m-1)$ のみでフーリエ級数展開される．すなわち，

$$f(x) = \sum_{m=1}^{\infty} a_{2m-1} \cos(2m-1)x \tag{3.27a}$$

$$\begin{aligned} a_{2m-1} &= \frac{2}{\pi} \int_0^{\pi} f(x) \cos(2m-1)x \, dx \\ &= \frac{4}{\pi} \int_0^{\pi/2} f(x) \cos(2m-1)x \, dx \quad ; \; m = 1, 2, \cdots \end{aligned} \tag{3.27b}$$

【証明】 関数 $f(x)$ の偶関数の性質を利用すると，(3.23b) 式より，

$$\begin{aligned} a_n &= \frac{2}{\pi} \int_0^{\pi} f(x) \cos nx \, dx \\ &= \frac{2}{\pi} \left(\int_0^{\pi/2} f(x) \cos nx \, dx + \int_{\pi/2}^{\pi} f(x) \cos nx \, dx \right) \end{aligned} \tag{3.28a}$$

(3.28a) 式の右辺第 2 項は，$x = y + \pi$ の置換を行い，(3.25) 式に示した半波対称性を活用し，さらに偶関数の性質を再度利用すると，以下のように整理される．

$$\begin{aligned} \int_{\pi/2}^{\pi} f(x) \cos nx \, dx &= \int_{-\pi/2}^{0} f(y+\pi) \cos n(y+\pi) \, dy \\ &= -\int_{-\pi/2}^{0} f(y) \cos n(y+\pi) \, dy \\ &= -\int_{0}^{\pi/2} f(y) \cos n(y+\pi) \, dy \\ &= -(-1)^n \int_{0}^{\pi/2} f(y) \cos ny \, dy \end{aligned} \tag{3.28b}$$

(3.28b) 式を (3.28a) 式に用いると，(3.27b) 式の第 2 式を得る． ■

3.2 三角フーリエ級数

四半波対称奇関数の三角フーリエ級数

四半波対称奇関数 $f(x)$ は，奇数次項の正弦関数 $\sin(2m-1)$ のみでフーリエ級数展開される．すなわち，

$$f(x) = \sum_{m=1}^{\infty} b_{2m-1} \sin(2m-1)x \tag{3.29a}$$

$$\begin{aligned} b_{2m-1} &= \frac{2}{\pi} \int_0^{\pi} f(x) \sin(2m-1)x\, dx \\ &= \frac{4}{\pi} \int_0^{\pi/2} f(x) \sin(2m-1)x\, dx \quad ; \ m = 1, 2, \cdots \end{aligned} \tag{3.29b}$$

【証明】 関数 $f(x)$ の奇関数の性質を利用すると，(3.24b) 式より，

$$\begin{aligned} b_n &= \frac{2}{\pi} \int_0^{\pi} f(x) \sin nx\, dx \\ &= \frac{2}{\pi} \left(\int_0^{\pi/2} f(x) \sin nx\, dx + \int_{\pi/2}^{\pi} f(x) \sin nx\, dx \right) \end{aligned} \tag{3.30a}$$

(3.30a) 式の右辺第 2 項は，$x = y + \pi$ の置換を行い，(3.26) 式に示した半波対称性を活用し，偶関数の性質を利用すると，以下のように整理される．

$$\begin{aligned} \int_{\pi/2}^{\pi} f(x) \sin nx\, dx &= \int_{-\pi/2}^{0} f(y+\pi) \sin n(y+\pi)\, dy \\ &= -\int_{-\pi/2}^{0} f(y) \sin n(y+\pi)\, dy \\ &= -\int_{0}^{\pi/2} f(y) \sin n(y+\pi)\, dy \\ &= -(-1)^n \int_{0}^{\pi/2} f(y) \sin ny\, dy \end{aligned} \tag{3.30b}$$

(3.30b) 式を (3.30a) 式に用いると，(3.29b) 式の第 2 式を得る． □

3.3 代表的信号の三角フーリエ級数

本節では，代表的な信号の三角フーリエ級数による展開例を示す．これを通じ，(3.9), (3.23), (3.24) 式に基づく三角フーリエ係数の算定方法，算定された係数の把握，級数の収束の様子を示す．

3.3.1 矩形パルス信号

例題 3.1

次式で定義された周期 2π の矩形パルス信号（**rectangular pulse signal**）を考える（図 3.4 および (2.42) 式参照）．

$$f(x) = \begin{cases} \dfrac{1}{\varepsilon} & ; \ |x| \leq \dfrac{\varepsilon}{2} \\ 0 & ; \ |x| > \dfrac{\varepsilon}{2} \end{cases} \tag{3.31}$$

本信号の三角フーリエ級数による展開は次式で与えられることを示せ．

$$f(x) = \frac{1}{2\pi} + \frac{1}{\pi}\sum_{n=1}^{\infty} \frac{\sin\frac{n\varepsilon}{2}}{\frac{n\varepsilon}{2}} \cos nx \tag{3.32}$$

解答

① まず，余弦関数の三角フーリエ係数 a_n を考える．対象の信号 $f(x)$ と余弦関数とはともに偶関数である．したがって，(3.23) 式より，次式を得る．

$$a_n = \frac{2}{\pi}\int_0^\pi f(x)\cos nx\,dx = \frac{2}{\pi\varepsilon}\int_0^{\varepsilon/2}\cos nx\,dx \tag{3.33a}$$

上式は，$n=0$ の場合には，

$$a_0 = \frac{1}{\pi} \tag{3.33b}$$

のように評価され，$n \geq 1$ の場合には，次式のように評価される．

$$a_n = \frac{2}{\pi\varepsilon}\cdot\frac{1}{n}\sin nx\bigg|_0^{\varepsilon/2} = \frac{2}{\pi\varepsilon n}\sin\frac{n\varepsilon}{2}; \ n \geq 1 \tag{3.33c}$$

3.3 代表的信号の三角フーリエ級数

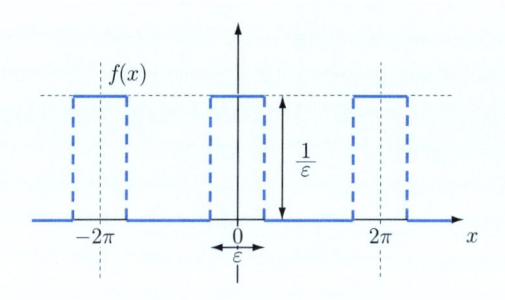

図 3.4 周期 2π の矩形パルス信号

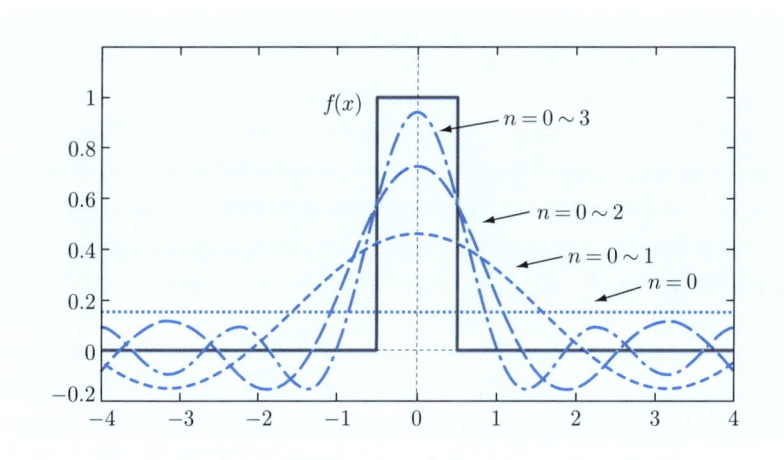

図 3.5 周期 2π の矩形パルス信号とフーリエ級数展開

② 次に,正弦関数の三角フーリエ係数 b_n を考える.正弦関数は奇関数であるが,対象の矩形パルス信号は偶関数である.したがって,(3.23) 式より,ただちに次式を得る.

$$b_n = 0 \tag{3.34}$$

(3.33), (3.34) 式は (3.32) 式を意味する. □

図 3.5 に原信号と $n = 0 \sim 3$ の 4 成分を用いた部分和の合成信号とを例示した.

(3.32) 式の三角フーリエ係数に用いた関数 $\sin x/x$ に関しては,次式が成立する.

$$\left.\frac{\sin x}{x}\right|_{x=0} = 1 \tag{3.35}$$

したがって，(3.31) 式において $\varepsilon \to 0$ とする場合，これに対応するフーリエ級数展開は (3.32) 式より次式となる．

$$f(x) = \frac{1}{2\pi} + \frac{1}{\pi}\sum_{n=1}^{\infty} \cos nx \tag{3.36}$$

上式は，周期の違い（2π と T の違い）を除けば，複素フーリエ級数による展開式である (2.47) 式と等価である．

シンク関数 参考までに，(3.35) 式の関数 $\sin x/x$ を図 3.6 (a) に示した．本関数は，正の整数 $n \geq 1$ に対し $x = \pm n\pi$ においてゼロ交差する．この包絡線は，$\pm 1/x$ である．またこの局所的最大，最小は本関数自身 $\sin x/x$ と $\cos x$ との交点で発生する．本関数は，三角フーリエ級数のみならず，第 2 部で説明するフーリエ変換においてしばしば出現する重要な関数である．以降，本関数を **シンク関数**（**sinc function**, **sine cardinal function**, **cardinal sine function**）と呼称し，$\mathrm{sinc}\,(x) \equiv \sin x/x$ と表現する．図 3.6 (b) に，二乗シンク関数を描画した．二乗シンク関数の包絡線は $\pm 1/x^2$ である．なお，上に定義したシンク関数を **非正規化シンク関数**（**unnormalized sinc function**）と呼び，**正規化シンク関数**（**normalized sinc function**）として $\mathrm{sinc}\,(x) \equiv \sin(\pi x)/(\pi x)$ を定義することもある．

■ 問題 3.1

矩形パルス信号 次式で定義された周期 2π の矩形パルス信号を考える（図 3.7 参照）．

$$f(x) = \begin{cases} \dfrac{1}{\varepsilon} & ; \ 0 \leq x \leq \varepsilon \\ 0 & ; \ \varepsilon < x < 2\pi \end{cases} \tag{3.37}$$

本信号の三角フーリエ級数による展開は次式で与えられることを示せ．

$$f(x) = \frac{1}{2\pi} + \frac{1}{\pi}\sum_{n=1}^{\infty}\left(\frac{\sin n\varepsilon}{n\varepsilon}\cos nx + \frac{1-\cos n\varepsilon}{n\varepsilon}\sin nx\right) \tag{3.38}$$

3.3 代表的信号の三角フーリエ級数　　63

$$\mathrm{sinc}(x) \equiv \frac{\sin x}{x}$$

(a) シンク関数

$$\mathrm{sinc}^2(x) \equiv \left(\frac{\sin x}{x}\right)^2$$

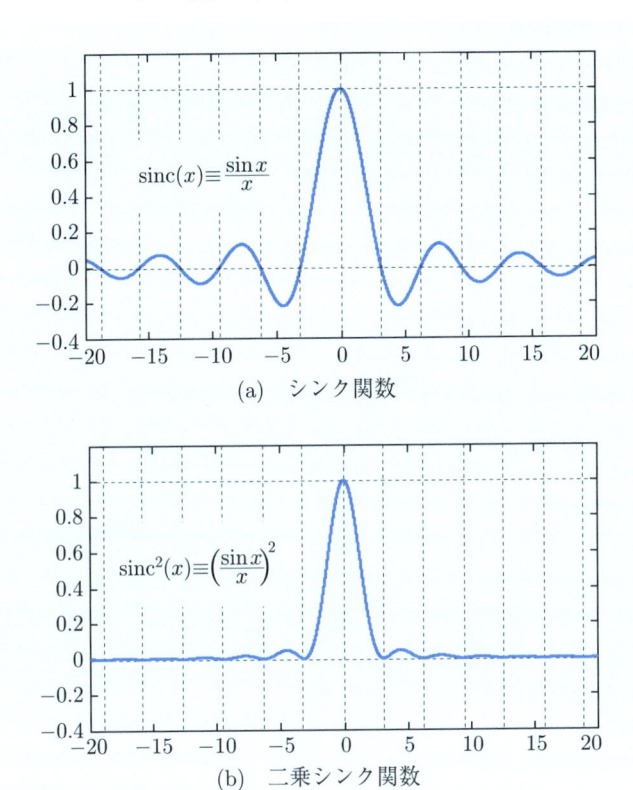

(b) 二乗シンク関数

図 3.6　シンク関数

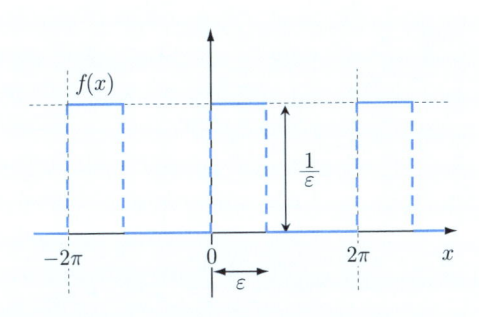

図 3.7　周期 2π の矩形パルス信号

3.3.2 矩形波信号

例題 3.2

次式で定義された振幅 ±1，周期 2π の **矩形波信号**（rectangular signal）を考える（図 3.8 参照）．

$$f(x) = \begin{cases} -1 & ; \ -\pi \le x < 0 \\ 1 & ; \ 0 \le x < \pi \end{cases} \tag{3.39}$$

本信号の三角フーリエ級数による展開は次式で与えられることを示せ．

$$f(x) = \frac{1}{\pi} \sum_{n=1}^{\infty} \frac{2(1-(-1)^n)}{n} \sin nx$$

$$= \frac{1}{\pi} \sum_{m=1}^{\infty} \frac{4}{(2m-1)} \sin(2m-1)x \tag{3.40}$$

解答

① まず，余弦関数の三角フーリエ係数 a_n を考える．余弦関数は偶関数であるが，対象の矩形波信号は奇関数である．したがって，(3.24) 式の性質を利用すると，ただちに次式を得る．

$$a_n = 0 \tag{3.41}$$

② 次に，正弦関数の三角フーリエ係数 b_n を考える．正弦関数は，対象の矩形波信号と同様に奇関数である．したがって，(3.24) 式の性質を利用すると，三角フーリエ係数は次のように評価される．

$$\begin{aligned}
b_n &= \frac{2}{\pi} \int_0^\pi \sin nx \, dx \\
&= \frac{2}{\pi} \cdot \left. \frac{-\cos nx}{n} \right|_0^\pi \\
&= \frac{2}{\pi} \left(\frac{1}{n} - \frac{\cos n\pi}{n} \right) \\
&= \frac{2}{\pi} \cdot \frac{1-(-1)^n}{n} \quad ; \ n \ge 1
\end{aligned} \tag{3.42}$$

$$\because \quad \cos n\pi = (-1)^n \tag{3.43}$$

3.3 代表的信号の三角フーリエ級数　　　　　　　　　　　　　　**65**

ここで，正の整数 $m \geq 1$ に関し，(3.44) 式の関係が成立することに注意し，

$$\frac{1-(-1)^n}{n} = \begin{cases} \dfrac{2}{n} = \dfrac{2}{2m-1} & ; n = 2m-1 \\ 0 & ; n = 2m \end{cases} \quad (3.44)$$

(3.44) 式を (3.42) 式に用いると次式を得る

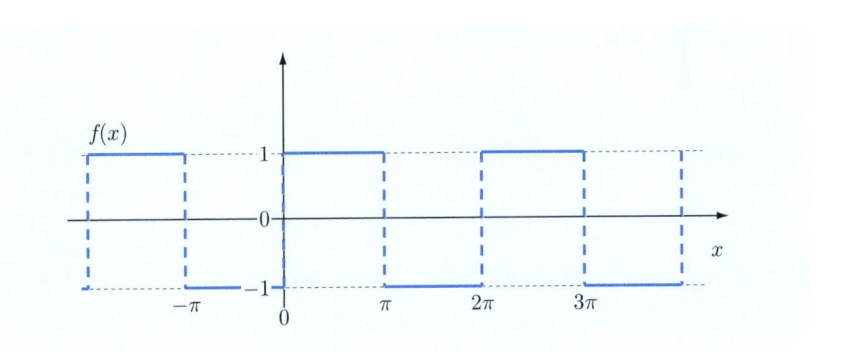

図 3.8　周期 2π の矩形信号

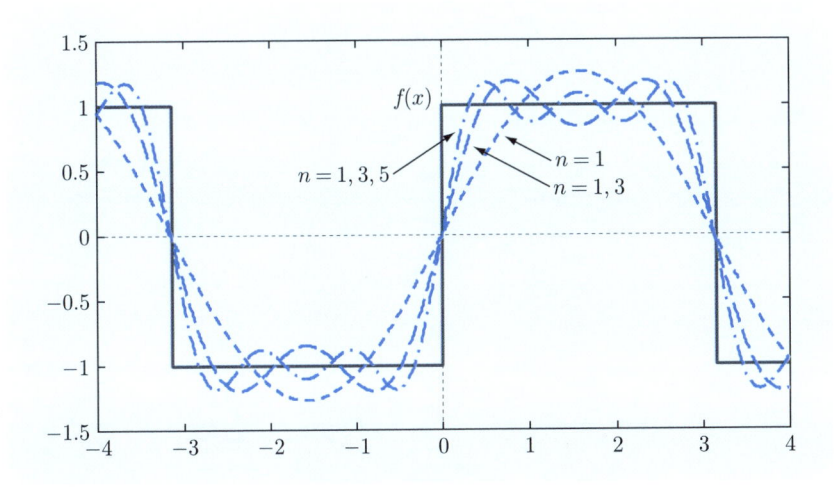

図 3.9　周期 2π の矩形信号のフーリエ級数展開

$$b_{2m-1} = \frac{4}{\pi(2m-1)} \quad ; m \geq 1 \tag{3.45}$$

(3.41), (3.42), (3.45) 式は, (3.40) 式を意味する. □

図 3.9 に, 原信号と $n = 1, 3, 5$ の 3 成分を用いた部分和の合成信号とを例示した.

問題 3.2

(1) **四半波対称奇関数** (3.39) 式の周期信号は, 四半波対称奇関数でもある. (3.29) 式を利用して, (3.40) 式を示せ.

(2) **バイアス付き矩形波信号** 次式で定義された周期 2π のバイアスされた矩形波信号を考える (図 3.10 参照).

$$f(x) = \begin{cases} 0 & ; -\pi \leq x < 0 \\ 2K & ; 0 \leq x < \pi \end{cases} \tag{3.46}$$

本信号の三角フーリエ級数による展開は次式で与えられることを示せ.

$$\begin{aligned} f(x) &= K + \frac{K}{\pi} \sum_{n=1}^{\infty} \frac{2(1-(-1)^n)}{n} \sin nx \\ &= K + \frac{K}{\pi} \sum_{m=1}^{\infty} \frac{4}{(2m-1)} \sin(2m-1)x \end{aligned} \tag{3.47}$$

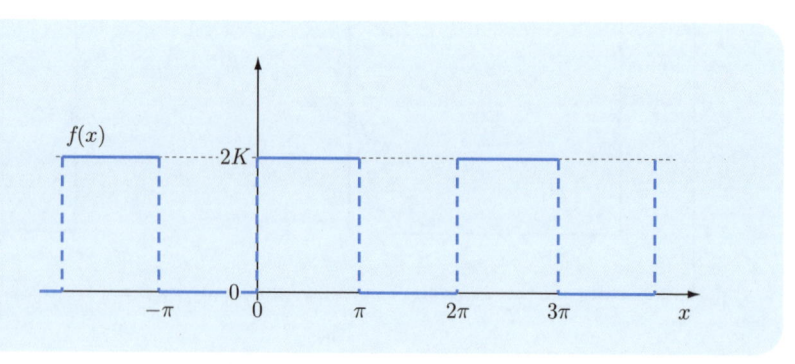

図 3.10 バイアスされた信号

3.3.3 120度矩形波信号

―例題 3.3―

次式で定義された振幅 1, 周期 2π の **120度矩形波信号**(**120 degree rectangular signal**)を考える(図 3.11 参照).

$$f(x) = \begin{cases} -1 & ; \ -\pi \leq x < -\dfrac{2\pi}{3} \\ 0 & ; \ -\dfrac{2\pi}{3} \leq x < -\dfrac{\pi}{3} \\ 1 & ; \ -\dfrac{\pi}{3} \leq x < \dfrac{\pi}{3} \\ 0 & ; \ \dfrac{\pi}{3} \leq x < \dfrac{2\pi}{3} \\ -1 & ; \ \dfrac{2\pi}{3} \leq x < \pi \end{cases} \quad (3.48)$$

本信号の三角フーリエ級数による展開は次式で与えられることを示せ.

$$f(x) = \frac{1}{\pi} \sum_{n=1}^{\infty} \left(\frac{4}{n} \sin \frac{n\pi}{2} \cos \frac{n\pi}{6} \right) \cos nx$$
$$= \frac{1}{\pi} \sum_{m=0}^{\infty} \frac{2\sqrt{3}}{(6m+1)} \cos(6m+1)x - \frac{1}{\pi} \sum_{m=1}^{\infty} \frac{2\sqrt{3}}{(6m-1)} \cos(6m-1)x \quad (3.49)$$

解答

① 最初に,余弦関数の三角フーリエ係数 a_n を考える.余弦関数は,対象の矩形波信号と同様に偶関数である.したがって,(3.23) 式の性質を利用すると,三角フーリエ係数は以下のように評価される.

まず,本信号の直流成分はゼロであるので,係数 a_0 はゼロである.より具体的には,

$$\begin{aligned} a_0 &= \frac{2}{\pi} \int_0^\pi f(x)\,dx \\ &= \frac{2}{\pi} \left(\int_0^{\pi/3} dx - \int_{2\pi/3}^\pi dx \right) = 0 \end{aligned} \quad (3.50)$$

次に,$n \geq 1$ の場合の係数は,

$$a_n = \frac{2}{\pi}\int_0^\pi f(x)\cos nx\,dx = \frac{2}{\pi}\left(\int_0^{\pi/3}\cos nx\,dx - \int_{2\pi/3}^\pi \cos nx\,dx\right)$$

$$= \frac{2}{n\pi}\left(\sin nx\big|_0^{\pi/3} - \sin nx\big|_{2\pi/3}^\pi\right) = \frac{2}{n\pi}\left(\sin\frac{n\pi}{3} + \sin\frac{2n\pi}{3}\right)$$

$$= \frac{4}{n\pi}\sin\frac{n\pi}{2}\cos\frac{n\pi}{6} \tag{3.51}$$

正の整数 $m \geq 1$ を考えると，(3.51) 式に関しては，次式が成立している．

$$\sin\frac{n\pi}{2}\cos\frac{n\pi}{6} = 0 \quad;\quad n = 2m, 3m \tag{3.52}$$

このため，$(n = 2m, 3m\,;\,m \geq 1)$ 以外の $n \geq 1$ の場合，具体的には $(n =$

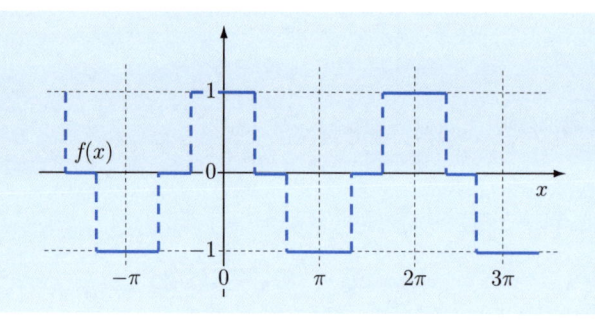

図 **3.11** 120 度矩形波信号

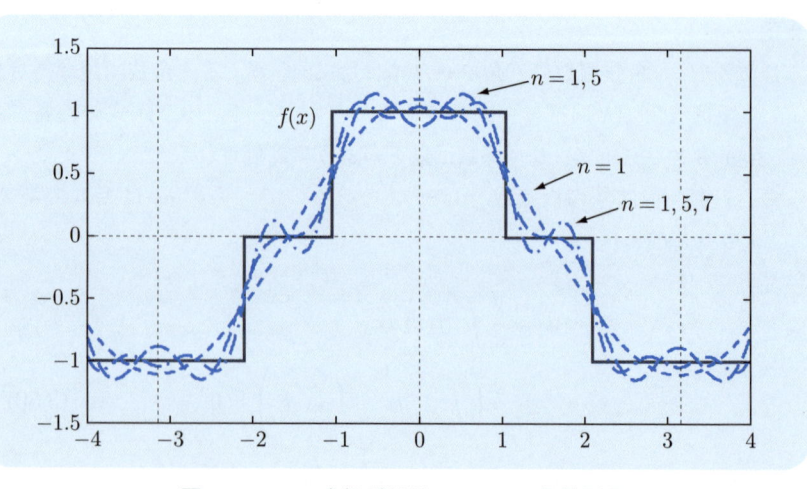

図 **3.12** 120 度矩形信号のフーリエ級数展開

3.3 代表的信号の三角フーリエ級数

$6m+1 ; m \geq 0$) と $(n = 6m-1 ; m \geq 1)$ との場合について検討する．

$(n = 6m+1 ; m \geq 0)$ の場合には，三角フーリエ係数は以下のように整理される．

$$
\begin{aligned}
a_{6m+1} &= \frac{4}{(6m+1)\pi} \sin\frac{(6m+1)\pi}{2} \cos\frac{(6m+1)\pi}{6} \\
&= \frac{4}{(6m+1)\pi} \cdot (-1)^m \cdot (-1)^m \frac{\sqrt{3}}{2} \\
&= \frac{2\sqrt{3}}{(6m+1)\pi} \quad ; m \geq 0 \tag{3.53a}
\end{aligned}
$$

一方，$(n = 6m-1 ; m \geq 1)$ の場合には，三角フーリエ係数は以下のように整理される．

$$
\begin{aligned}
a_{6m-1} &= \frac{4}{(6m-1)\pi} \sin\frac{(6m-1)\pi}{2} \cos\frac{(6m-1)\pi}{6} \\
&= \frac{4}{(6m-1)\pi} \cdot (-1)^{m+1} \cdot (-1)^m \frac{\sqrt{3}}{2} \\
&= -\frac{2\sqrt{3}}{(6m-1)\pi} \quad ; m \geq 1 \tag{3.53b}
\end{aligned}
$$

② つづいて，正弦関数の三角フーリエ係数 b_n を考える．正弦関数は奇関数であるが，対象の矩形波信号は偶関数である．したがって，(3.23) 式の性質を利用すると，ただちに次式を得る．

$$
b_n = 0 \tag{3.54}
$$

(3.50) 〜 (3.54) 式は，(3.49) 式を意味する． □

(3.48) 式に定義された矩形波信号は，直流成分を有しない偶関数である．(3.49) 式は，これに整合しており，余弦関数のみによる三角フーリエ級数展開となっている．本信号は $n = 6m \pm 1$ 以外の高調波成分を有しない点には，注意されたい．図 3.12 に，原信号と $n = 1, 5, 7$ の 3 成分を用いた部分和の合成信号とを例示した．

問題 3.3

四半波対称偶関数 (3.48) 式の周期信号は，四半波対称偶関数でもある．(3.27) 式を利用して，(3.49) 式を示せ．

3.3.4 のこぎり波信号

例題 3.4

次式で定義された振幅 $0 \sim 2$, 周期 2π ののこぎり波信号（sawtooth signal）を考える（図 3.13 参照）．

$$f(x) = \frac{1}{\pi}x \ ; \ 0 \leq x < 2\pi \tag{3.55}$$

本信号の三角フーリエ級数による展開は次式で与えられることを示せ．

$$f(x) = 1 - \frac{1}{\pi}\sum_{n=1}^{\infty}\frac{2}{n}\sin nx \tag{3.56}$$

解答

① まず，余弦関数の三角フーリエ係数 a_n を考える．$n=0$ の場合には，

$$a_0 = \frac{1}{\pi}\int_0^{2\pi} f(x)\,dx = \frac{1}{\pi^2}\int_0^{2\pi} x\,dx = \frac{1}{\pi^2}\left.\frac{x^2}{2}\right|_0^{2\pi} = 2 \tag{3.57a}$$

$n \geq 1$ の場合には，次式を得る．

$$\begin{aligned}
a_n &= \frac{1}{\pi}\int_0^{2\pi} f(x)\cos nx\,dx = \frac{1}{\pi^2}\int_0^{2\pi} x\cos nx\,dx \\
&= \frac{1}{\pi^2}\left(\left.\frac{x\sin nx}{n}\right|_0^{2\pi} - \frac{1}{n}\int_0^{2\pi}\sin nx\,dx\right) = 0 \ ; \ n \geq 1 \tag{3.57b}
\end{aligned}$$

② 次に，正弦関数の三角フーリエ係数 b_n を考える．これは，以下のように整理される．

$$\begin{aligned}
b_n &= \frac{1}{\pi}\int_0^{2\pi} f(x)\sin nx\,dx = \frac{1}{\pi^2}\int_0^{2\pi} x\sin nx\,dx \\
&= \frac{1}{\pi^2}\left(\left.\frac{-x\cos nx}{n}\right|_0^{2\pi} + \frac{1}{n}\int_0^{2\pi}\cos nx\,dx\right) \\
&= \frac{1}{\pi^2}\left(\frac{-2\pi}{n} + 0\right) = -\frac{2}{\pi n} \tag{3.58}
\end{aligned}$$

(3.57), (3.58) 式は，(3.56) 式を意味する． □

3.3 代表的信号の三角フーリエ級数

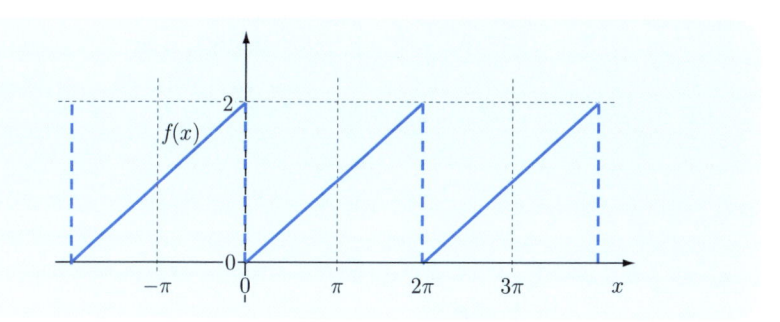

図 3.13 バイアスされたのこぎり波信号

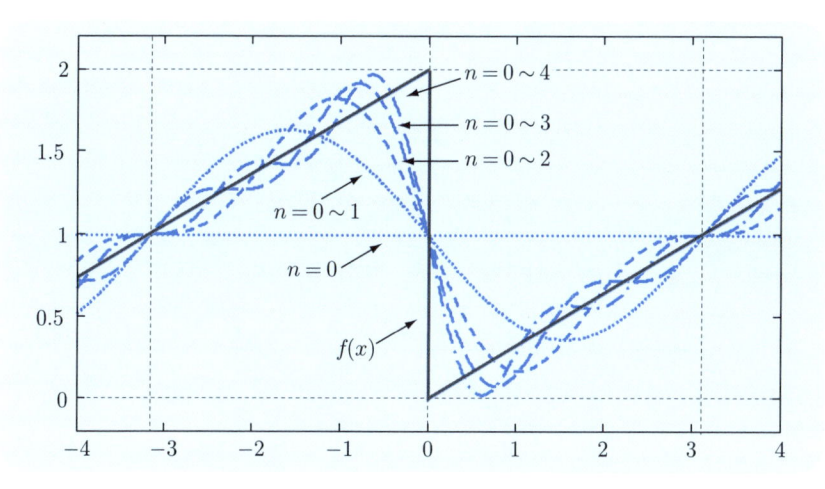

図 3.14 のこぎり波信号のフーリエ級数展開

(3.55) 式の信号に関し，直流成分を除去した信号 $f(x) - 1$ を考える．直流成分を除去した交流成分は奇関数となるので，(3.57b) 式の結論，すなわち $a_n = 0 \,;\, n \geq 1$ をただちに得ることができる．図 3.14 に，原信号と $n = 0 \sim 4$ の 5 成分を用いた部分和の合成信号とを例示した．

問題 3.4

(1) **のこぎり波信号** 次式で定義された振幅 $-K \sim K$，周期 2π ののこぎり波信号を考える（図 3.15 (a) 参照）．

$$f(x) = K\left(\frac{1}{\pi}x - 1\right) \quad ; \quad K > 0, \; 0 \leq x < 2\pi \tag{3.59a}$$

本信号の三角フーリエ級数による展開は次式で与えられることを示せ．

$$f(x) = -\frac{K}{\pi}\sum_{n=1}^{\infty}\frac{2}{n}\sin nx \tag{3.59b}$$

(2) **のこぎり波信号** 次式で定義された振幅 $-\pi \sim \pi$，周期 2π ののこぎり波信号を考える（図 3.15 (b) 参照）．

$$f(x) = x \quad ; \quad -\pi \leq x < \pi \tag{3.60a}$$

本信号の三角フーリエ級数による展開は次式で与えられることを示せ．

$$f(x) = -\sum_{n=1}^{\infty}\frac{2(-1)^n}{n}\sin nx \tag{3.60b}$$

(a) (3.59) 式ののこぎり波

(b) (3.60) 式ののこぎり波

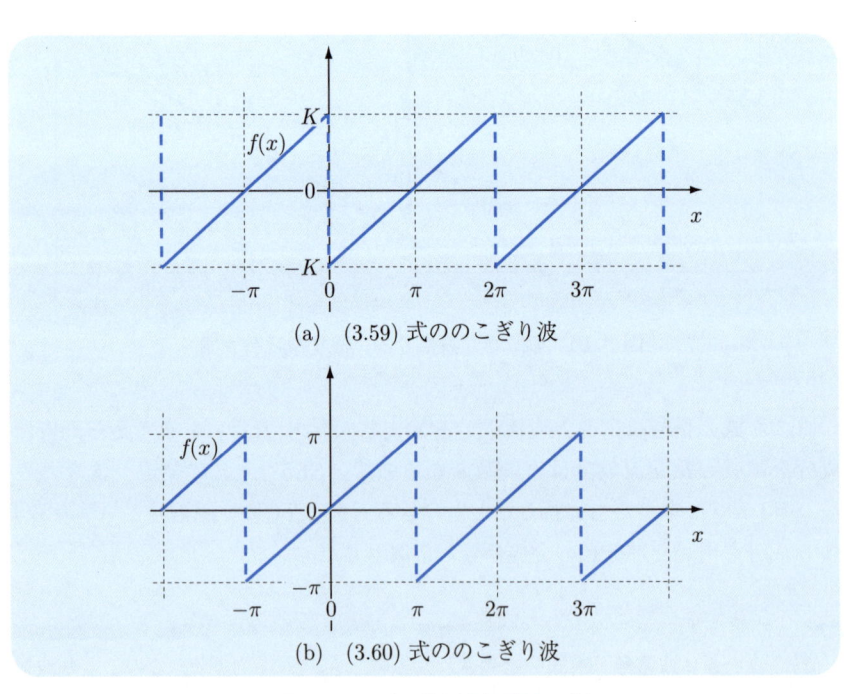

図 **3.15** のこぎり波信号の 2 例

3.3.5 三角波信号

―**例題 3.5**―

次式で定義された振幅 $0 \sim 2$，周期 2π の**三角波信号**（**triangular signal**）を考える（図 3.16 参照）．

$$f(x) = \frac{2}{\pi}|x| = \begin{cases} -\dfrac{2}{\pi}x & ; \ -\pi \leq x < 0 \\ \dfrac{2}{\pi}x & ; \ 0 \leq x < \pi \end{cases} \tag{3.61}$$

この三角フーリエ級数による展開は次式で与えられることを示せ．

$$\begin{aligned}
f(x) &= 1 - \frac{1}{\pi^2}\sum_{n=1}^{\infty} 4\frac{1-(-1)^n}{n^2}\cos nx \\
&= 1 - \frac{1}{\pi^2}\sum_{m=1}^{\infty}\frac{8}{(2m-1)^2}\cos(2m-1)x
\end{aligned} \tag{3.62}$$

[解答]

① まず，余弦関数の三角フーリエ係数 a_n を考える．三角波信号が偶関数である点を考慮すると，$n=0$ の場合には，次式を得る．

$$\begin{aligned}
a_0 &= \frac{2}{\pi}\int_0^{\pi} f(x)\,dx = \frac{4}{\pi^2}\int_0^{\pi} x\,dx \\
&= \frac{4}{\pi^2} \cdot \frac{1}{2}x^2 \Big|_0^{\pi} = \frac{2}{\pi^2}(\pi^2 - 0) = 2
\end{aligned} \tag{3.63a}$$

$n \geq 1$ の場合には，(3.23) 式を考慮すると，次式を得る．

$$\begin{aligned}
a_n &= \frac{2}{\pi}\int_0^{\pi} f(x)\cos nx\,dx \\
&= \frac{4}{\pi^2}\int_0^{\pi} x\cos nx\,dx = \frac{4}{\pi^2}\left(\frac{x\sin nx}{n}\Big|_0^{\pi} - \frac{1}{n}\int_0^{\pi}\sin nx\,dx\right) \\
&= \frac{4}{\pi^2}\left(\frac{x\sin nx}{n} + \frac{\cos nx}{n^2}\right)\Big|_0^{\pi} = \frac{4}{\pi^2 n^2}((-1)^n - 1) \\
&= -\frac{4}{\pi^2 n^2}(1-(-1)^n) = -\frac{8}{\pi^2(2m-1)^2}
\end{aligned} \tag{3.63b}$$

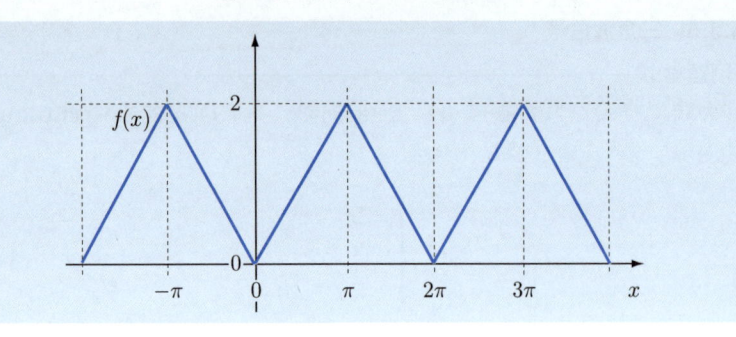

図 3.16 三角波信号

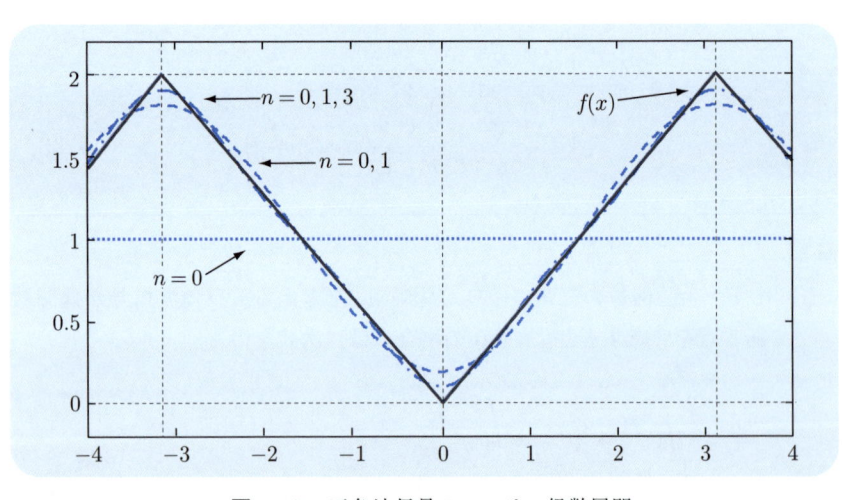

図 3.17 三角波信号のフーリエ級数展開

② 次に，正弦関数の三角フーリエ係数 b_n を考える．正弦関数は，対象の三角波信号と異なり奇関数である．したがって，(3.23) 式の性質を利用すると，ただちに次式を得る．

$$b_n = 0 \qquad (3.64)$$

(3.63), (3.64) 式は，(3.62) 式を意味する． ■

図 3.17 に，原信号と $n = 0, 1, 3$ の 3 成分を用いた部分和の合成信号とを例示した．同図より，三角波信号は，低次の高調波成分で急速に収束することが確認される．

問題 3.5

(1) **四半波対称偶関数** (3.61) 式の周期信号において，交流成分は四半波対称偶関数となる．(3.27) 式に与えた四半波対称偶関数の三角フーリエ級数を用いて，本信号のフーリエ係数を算定せよ．

(2) **三角波信号**

① 次式で定義された振幅 $0 \sim \pi$，周期 2π の三角波信号を考える（図 3.18 参照）．

$$f(x) = |x| = \begin{cases} -x & ; \ -\pi \leq x < 0 \\ x & ; \ 0 \leq x < \pi \end{cases} \quad (3.65)$$

本信号の三角フーリエ級数による展開は次式で与えられることを示せ．

$$\begin{aligned} f(x) &= \frac{\pi}{2} - \frac{1}{\pi} \sum_{n=1}^{\infty} 2 \frac{1-(-1)^n}{n^2} \cos nx \\ &= \frac{\pi}{2} - \frac{1}{\pi} \sum_{m=1}^{\infty} \frac{4}{(2m-1)^2} \cos(2m-1)x \end{aligned} \quad (3.66)$$

② (3.65) 式の三角波信号の微分が，(3.39) 式に定義した振幅 ±1，周期 2π の矩形波信号となる．(3.66) 式の右辺の微分値が，(3.40) 式右辺へ帰着することを確認せよ（微分定理（p.40），積分定理（p.41）を参照）．

(3) **半のこぎり波信号** 次式で定義された振幅 $0 \sim 2$，周期 2π の半のこぎり波信号を考える（図 3.19 参照）．

$$f(x) = \begin{cases} 0 & ; \ -\pi \leq x < 0 \\ \dfrac{2}{\pi} x & ; \ 0 \leq x < \pi \end{cases} \quad (3.67)$$

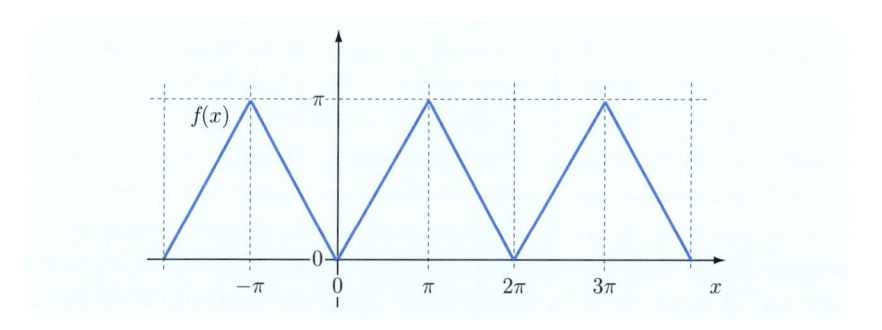

図 3.18 三角波信号

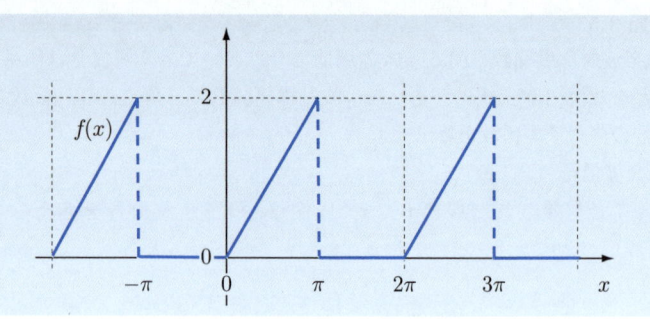

図 3.19　半のこぎり波信号

本信号の三角フーリエ級数による展開は次式で与えられることを示せ.

$$f(x) = \frac{1}{2} - \frac{1}{\pi^2}\sum_{n=1}^{\infty} 2\frac{1-(-1)^n}{n^2}\cos nx - \frac{1}{\pi}\sum_{n=1}^{\infty} 2\frac{(-1)^n}{n}\sin nx$$
$$= \frac{1}{2} - \frac{1}{\pi^2}\sum_{m=1}^{\infty} \frac{4}{(2m-1)^2}\cos(2m-1)x - \frac{1}{\pi}\sum_{n=1}^{\infty} 2\frac{(-1)^n}{n}\sin nx \quad (3.68)$$

3.3.6　台形波信号

―例題 3.6―

次式で定義された周期 2π の**台形波信号**（**trapezoidal signal**）を考える（図 3.20 参照）.

$$f(x) = \begin{cases} -x-\pi & ; \ -\pi \leq x < \dfrac{-2\pi}{3} \\[4pt] \dfrac{-\pi}{3} & ; \ \dfrac{-2\pi}{3} \leq x < \dfrac{-\pi}{3} \\[4pt] x & ; \ \dfrac{-\pi}{3} \leq x < \dfrac{\pi}{3} \\[4pt] \dfrac{\pi}{3} & ; \ \dfrac{\pi}{3} \leq x < \dfrac{2\pi}{3} \\[4pt] -x+\pi & ; \ \dfrac{2\pi}{3} \leq x < \pi \end{cases} \quad (3.69)$$

本信号の三角フーリエ級数による展開は次式で与えられることを示せ.

$$f(x) = \frac{1}{\pi}\sum_{m=0}^{\infty}\frac{2\sqrt{3}}{(6m+1)^2}\sin(6m+1)x - \frac{1}{\pi}\sum_{m=1}^{\infty}\frac{2\sqrt{3}}{(6m-1)^2}\sin(6m-1)x \quad (3.70)$$

3.3 代表的信号の三角フーリエ級数

解答 (3.69) 式で定義された台形波信号は，四半波対称奇関数である．したがって，(3.29) 式の結論が利用できる．フーリエ級数は，奇数次項の正弦成分のみをもつことになる．このときの三角フーリエ係数は，(3.29b) 式より

$$b_{2m-1} = \frac{4}{\pi} \int_0^{\pi/2} f(x) \sin(2m-1)x \, dx \quad ; \quad m = 1, 2, \cdots \quad (3.71\text{a})$$

上式に (3.69) 式を用い，(3.58) 式と同様な部分積分を利用すると，これは次のように展開整理される．

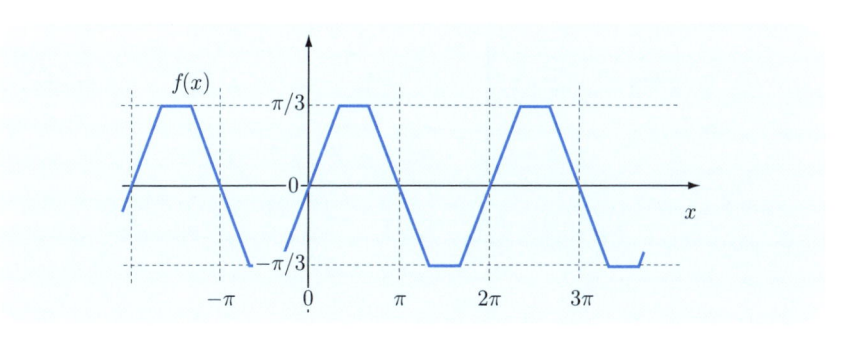

図 **3.20** 台形波信号

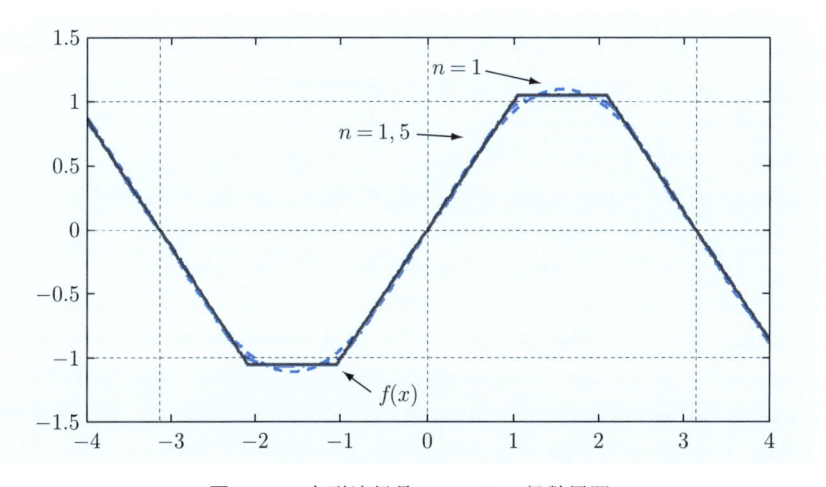

図 **3.21** 台形波信号のフーリエ級数展開

$$b_{2m-1} = \frac{4}{\pi}\left(\int_0^{\pi/3} x\sin(2m-1)x\,dx + \int_{\pi/3}^{\pi/2} \frac{\pi}{3}\sin(2m-1)x\,dx\right)$$

$$= \frac{4}{\pi}\left(\left(-\frac{x\cos(2m-1)x}{2m-1} + \frac{\sin(2m-1)x}{(2m-1)^2}\right)\bigg|_0^{\pi/3} - \frac{\pi}{3}\cdot\frac{\cos(2m-1)x}{(2m-1)^2}\bigg|_{\pi/3}^{\pi/2}\right)$$

$$= \frac{4}{\pi}\cdot\frac{1}{(2m-1)^2}\sin\frac{2m-1}{3}\pi \quad ; \; m=1,2,\cdots \tag{3.71b}$$

(3.71b) 式右辺における正弦値に関しては，次の関係が成立している．

$$\sin\frac{2m-1}{3}\pi = \begin{cases} \dfrac{\sqrt{3}}{2} & ; \; m=3k+1, k\geq 0 \\ 0 & ; \; m=3k+2, k\geq 0 \\ -\dfrac{\sqrt{3}}{2} & ; \; m=3k, k\geq 1 \end{cases} \tag{3.72}$$

(3.72) 式に示した変数の置換を考えるならば，(3.71b) 式は次のように整理される．

$$\left.\begin{aligned} b_{2m-1}|_{m=3k+1} &= b_{6k+1} = \frac{2\sqrt{3}}{\pi}\cdot\frac{1}{(6k+1)^2} & ; \; k\geq 0 \\ b_{2m-1}|_{m=3k+2} &= b_{6k+3} = 0 & ; \; k\geq 0 \\ b_{2m-1}|_{m=3k} &= b_{6k-1} = -\frac{2\sqrt{3}}{\pi}\cdot\frac{1}{(6k-1)^2} & ; \; k\geq 1 \end{aligned}\right\} \tag{3.73}$$

(3.73) 式は，(3.70) 式を意味する． □

図 3.21 に，原信号の台形波信号と $n=1,5$ の 2 成分を用いた部分和の合成信号とを例示した．本例では，2 成分を用いた合成信号が元来の台形波信号へ実質的に収束している．

(3.70) 式に示した台形波信号の三角フーリエ級数と，(3.49) 式に示した 120 度矩形波信号の三角フーリエ級数との関係に注意されたい．(3.69) 式の台形波信号の微分が，(3.48) 式に定義した 120 度矩形波信号となる．(3.70) 式の右辺の微分は，(3.49) 式右辺へ帰着する．両者は，微分定理 (p.40)，積分定理 (p.41) を満足する微積分の関係にある．

3.3.7 全波整流信号

例題 3.7

次式で定義された振幅 1，周期 2π の**全波整流信号**（**full-wave rectfied signal**）を考える（図 3.22 参照）．

$$f(x) = |\sin x| \quad ; \quad -\pi \leq x < \pi \tag{3.74}$$

本信号の三角フーリエ級数による展開は次式で与えられることを示せ．

$$f(x) = \frac{2}{\pi} - \frac{2}{\pi}\sum_{n=2}^{\infty}\frac{(-1)^n + 1}{n^2 - 1}\cos nx$$

$$= \frac{2}{\pi} - \frac{4}{\pi}\sum_{m=1}^{\infty}\frac{1}{4m^2 - 1}\cos 2mx \tag{3.75}$$

解答

① まず，余弦関数の三角フーリエ係数 a_n を考える．全波整流信号が偶関数であるので，(3.23) 式を利用すると，$n = 0$ の場合には，次式を得る．

$$a_0 = \frac{2}{\pi}\int_0^\pi f(x)\,dx = \frac{2}{\pi}\int_0^\pi \sin x\,dx$$

$$= \frac{2}{\pi}(-\cos x)\Big|_0^\pi = \frac{4}{\pi} \tag{3.76}$$

同様にして，$n = 1$ の場合には，次式を得る．

$$a_1 = \frac{2}{\pi}\int_0^\pi f(x)\cos x\,dx = \frac{2}{\pi}\int_0^\pi \sin x \cos x\,dx$$

$$= \frac{1}{\pi}\int_0^\pi \sin(2x)\,dx = 0 \tag{3.77}$$

$n \geq 2$ の場合の三角フーリエ係数として次式を得る．

$$a_n = \frac{2}{\pi}\int_0^\pi f(x)\cos nx\,dx = \frac{2}{\pi}\int_0^\pi \sin x \cos nx\,dx$$

$$= \frac{1}{\pi}\int_0^\pi (\sin(1+n)x + \sin(1-n)x)\,dx$$

$$= -\frac{1}{\pi}\left(\frac{\cos(1+n)x}{1+n} + \frac{\cos(1-n)x}{1-n}\right)\Big|_0^\pi$$

$$= -\frac{1}{\pi}\left(\frac{-(-1)^n-1}{1+n} + \frac{-(-1)^n-1}{1-n}\right)$$

$$= -\frac{2}{\pi}\cdot\frac{1+(-1)^n}{n^2-1} \quad ; \; n \geq 2 \tag{3.78}$$

$$\because \left. \begin{array}{l} \cos(n+1)\pi = -(-1)^n \\ \cos(1-n)\pi = \cos(n-1)\pi = -(-1)^n \end{array} \right\} \tag{3.79}$$

ここで，次の関係に注意すると，

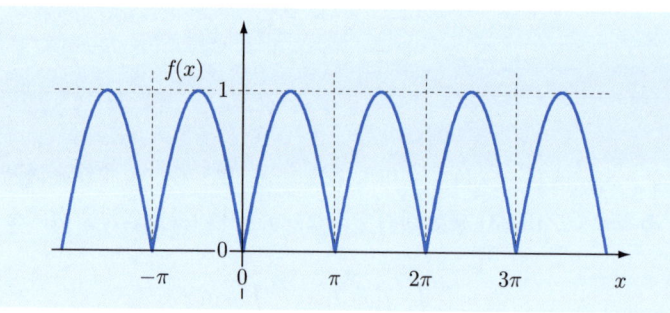

図 **3.22** 全波整流信号

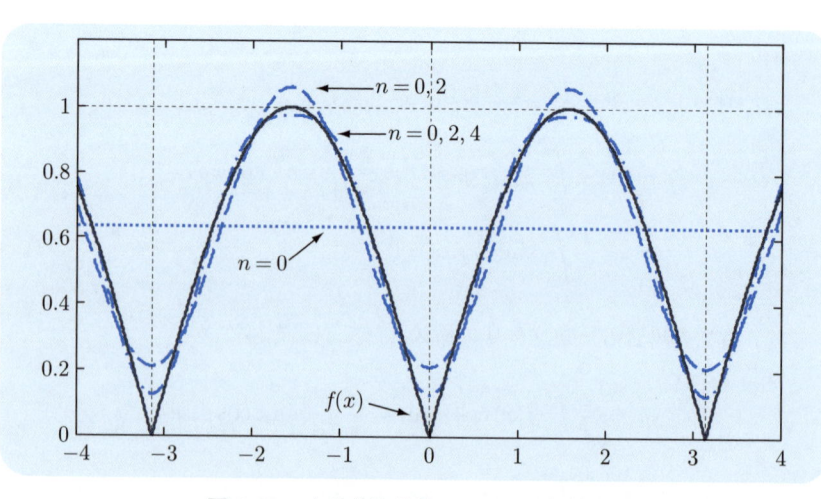

図 **3.23** 全波整流信号のフーリエ級数展開

3.3 代表的信号の三角フーリエ級数

$$\frac{(-1)^n+1}{n^2-1} = \begin{cases} \dfrac{2}{4m^2-1} & ; n=2m \\ 0 & ; n=2m+1 \end{cases} \tag{3.80}$$

(3.78) 式は次式のように再表現される．

$$a_{2m} = -\frac{4}{\pi}\cdot\frac{1}{4m^2-1} \quad ; m \geq 1 \tag{3.81}$$

② 次に，正弦関数の三角フーリエ係数 b_n を考える．正弦関数は，対象の全波整流信号と異なり奇関数である．したがって，(3.23) 式を利用すると，ただちに次式を得る．

$$b_n = 0 \tag{3.82}$$

(3.76) 〜 (3.78)，(3.81)，(3.82) 式は (3.75) 式を意味する． □

図 3.23 に，原信号の全波整流信号と $n=0,2,4$ の 3 成分を用いた部分和の合成信号とを例示した．

問題 3.6
全波整流信号 (3.74) 式，図 3.22 の全波整流信号は，周期 π の信号としてとらえることもできる．本観点から，(3.75) 式を再導出せよ．

3.3.8 半波整流信号

例題 3.8

次式で定義された振幅 1，周期 2π の**半波整流信号**（**half-wave rectified signal**）を考える（図 3.24 参照）．

$$f(x) = \begin{cases} 0 & ; -\pi \leq x < 0 \\ \sin x & ; 0 \leq x < \pi \end{cases} \tag{3.83}$$

この三角フーリエ級数による展開は次式で与えられることを示せ．

$$f(x) = \frac{1}{\pi} - \frac{2}{\pi}\sum_{m=1}^{\infty}\frac{1}{4m^2-1}\cos 2mx + \frac{1}{2}\sin x \tag{3.84}$$

第3章 三角フーリエ級数

解答

① まず，余弦関数の三角フーリエ係数 a_n を考える．$n=0$ の場合には，(3.76) 式を利用すると，ただちに次式を得る．

$$a_0 = \frac{1}{\pi}\int_{-\pi}^{\pi} f(x)\,dx = \frac{1}{\pi}\int_{0}^{\pi} \sin x\,dx = \frac{2}{\pi} \tag{3.85}$$

同様に，$n=1$ の場合には，(3.77) 式を利用すると，ただちに次式を得る．

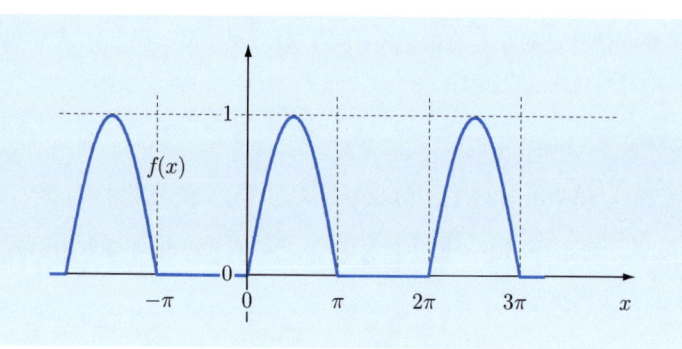

図 3.24　半波整流信号

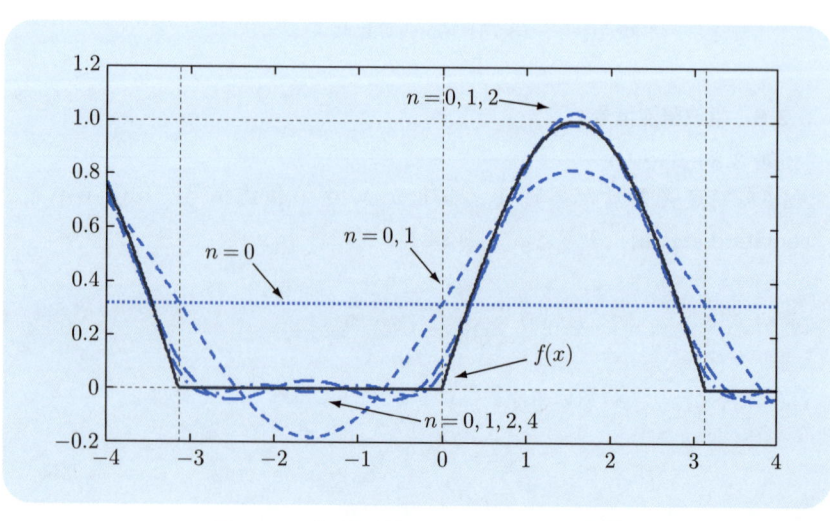

図 3.25　半波整流信号のフーリエ級数展開

$$a_1 = \frac{1}{\pi}\int_{-\pi}^{\pi} f(x)\cos x\, dx = \frac{1}{\pi}\int_0^{\pi} \sin x \cos x\, dx = 0 \qquad (3.86)$$

$n \geq 2$ の場合の三角フーリエ係数としては，(3.78) 式を利用すると，次式を得る．

$$a_n = \frac{1}{\pi}\int_{-\pi}^{\pi} f(x)\cos nx\, dx = \frac{1}{\pi}\int_0^{\pi} \sin x \cos nx\, dx$$

$$= -\frac{1}{\pi}\cdot\frac{1+(-1)^n}{n^2-1} \quad ; n \geq 2 \qquad (3.87\text{a})$$

$$a_{2m} = -\frac{2}{\pi}\cdot\frac{1}{4m^2-1} \quad ; m \geq 1 \qquad (3.87\text{b})$$

② 次に，正弦関数の三角フーリエ係数 b_n を考える．$n=1$ の場合には，次式を得る．

$$b_1 = \frac{1}{\pi}\int_{-\pi}^{\pi} f(x)\sin x\, dx = \frac{1}{\pi}\int_0^{\pi} \sin^2 x\, dx$$

$$= \frac{1}{2\pi}\int_0^{\pi}(1-\cos 2x)\, dx = \frac{1}{2} \qquad (3.88)$$

一方，$n \geq 2$ の場合には，次式を得る．

$$b_n = \frac{1}{\pi}\int_{-\pi}^{\pi} f(x)\sin nx\, dx = \frac{1}{\pi}\int_0^{\pi} \sin x \sin nx\, dx$$

$$= \frac{1}{2\pi}\int_0^{\pi}(\cos(1-n)x - \cos(1+n)x)\, dx$$

$$= \frac{1}{2\pi}\left(\frac{\sin(1-n)x}{1-n} - \frac{\sin(1+n)x}{1+n}\right)\bigg|_0^{\pi} = 0 \quad ; n \geq 2 \qquad (3.89)$$

(3.85)〜(3.89) 式は，(3.84) 式を意味する． □

図 3.25 に，原信号と $n = 0, 1, 2, 4$ の 4 成分を用いた部分和の合成信号とを例示した．第 4 高調波成分までを用いた合成信号は，原信号への高い収束性を示している．

3.3.9 2次信号

例題 3.9

次式で定義された周期 2π の **2次信号**(second-order signal)を考える(図 3.26 参照).

$$f(x) = x^2 \quad ; \quad -\pi \leq x < \pi \tag{3.90}$$

本信号の三角フーリエ級数による展開は次式で与えられることを示せ.

$$f(x) = \frac{\pi^2}{3} + 4\sum_{n=1}^{\infty} \frac{(-1)^n}{n^2} \cos nx \tag{3.91}$$

解答

① まず,余弦関数の三角フーリエ係数 a_n を考える.対象の信号が偶関数である点を考慮すると,$n=0$ の場合には,(3.23) 式より,次式を得る.

$$a_0 = \frac{2}{\pi}\int_0^{\pi} x^2\,dx = \frac{2}{\pi}\cdot\frac{1}{3}x^3\Big|_0^{\pi}$$
$$= \frac{2}{3}\pi^2 \tag{3.92}$$

$n \geq 1$ の場合にも,同様に対象の信号が偶関数である点を考慮の上,(3.23) 式を利用し,さらに部分積分の適用すると,次式を得る.

$$a_n = \frac{2}{\pi}\int_0^{\pi} x^2 \cos nx\,dx$$
$$= \frac{2}{\pi}\left(x^2\frac{\sin nx}{n}\Big|_0^{\pi} - \frac{2}{n}\int_0^{\pi} x\sin nx\,dx\right)$$
$$= \frac{2}{\pi}\left(x^2\frac{\sin nx}{n}\Big|_0^{\pi} - \frac{2}{n}\left(-x\frac{\cos nx}{n}\Big|_0^{\pi} + \frac{1}{n}\int_0^{\pi}\cos nx\,dx\right)\right)$$
$$= \frac{2}{\pi}\left(x^2\frac{\sin nx}{n}\Big|_0^{\pi} - \frac{2}{n}\left(-x\frac{\cos nx}{n}\Big|_0^{\pi} + \frac{1}{n^2}\sin nx\Big|_0^{\pi}\right)\right)$$
$$= \frac{2}{\pi}\left(\frac{x^2\sin nx}{n} + \frac{2x\cos nx}{n^2} - \frac{2\sin nx}{n^3}\right)\Big|_0^{\pi}$$

3.3 代表的信号の三角フーリエ級数

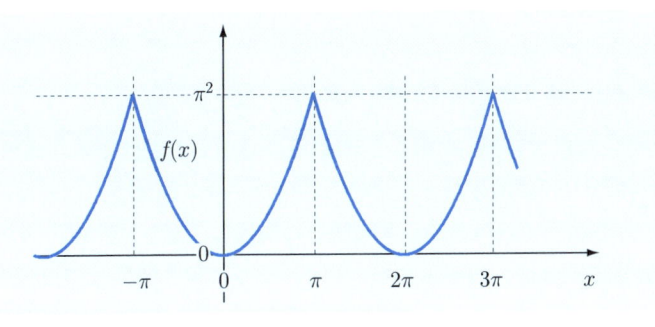

図 **3.26** 2 次信号

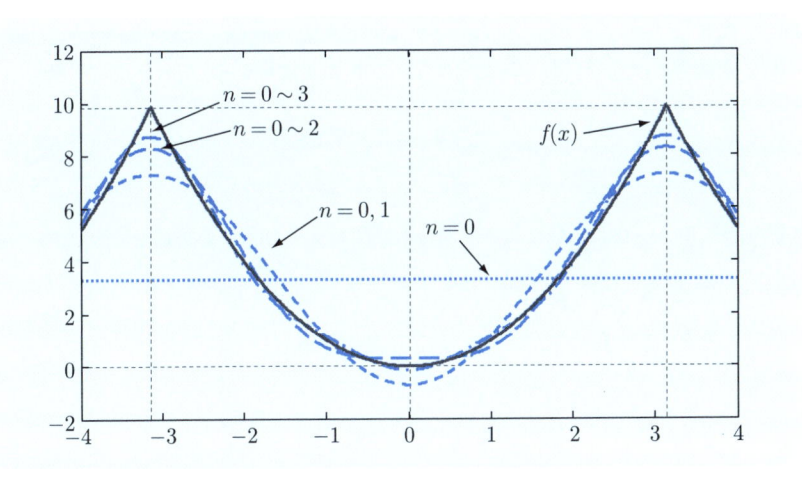

図 **3.27** 2 次信号のフーリエ級数展開

$$= \frac{2}{\pi} \cdot \frac{2\pi(-1)^n}{n^2}$$

$$= 4\frac{(-1)^n}{n^2} \quad ; n \geq 1 \tag{3.93}$$

② 次に，正弦関数の三角フーリエ係数 b_n を考える．正弦関数は，対象の 2 次信号と異なり奇関数である．したがって，(3.23) 式より，ただちに次式を得る．

$$b_n = 0 \qquad (3.94)$$

(3.92)〜(3.94) 式は (3.91) 式を意味する． □

図 3.27 に，原信号と $n = 0 \sim 3$ の 4 成分を用いた部分和の合成信号とを例示した．(3.91) 式に示した 2 次信号の三角フーリエ級数と，(3.60b) 式に示したのこぎり波信号の三角フーリエ級数との関係に注意されたい．(3.90) 式の 2 次信号信号の微分が，(3.60a) 式に定義したのこぎり波信号の 2 倍値となる．(3.91) 式の右辺の微分は，(3.60b) 式右辺の 2 倍値に帰着する．両者は，微分定理（p. 40），積分定理（p. 41）を満足する微積分の関係にある．

問題 3.7

半 2 次信号 次式で定義された周期 2π の**半 2 次信号**を考える（図 3.28 参照）．

$$f(x) = \begin{cases} 0 & ; \ -\pi \le x < 0 \\ x^2 & ; \ 0 \le x < \pi \end{cases} \qquad (3.95)$$

本信号の三角フーリエ級数による展開は次式で与えられることを示せ．

$$f(x) = \frac{\pi^2}{6} + 2\sum_{n=1}^{\infty} \frac{(-1)^n}{n^2} \cos nx - \sum_{n=1}^{\infty} \left(\frac{\pi(-1)^n}{n} + \frac{2(1-(-1)^n)}{\pi n^3} \right) \sin nx \qquad (3.96)$$

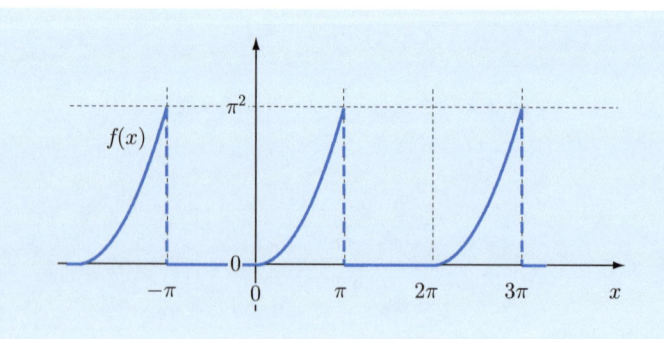

図 3.28 半 2 次信号

3.4 任意周期の三角フーリエ級数

これまでは，周期関数 $f(x)$ の周期としては 2π を考えた．関数によっては，2π 以外の周期をもつ．本節では，**任意周期（arbitrary period）** T をもつ関数の三角フーリ級数を考える．

(3.9) 式に定義された三角フーリエ級数において，次の変数置換を考える．

$$x = \frac{2\pi}{T} t, \quad dx = \frac{2\pi}{T} dt \tag{3.97}$$

本置換を実施すると，任意周期 T をもつ周期関数 $f(t)$ のための三角フーリエ級数が次のように得られる．

任意周期の三角フーリエ級数

$$f(t) = \frac{a_0}{2} + \sum_{n=1}^{\infty} a_n \cos\left(n \frac{2\pi}{T} t\right) + \sum_{n=1}^{\infty} b_n \sin\left(n \frac{2\pi}{T} t\right) \tag{3.98a}$$

$$a_n = \frac{2}{T} \int_{-T/2+t_1}^{T/2+t_1} f(t) \cos\left(n \frac{2\pi}{T} t\right) dt \quad ; \; n = 0, 1, 2, \cdots \tag{3.98b}$$

$$b_n = \frac{2}{T} \int_{-T/2+t_1}^{T/2+t_1} f(t) \sin\left(n \frac{2\pi}{T} t\right) dt \quad ; \; n = 1, 2, \cdots \tag{3.98c}$$

上式における t_1 は，関数 $f(t)$ の周期性を考慮して導入されたものであり，任意の値でよい．しかしながら，一般には $t_1 = 0$ または $t_1 = T/2$ が選択される．

周期関数 $f(t)$ が偶関数あるいは奇関数の場合には，(3.23) 式あるいは (3.24) 式に (3.97) 式を用いると，次の三角フーリエ級数を得る．

任意周期の偶関数に対する三角フーリエ級数

$$f(t) = \frac{a_0}{2} + \sum_{n=1}^{\infty} a_n \cos\left(n \frac{2\pi}{T} t\right) \tag{3.99a}$$

$$a_n = \frac{2}{T} \int_{-T/2}^{T/2} f(t) \cos\left(n \frac{2\pi}{T} t\right) dt$$

$$= \frac{4}{T} \int_{0}^{T/2} f(t) \cos\left(n \frac{2\pi}{T} t\right) dt \quad ; \; n = 0, 1, 2, \cdots \tag{3.99b}$$

―任意周期の奇関数に対する三角フーリエ級数――――――――――――

$$f(t) = \sum_{n=1}^{\infty} b_n \sin\left(n\frac{2\pi}{T}t\right) \qquad (3.100\text{a})$$

$$b_n = \frac{2}{T}\int_{-T/2}^{T/2} f(t)\sin\left(n\frac{2\pi}{T}t\right)dt$$

$$= \frac{4}{T}\int_0^{T/2} f(t)\sin\left(n\frac{2\pi}{T}t\right)dt \quad ; \; n = 1, 2, \cdots \qquad (3.100\text{b})$$

同様にして,任意周期の関数 $f(t)$ が四半波偶関数あるいは四半波奇関数の場合には,(3.27) 式あるいは (3.29) 式に (3.97) 式を用いると,次の三角フーリエ級数を得る.

―任意周期の四半波偶関数に対する三角フーリエ級数――――――――――

$$f(t) = \sum_{m=1}^{\infty} a_{2m-1} \cos\left((2m-1)\frac{2\pi}{T}t\right) \qquad (3.101\text{a})$$

$$a_{2m-1} = \frac{4}{T}\int_0^{T/2} f(t)\cos\left((2m-1)\frac{2\pi}{T}t\right)dt$$

$$= \frac{8}{T}\int_0^{T/4} f(t)\cos\left((2m-1)\frac{2\pi}{T}t\right)dt \quad ; \; m = 1, 2, \cdots \qquad (3.101\text{b})$$

―任意周期の四半波奇関数に対する三角フーリエ級数――――――――――

$$f(t) = \sum_{m=1}^{\infty} b_{2m-1} \sin\left((2m-1)\frac{2\pi}{T}t\right) \qquad (3.102\text{a})$$

$$b_{2m-1} = \frac{4}{T}\int_0^{T/2} f(t)\sin\left((2m-1)\frac{2\pi}{T}t\right)dt$$

$$= \frac{8}{T}\int_0^{T/4} f(t)\sin\left((2m-1)\frac{2\pi}{T}t\right)dt \quad ; \; m = 1, 2, \cdots \qquad (3.102\text{b})$$

3.5 余弦フーリエ級数と正弦フーリエ級数

3.5.1 余弦フーリエ級数

区間 $[0, \pi]$ で定義された関数 $f(x)$ を考える．本関数を用いて，次のように区間 $[-\pi, \pi]$ で定義される偶関数 $g(x)$ を作成する．

$$g(x) = \begin{cases} f(x) & ; \ 0 \leq x \leq \pi \\ f(-x) & ; \ -\pi \leq x \leq 0 \end{cases} \tag{3.103}$$

(3.103) 式の偶関数 $g(x)$ を，周期 2π をもつ周期関数としてとらえ，三角フーリエ級数で展開することを考える．これは，偶関数に対する三角フーリエ級数を記述した (3.23) 式で与えられる．すなわち，

---**余弦フーリエ級数**---

$$f(x) = \frac{a_0}{2} + \sum_{n=1}^{\infty} a_n \cos nx \tag{3.104a}$$

$$a_n = \frac{1}{\pi} \int_{-\pi}^{\pi} g(x) \cos nx \, dx = \frac{2}{\pi} \int_0^{\pi} f(x) \cos nx \, dx \ ; \ n = 0, 1, 2, \cdots \tag{3.104b}$$

(3.104) 式は，区間 $[0, \pi]$ で定義された関数 $f(x)$ の**余弦フーリエ級数**（**Fourier cosine series**）と呼ばれる．

---**例題 3.10**---

区間 $[0, \pi]$ で定義された関数 $f(x)$ として次の**直線信号**（**linear signal**）を考え，これを余弦フーリエ級数展開せよ（図 3.29 参照）．

$$f(x) = \frac{2}{\pi} x \ ; \ 0 \leq x < \pi \tag{3.105}$$

解答 (3.105) 式に対する偶関数 $g(x)$ は，次式となる．

$$g(x) = \begin{cases} -\dfrac{2}{\pi} x & ; \ -\pi \leq x \leq 0 \\ \dfrac{2}{\pi} x & ; \ 0 \leq x \leq \pi \end{cases}$$

$$= \frac{2}{\pi} |x| \ ; \ -\pi \leq x \leq \pi \tag{3.106}$$

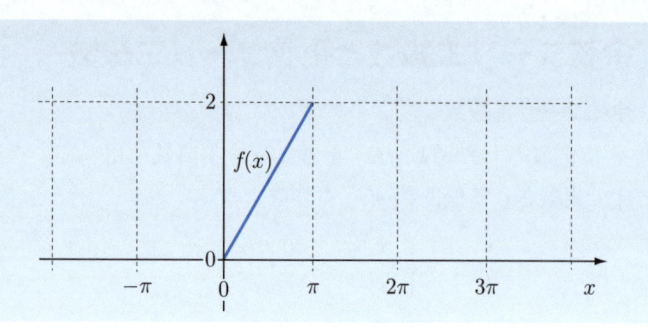

図 3.29　半周期直線信号

(3.106) 式は，(3.61) 式で示した振幅 $0 \sim 2$，周期 2π の三角波信号に他ならない（図 3.16 参照）．したがって，この余弦フーリエ級数による展開は，(3.62) 式すなわち次式で与えられる．

$$f(x) = 1 - \frac{1}{\pi^2} \sum_{n=1}^{\infty} 4 \frac{1-(-1)^n}{n^2} \cos nx >$$
$$= 1 - \frac{1}{\pi^2} \sum_{m=1}^{\infty} \frac{8}{(2m-1)^2} \cos(2m-1)x \qquad (3.107)$$

□

---例題 3.11---
　区間 $[0,\pi]$ で定義された関数 $f(x)$ として次の**正弦信号**（**sine signal**）を考え，これを余弦フーリエ級数展開せよ（図 3.30 参照）．

$$f(x) = \sin x \quad ; \quad 0 \leq x \leq \pi \qquad (3.108)$$

解答　(3.108) 式に対する偶関数 $g(x)$ は，次式となる．

$$g(x) = \begin{cases} \sin x & ; \ 0 \leq x \leq \pi \\ \sin(-x) & ; \ -\pi \leq x \leq 0 \end{cases}$$
$$= |\sin x| \quad ; \quad -\pi \leq x \leq \pi \qquad (3.109)$$

(3.109) 式は，(3.74) 式に示した全波整流信号に他ならない（図 3.22 参照）．したがって，(3.108) 式の余弦フーリエ級数による展開は，(3.75) 式すなわち次式で与えられる．

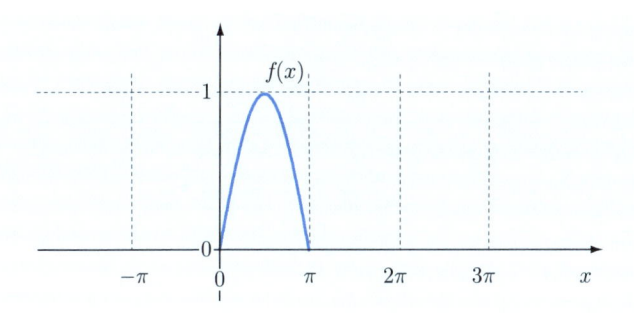

図 3.30 半周期正弦信号

$$f(x) = \frac{2}{\pi} - \frac{2}{\pi} \sum_{n=2}^{\infty} \frac{(-1)^n + 1}{n^2 - 1} \cos nx$$
$$= \frac{2}{\pi} - \frac{4}{\pi} \sum_{m=1}^{\infty} \frac{1}{4m^2 - 1} \cos 2mx \qquad (3.110)$$

$\square$

元来の半周期関数が正弦関数であっても，(3.103) 式に従って偶関数を形成する場合には，この三角フーリエ級数は (3.104) 式が示しているように余弦関数のみで展開されることになる．上記は，この好例である．

3.5.2 正弦フーリエ級数

区間 $[0, \pi]$ で定義された関数 $f(x)$ を考える．本関数を用いて，次のように区間 $[-\pi, \pi]$ で定義される奇関数 $h(x)$ を作成する．

$$h(x) = \begin{cases} f(x) & ; \ 0 < x \leq \pi \\ 0 & ; \ x = 0 \\ -f(-x) & ; \ -\pi < x < 0 \end{cases} \qquad (3.111)$$

(3.111) 式の奇関数 $h(x)$ を，周期 2π をもつ周期関数としてとらえ，三角フーリエ級数で展開することを考える．これは，奇関数に対する三角フーリエ級数を記述した (3.24) 式で与えられる．すなわち，

正弦フーリエ級数

$$f(x) = \sum_{n=1}^{\infty} b_n \sin nx \qquad (3.112\text{a})$$

$$b_n = \frac{1}{\pi} \int_{-\pi}^{\pi} h(x) \sin nx \, dx = \frac{2}{\pi} \int_{0}^{\pi} f(x) \sin nx \, dx \ ; \ n = 1, 2, \cdots \qquad (3.112\text{b})$$

(3.112) 式は，区間 $[0,\pi]$ で定義された関数 $f(x)$ の**正弦フーリエ級数**（**Fourier sine series**）と呼ばれる．

例題 3.12

区間 $[0,\pi]$ で定義された関数 $f(x)$ として再び (3.105) 式の直線信号を考え，これを正弦フーリエ級数展開せよ（図 3.29 参照）．

解答 (3.105) 式に対する奇関数 $h(x)$ は，次式となる．

$$h(x) = \frac{2}{\pi}x \;\; ; \;\; -\pi \leq x < \pi \tag{3.113}$$

(3.113) 式は，(3.55) 式と同様なのこぎり波信号を意味する（図 3.13，3.15 参照）．ただし，この振幅は ± 2 である．このフーリエ級数は，(3.58) 式と同様に，以下のように求められる．

$$\begin{aligned}
b_n &= \frac{2}{\pi}\int_0^\pi f(x)\sin nx\, dx = \frac{4}{\pi^2}\int_0^\pi x\sin nx\, dx \\
&= \frac{4}{\pi^2}\left(-\frac{x\cos nx}{n}\bigg|_0^\pi + \frac{1}{n}\int_0^\pi \cos nx\, dx\right) \\
&= \frac{4}{\pi^2}\left(-\frac{(-1)^n \pi}{n} + 0\right) = -\frac{(-1)^n 4}{\pi n}
\end{aligned} \tag{3.114}$$

これより，$f(x)$ は次式のように正弦フーリエ級数展開される．

$$f(x) = -\sum_{n=1}^{\infty} \frac{(-1)^n 4}{\pi n}\sin nx \tag{3.115}$$

□

上の (3.115) 式と (3.107) 式とを比較されたい．両フーリエ級数展開のための区間 $[0,\pi]$ で定義された原関数 $f(x)$ は同一であるが，これを偶関数の一部と見なすか，あるいは奇関数の一部と見なすかによって，フーリエ級数展開は異なることになる．

3.5 余弦フーリエ級数と正弦フーリエ級数

―― 例題 3.13 ――

区間 $[0,\pi]$ で定義された関数 $f(x)$ として次の**余弦信号**（**cosine signal**）を考え，これを正弦フーリエ級数展開せよ（図 3.31 参照）．

$$f(x) = \cos x \quad ; \quad 0 \leq x \leq \pi \tag{3.116}$$

解答 (3.116) 式に対する奇関数 $h(x)$ は，次式となる．

$$h(x) = \begin{cases} \cos x & ; \ 0 < x \leq \pi \\ 0 & ; \ x = 0 \\ -\cos x & ; \ -\pi < x < 0 \end{cases} \tag{3.117}$$

この三角フーリエ係数 b_n は，半波整流信号の係数を定めた (3.88)，(3.89) 式と同様に，以下のように求められる．

$$b_1 = \frac{2}{\pi}\int_0^\pi \cos x \sin x\, dx = \frac{1}{\pi}\int_0^\pi \sin 2x\, dx = 0 \tag{3.118a}$$

$$\begin{aligned}
b_n &= \frac{2}{\pi}\int_0^\pi \cos x \sin nx\, dx \\
&= \frac{1}{\pi}\int_0^\pi (\sin(n+1)x + \sin(n-1)x)\, dx \\
&= \frac{1}{\pi}\left(-\frac{\cos(n+1)x}{n+1} - \frac{\cos(n-1)x}{n-1}\right)\bigg|_0^\pi \\
&= \frac{1}{\pi}\left(-\frac{(-1)^{n+1}}{n+1} - \frac{(-1)^{n-1}}{n-1}\right) = \frac{2(-1)^n}{\pi(n^2-1)} \quad ; \ n \geq 2
\end{aligned} \tag{3.118b}$$

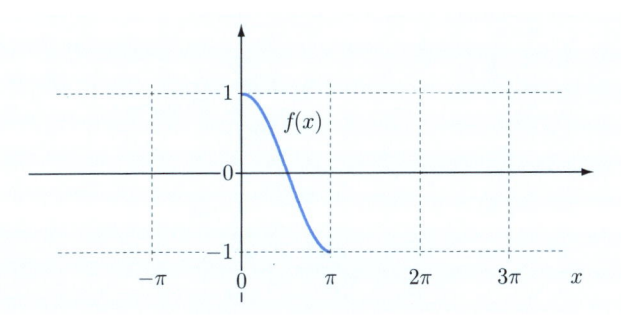

図 3.31 半周期余弦信号

これより，(3.116) 式の $f(x)$ は次式のように正弦フーリエ級数展開される．

$$f(x) = \frac{2}{\pi} \sum_{n=2}^{\infty} \frac{(-1)^n}{(n^2-1)} \sin nx \qquad (3.119)$$

□

元来の半周期関数が余弦関数であっても，(3.111) 式に従って奇関数を形成する場合には，この三角フーリエ級数は (3.112) 式が示しているように正弦関数のみで展開されることになる．上記は，この好例である．

第2部
フーリエ変換

4. フーリエ変換
5. 余弦変換と正弦変換
6. フーリエ変換を用いた偏微分方程式の解法

第4章
フーリエ変換

フーリエ級数は,周期性を有する信号の解析に有用である.しかし,すべての信号が周期性を有するとは限らない.周期性を有しない信号の解析に威力を発揮するのが,フーリエ変換である.本章では,フーリエ変換の原理と主要性質を明らかにする.また,今後の利用の便を考え,代表的な信号のフーリエ変換を波形図とともに与える.

[4章の内容]

複素フーリエ積分
フーリエ変換の定義と表現
フーリエ変換の性質
基本信号のフーリエ変換
デルタ関数を利用したフーリエ変換

4.1 複素フーリエ積分

4.1.1 無限積分

広義積分を拡張し,次の無限区間 $[t_1, \infty)$ の定積分を考える.無限区間の定積分は,次式右辺のように定義するものとする.

$$\int_{t_1}^{\infty} f(t)\,dt = \lim_{t_2 \to \infty} \int_{t_1}^{t_2} f(t)\,dt \tag{4.1}$$

同様に,無限区間 $(-\infty, t_2]$,無限区間 $(-\infty, \infty)$ の定積分を次式右辺のように定義する.

$$\int_{-\infty}^{t_2} f(t)\,dt = \lim_{t_1 \to -\infty} \int_{t_1}^{t_2} f(t)\,dt \tag{4.2}$$

$$\int_{-\infty}^{\infty} f(t)\,dt = \lim_{\substack{t_2 \to \infty \\ t_1 \to -\infty}} \int_{t_1}^{t_2} f(t)\,dt \tag{4.3}$$

(4.1) ~ (4.3) 式のような積分は,**無限積分**と呼ばれる.無限積分が有界な値(無限でない有限な値)をもつとき,**無限積分可能**という.

4.1.2 複素フーリエ積分の導出

[1] 複素フーリエ積分 周期 T の周期関数 $f(t)$ を考える.また,本周期関数は連続かつ区分的に滑らかであるとする.周期 T の周期関数 $f(t)$ の**複素フーリエ級数**は,次式で与えられた((2.41) 式参照).

$$f(t) = \sum_{n=-\infty}^{\infty} c_n \exp\left(jn\frac{2\pi}{T}t\right) \tag{4.4a}$$

$$c_n = \frac{1}{T} \int_{-T/2}^{T/2} f(t) \exp\left(-jn\frac{2\pi}{T}t\right) dt \tag{4.4b}$$

(4.4b) 式を (4.4a) 式に用いると,次式が得られる.

$$f(t) = \sum_{n=-\infty}^{\infty} \left(\frac{1}{T} \int_{-T/2}^{T/2} f(\tau) \exp\left(-jn\frac{2\pi}{T}\tau\right) d\tau\right) \exp\left(jn\frac{2\pi}{T}t\right) \tag{4.5}$$

ここで,次の置換を考える.

4.1 複素フーリエ積分

$$\omega_n \equiv n\frac{2\pi}{T} \tag{4.6}$$

さらに，変数 $\Delta\omega$ を次式のように定義する．

$$\Delta\omega \equiv \omega_n - \omega_{n-1} \tag{4.7a}$$

(4.6) 式を (4.7a) 式に用いると，次式を得る．

$$\Delta\omega = \frac{2\pi}{T} \tag{4.7b}$$

(4.5) 式は，(4.6) 式と (4.7b) 式を用いると，次式のように書き改められる．

$$f(t) = \frac{1}{2\pi}\sum_{n=-\infty}^{\infty}\left(\int_{-T/2}^{T/2} f(\tau)e^{-j\omega_n\tau}\,d\tau\right)e^{j\omega_n t}\Delta\omega \tag{4.8}$$

さてここで，周期 T が無限であったと仮定し，次の操作

$$T \to \infty, \quad \Delta\omega \to 0 \tag{4.9a}$$

を行い，本操作に合わせて，次の変数変換を施すことを考える．

$$\omega_n \to \omega \tag{4.9b}$$

(4.9) 式が遂行される場合には，(4.8) 式の無限和は，無限区間 $(-\infty, \infty)$ の無限積分に変換され，次式となる．

$$f(t) = \frac{1}{2\pi}\int_{-\infty}^{\infty}\left(\int_{-\infty}^{\infty} f(\tau)\,e^{-j\omega\tau}\,d\tau\right)e^{j\omega t}\,d\omega \tag{4.10}$$

(4.10) 式の右辺は，$f(t)$ の**複素フーリエ積分**（**complex Fourier integral**），あるいは簡単に**フーリエ積分**と呼ばれる．(4.10) 式は，次式のように書き改めることもできる．

$$F(\omega) = \int_{-\infty}^{\infty} f(t)\,e^{-j\omega t}\,dt \tag{4.11a}$$

$$f(t) = \frac{1}{2\pi}\int_{-\infty}^{\infty} F(\omega)\,e^{j\omega t}\,d\omega \tag{4.11b}$$

[2] 実フーリエ積分 関数 $f(t)$ が**実数**の場合には，(4.10) 式左辺が実数であることを考慮の上，(4.10) 式右辺の複素フーリエ積分に関し $e^{j\omega(t-\tau)}$ の実数

部分のみを取り出すと，(4.10) 式は次の**実フーリエ積分**に改めることができる．

$$
\begin{aligned}
f(t) &= \frac{1}{2\pi} \int_{-\infty}^{\infty} \int_{-\infty}^{\infty} f(\tau) \cos(\omega(t-\tau)) \, d\tau \, d\omega \\
&= \frac{1}{2\pi} \int_{-\infty}^{\infty} \int_{-\infty}^{\infty} f(\tau) \cos(\omega(\tau-t)) \, d\tau \, d\omega
\end{aligned}
\tag{4.12a}
$$

(4.12a) 式は，余弦関数が ω に関し偶関数である点を考慮すると，さらに次のように書き改めることができる．

$$
\begin{aligned}
f(t) &= \frac{1}{\pi} \int_{0}^{\infty} \int_{-\infty}^{\infty} f(\tau) \cos(\omega(t-\tau)) \, d\tau \, d\omega \\
&= \frac{1}{\pi} \int_{0}^{\infty} \int_{-\infty}^{\infty} f(\tau) \cos(\omega(\tau-t)) \, d\tau \, d\omega
\end{aligned}
\tag{4.12b}
$$

4.1.3 複素フーリエ積分の性質

フーリエ積分は，次の 2 つの定理に整理した性質を有する．

フーリエ積分の存在定理 I

区間 $(-\infty, \infty)$ で定義された関数 $f(t)$ の絶対値が無限積分可能（簡単に，**絶対積分可能**ともいう）であれば，すなわち

$$
\int_{-\infty}^{\infty} |f(t)| \, dt < \infty \tag{4.13}
$$

を満足するならば，(4.11a) 式の $F(\omega)$ は存在し，有界かつ連続である．

【証明】

① まず，$F(\omega)$ の有界性を証明する．(4.11a) 式の $F(\omega)$ に関しては，次の不等式が成立する．

$$
|F(\omega)| = \left| \int_{-\infty}^{\infty} f(t) \, e^{-j\omega t} \, dt \right| \leq \int_{-\infty}^{\infty} |f(t) \, e^{-j\omega t}| \, dt = \int_{-\infty}^{\infty} |f(t)| \, dt \tag{4.14}
$$

(4.13) 式と (4.14) 式とは，定理の前半を意味する．

4.1 複素フーリエ積分

② つづいて，$F(\omega)$ の連続性を証明する．関数 $f(t)$ の絶対積分可能より，任意の微小正値 ε に対して，次式を満足する t_1, t_2 が存在する．

$$\int_{-\infty}^{t_1} |f(t)|\,dt < \varepsilon, \qquad \int_{t_2}^{\infty} |f(t)|\,dt < \varepsilon \tag{4.15a}$$

また，任意の t_1, t_2 に対して，次式を満足する有界な M が存在する．

$$\int_{t_1}^{t_2} |f(t)|\,dt \leq M \tag{4.15b}$$

一方，(4.11a) 式より，次の不等式を得る．

$$\begin{aligned}
|F(\omega+\delta\omega)-F(\omega)| &= \left|\int_{-\infty}^{\infty} f(t)\,e^{-j\omega t}(e^{-j\delta\omega t}-1)\,dt\right| \\
&\leq \int_{-\infty}^{\infty} |f(t)|\left|(e^{-j\delta\omega t}-1)\right| dt \\
&= \int_{-\infty}^{t_1} |f(t)|\left|(e^{-j\delta\omega t}-1)\right| dt + \int_{t_1}^{t_2} |f(t)|\left|(e^{-j\delta\omega t}-1)\right| dt \\
&\quad + \int_{t_2}^{\infty} |f(t)|\left|(e^{-j\delta\omega t}-1)\right| dt
\end{aligned} \tag{4.16}$$

ここで，(4.15) 式の ε とこれに対応した $t_1 \leq t \leq t_2$ に関し，次式を満足する十分に小さい $\delta\omega$ を考える．

$$|e^{-j\delta\omega t}-1| \leq \frac{\varepsilon}{t_2-t_1} \tag{4.17}$$

(4.15), (4.17) 式を (4.16) 式に用いると，

$$|F(\omega+\delta\omega)-F(\omega)| \leq \frac{2\varepsilon^2}{t_2-t_1} + \frac{M\varepsilon}{t_2-t_1} \tag{4.18}$$

(4.18) は定理の後半を意味する． □

存在定理 I に関し補足しておく．一般に，区間 $(-\infty, \infty)$ で定義された関数 $f(t)$ が区分的に連続であり，かつ絶対積分可能であれば，関数 $f(t)$ の複素フーリエ積分が定義される．なお，絶対積分可能は，有界な $F(\omega)$ を得るための十分条件である点には，注意されたい．関数 $f(t)$ が絶対積分可能でない場合にも，有界な $F(\omega)$ を得られることがある（4.5 節参照）．

---**フーリエ積分の存在定理 II**---

　区間 $(-\infty, \infty)$ で定義された関数 $f(t)$ を考える．本関数は区分的に連続かつ区分的に滑らか（すなわち，関数とその導関数はともに区分的に連続）であるとする．また，本関数は絶対積分可能であり，(4.13) 式を満足しているものとする．このとき，フーリエ積分に関しては，次の収束性が保証される．

$$\frac{f(t_-) + f(t_+)}{2} = \frac{1}{2\pi} \int_{-\infty}^{\infty} \left(\int_{-\infty}^{\infty} f(\tau) e^{-j\omega\tau} \, d\tau \right) e^{j\omega t} \, d\omega$$

$$= \frac{1}{2\pi} \int_{-\infty}^{\infty} F(\omega) e^{j\omega t} \, d\omega \tag{4.19}$$

（証明省略）

　存在定理 II に関し補足しておく．(4.19) 式左辺における $f(t_-)$, $f(t_+)$ は，(2.20) 式と同様な意味で使用している．連続点では $f(t_-)$, $f(t_+)$ は同一であり，(4.19) 式の左辺は $f(t)$ そのものを意味する．一方，不連続点では，(4.19) 式の左辺は不連続点における 2 個の値の平均値を意味する．

問題 4.1

(1) **フーリエ積分の性質**　(4.11a) 式に定義された $F(\omega)$ に関し，次の不等式が成立することを証明せよ．

$$|F(\omega)| \leq \frac{1}{|\omega|} \int_{-\infty}^{\infty} \left| \frac{d\,f(t)}{dt} \right| dt, \quad |F(\omega)| \leq \frac{1}{\omega^2} \int_{-\infty}^{\infty} \left| \frac{d^2 f(t)}{dt^2} \right| dt$$

(2) **フーリエ積分の性質**　「区間 $(-\infty, \infty)$ で定義された関数 $f(t)$ が絶対積分可能であれば，すなわち (4.13) 式が成立するならば，(4.11a) 式の $F(\omega)$ は次式の性質を有する」，と主張できるか否か．

$$\lim_{\omega \to \pm\infty} F(\omega) = \lim_{\omega \to \pm\infty} \int_{-\infty}^{\infty} f(t) e^{-j\omega t} \, dt = 0$$

上式は必ずしも成立しないと考えるならば，反例を挙げよ．

(3) **フーリエ積分の性質**　「区間 $(-\infty, \infty)$ で定義された関数 $f(t)$ が絶対積分可能で，さらに，区分的に連続かつ滑らかであれば，(4.11a) 式の $F(\omega)$ は上式の性質を有する」，と主張できるか否か．成立しないとするならば，反例を挙げよ．

4.2 フーリエ変換の定義と表現

4.2.1 フーリエ変換の定義

改めて (4.11) 式をフーリエ変換定義式 I として以下に再記する．

---**フーリエ変換の定義式 I**---

$$F(\omega) = \int_{-\infty}^{\infty} f(t)\, e^{-j\omega t}\, dt \tag{4.20a}$$

$$f(t) = \frac{1}{2\pi} \int_{-\infty}^{\infty} F(\omega)\, e^{j\omega t}\, d\omega \tag{4.20b}$$

(4.20a) 式の右辺は $f(t)$ の**フーリエ変換**（**Fourier transform**）と呼ばれ，(4.20b) 式の右辺は $F(\omega)$ の**フーリエ逆変換**（**inverse Fourier transform**）と呼ばれる．

両式は，簡単に次のように表現することもある．

$$F(\omega) = \mathcal{F}\{f(t)\} \tag{4.21a}$$
$$f(t) = \mathcal{F}^{-1}\{F(\omega)\} \tag{4.21b}$$

また，関数 $f(t)$, $F(\omega)$ をそれぞれ**原関数**（**original function**），**像関数**（**image function**）と呼び，両関数を併せて**フーリエ変換対**（**Fourier transform pair**）と呼ぶこともある．フーリエ変換対は，次式のように表現することもある．

$$f(t) \leftrightarrow F(\omega) \tag{4.22}$$

(4.20b) 式の左辺 $f(t)$ は，原関数の連続点においては原関数の示す値を意味するが，原関数の不連続点においては (4.19) 式の値を意味する．この点には，注意されたい．

4.2.2 フーリエ変換の 3 表現

(4.20) 式に関し，次の変数変換を考える．

$$\omega = 2\pi v, \quad d\omega = 2\pi\, dv \tag{4.23}$$

(4.23) 式を (4.20) 式に用いると，次の**フーリエ変換定義式 II** を得る．

―フーリエ変換の定義式 II―

$$F(2\pi v) = \int_{-\infty}^{\infty} f(t)\, e^{-j2\pi v t}\, dt \qquad (4.24\text{a})$$

$$f(t) = \int_{-\infty}^{\infty} F(2\pi v)\, e^{j2\pi v t}\, dv \qquad (4.24\text{b})$$

(4.20) 式に関し,次の関数を定義する.

$$F'(\omega) = \frac{1}{\sqrt{2\pi}} F(\omega) \qquad (4.25)$$

(4.25) 式を (4.20) 式に用いると,次の**フーリエ変換定義式 III** を得る.

―フーリエ変換の定義式 III―

$$F'(\omega) = \frac{1}{\sqrt{2\pi}} \int_{-\infty}^{\infty} f(t)\, e^{-j\omega t}\, dt \qquad (4.26\text{a})$$

$$f(t) = \frac{1}{\sqrt{2\pi}} \int_{-\infty}^{\infty} F'(\omega)\, e^{j\omega t}\, d\omega \qquad (4.26\text{b})$$

フーリエ変換に関しては,上記のように 3 種の定義式が考えられている.定義式 II,III は,フーリエ変換とフーリエ逆変換との対称性を考慮したものであり,定義の本質に関しては定義式 I と違いはない.本書では,第 3 部で解説するラプラス変換との整合性を考慮し,定義式 I の表現を採用する.

4.2.3 振幅・位相スペクトラム

原関数 $f(t)$ が実数,複素数を問わず,一般に,像関数 $F(\omega)$ は複素関数となる.この点を考慮し,像関数 $F(\omega)$ を次のように表現することもある.

$$F(\omega) = \text{Re}\{F(\omega)\} + j\,\text{Im}\{F(\omega)\} = |F(\omega)|\, e^{j\phi(\omega)} \qquad (4.27\text{a})$$

$$\phi(\omega) = \tan^{-1} \frac{\text{Im}\{F(\omega)\}}{\text{Re}\{F(\omega)\}} \qquad (4.27\text{b})$$

$|F(\omega)|$,$\phi(\omega)$ は,おのおの原関数 $f(t)$ の**振幅スペクトラム** (**magnitude spectrum**),**位相スペクトラム** (**phase spectrum**) と呼ばれる[*1].

[*1] スペクトラムとスペクトルとは同義である.

4.2 フーリエ変換の定義と表現

原関数 $f(t)$ が特に**実数**の場合には，(4.27) 式と (4.20a) 式との比較より，次の関係が得られる（後掲の (4.59) 式参照）．

$$\mathrm{Re}\{F(\omega)\} = \int_{-\infty}^{\infty} f(t) \cos \omega t \, dt$$
$$= \mathrm{Re}\{F(-\omega)\} \tag{4.28a}$$

$$\mathrm{Im}\{F(\omega)\} = -\int_{-\infty}^{\infty} f(t) \sin \omega t \, dt$$
$$= -\mathrm{Im}\{F(-\omega)\} \tag{4.28b}$$

$$F(-\omega) = F^*(\omega), \qquad F(\omega) = F^*(-\omega) \tag{4.28c}$$

原関数 $f(t)$ が**実数**の場合には，振幅スペクトラムは**偶関数**となり，位相スペクトラムは**奇関数**となる．すなわち，次の性質が成立する．

$$|F(-\omega)| = |F(\omega)|, \qquad \phi(-\omega) = -\phi(\omega) \tag{4.29}$$

本性質は，(4.28c) 式を活用し以下のように立証できる．像関数 $F(-\omega)$, $F^*(\omega)$ は，(4.27a) 式の表現を利用するならば，次式のように表現される．

$$F(-\omega) = |F(-\omega)| e^{j\phi(-\omega)}, \qquad F^*(\omega) = |F(\omega)| e^{-j\phi(\omega)} \tag{4.30}$$

(4.30) を (4.28c) 式に用いると，

$$|F(-\omega)| e^{j\phi(-\omega)} = |F(\omega)| e^{-j\phi(\omega)} \tag{4.31}$$

(4.31) 式は，(4.29) 式を意味する．

問題 4.2

(1) **像関数の性質** (4.28a), (4.28b) 式の 2 式を用いて，(4.28c) 式を証明せよ．

(2) **原関数の性質** 原関数 $f(t)$ は**実関数**とする．本原関数に対応した像関数 $F(\omega)$ が実数になるときには，原関数は偶関数であり，像関数 $F(\omega)$ が純虚数になるときには，原関数は奇関数となることを証明せよ．

4.3 フーリエ変換の性質

4.3.1 変換上の諸性質

以下に，フーリエ変換対の間に存在する有用な性質を定理として整理しておく．なお，原関数 $f_1(t)$, $f_2(t)$ のフーリエ変換を，おのおの像関数 $F_1(\omega)$, $F_2(\omega)$ と表現し，a, b, T は定数とする．また，各定理における原関数においては絶対積分可能等の条件が満足され，このフーリエ変換は存在するものとする．

線形定理（linear transformation theorem）

$$a\,f_1(t) + b\,f_2(t) \leftrightarrow aF_1(\omega) + bF_2(\omega) \quad ; \ a,\,b = 複素定数 \qquad (4.32)$$

【証明】 原関数を (4.20a) 式の定義式に用い整理すると，定理の像関数を得る．すなわち，

$$\begin{aligned}
\mathcal{F}\{af_1(t) + bf_2(t)\} &= \int_{-\infty}^{\infty} (af_1(t) + bf_2(t))e^{-j\omega t}\,dt \\
&= a\int_{-\infty}^{\infty} f_1(t)e^{-j\omega t}\,dt + b\int_{-\infty}^{\infty} f_2(t)e^{-j\omega t}\,dt \\
&= aF_1(\omega) + bF_2(\omega)
\end{aligned} \qquad (4.33)$$

□

スケーリング定理（scaling theorem）

$$f(at) \leftrightarrow \frac{1}{|a|} F\!\left(\frac{\omega}{a}\right) \quad ; \ a = 実定数 \qquad (4.34)$$

【証明】 (4.20a) 式の定義に従うと，

$$\mathcal{F}\{f(at)\} = \int_{-\infty}^{\infty} f(at)e^{-j\omega t}\,dt \qquad (4.35)$$

① $a > 0$ の場合：(4.35) 式は，$at = \tau$ と置換すると，次式に整理される．

$$\mathcal{F}\{f(at)\} = \frac{1}{a}\int_{-\infty}^{\infty} f(\tau)e^{-j\omega \tau/a}\,d\tau = \frac{1}{a}F\!\left(\frac{\omega}{a}\right) \qquad (4.36\mathrm{a})$$

② $a<0$ の場合：(4.35) 式は，$at=\tau$ と置換すると，次式に整理される.

$$\mathcal{F}\{f(at)\} = \frac{1}{a}\int_{\infty}^{-\infty} f(\tau)e^{-j\omega\tau/a}\,d\tau$$
$$= -\frac{1}{a}\int_{-\infty}^{\infty} f(\tau)e^{-j\omega\tau/a}\,d\tau = -\frac{1}{a}F\left(\frac{\omega}{a}\right) \qquad (4.36\mathrm{b})$$

(4.36) 式の 2 式は，(4.34) 式を意味する. □

時間推移定理（time shift theorem）

$$f(t-T) \leftrightarrow e^{-j\omega T}F(\omega) \qquad (4.37)$$

【証明】 原関数を (4.20a) 式に用い整理すると，

$$\mathcal{F}\{f(t-T)\} = \int_{-\infty}^{\infty} f(t-T)e^{-j\omega t}\,dt$$
$$= e^{-j\omega T}\int_{-\infty}^{\infty} f(t-T)e^{-j\omega(t-T)}\,dt \qquad (4.38\mathrm{a})$$

$t-T=\tau$ と置換すると，上式は定理の像関数に整理される. すなわち，

$$\mathcal{F}\{f(t-T)\} = e^{-j\omega T}\int_{-\infty}^{\infty} f(\tau)e^{-j\omega\tau}\,d\tau = e^{-j\omega T}F(\omega) \qquad (4.38\mathrm{b})$$

□

周波数推移定理（frequency shift theorem）

$$e^{-at}f(t) \leftrightarrow F(\omega - ja) \qquad (4.39\mathrm{a})$$
$$e^{-jbt}f(t) \leftrightarrow F(\omega + b) \qquad (4.39\mathrm{b})$$

【証明】 (4.39a) 式の原関数を (4.20a) 式の定義式に用い整理すると，(4.39a) 式右端の像関数を得る. すなわち，

$$\mathcal{F}\{e^{-at}f(t)\} = \int_{-\infty}^{\infty} e^{-at}f(t)e^{-j\omega t}\,dt = \int_{-\infty}^{\infty} f(t)e^{-j(\omega-ja)t}\,dt = F(\omega-ja) \qquad (4.40)$$

(4.39a) 式に変数置換 $a=jb$ を施すと，(4.39b) 式を得る. □

第4章　フーリエ変換

> **時間微分定理（time differentiation theorem）**
>
> 原関数 $f(t)$ が収束性質 $\lim_{t \to \pm\infty} f(t) = 0$ を有するならば，
>
> $$\frac{d}{dt}f(t) \leftrightarrow j\omega F(\omega) \tag{4.41}$$
>
> 一般に，
>
> $$\frac{d^n f(t)}{dt^n} = f^{(n)}(t) \leftrightarrow (j\omega)^n F(\omega) \tag{4.42}$$

【証明】 原関数を (4.20a) 式の定義式に用い，部分積分を利用の上，当該収束性質を考慮すると，定理の像関数を得る．すなわち，

$$\begin{aligned}
\mathcal{F}\left\{\frac{d}{dt}f(t)\right\} &= \int_{-\infty}^{\infty}\left(\frac{d}{dt}f(t)\right)e^{-j\omega t}\,dt \\
&= f(t)e^{-j\omega t}\Big|_{-\infty}^{\infty} - \int_{-\infty}^{\infty} f(t)(-j\omega e^{-j\omega t})\,dt = j\omega F(\omega)
\end{aligned} \tag{4.43}$$

原関数の2階導関数のフーリエ変換は，(4.41) 式の関係を繰り返し利用すると，次式となる．

$$\mathcal{F}\left\{\frac{d^2}{dt^2}f(t)\right\} = j\omega\,\mathcal{F}\{f^{(1)}(t)\} = (j\omega)^2 F(\omega) \tag{4.44}$$

同様にして，n 階の導関数に関して (4.42) 式を得る．

上に代わって，次のような略証も可能である．導関数のフーリエ変換が存在することを前提に，(4.20b) 式の両辺を t で微分すると，次式を得る．

$$\begin{aligned}
\frac{d}{dt}f(t) &= \frac{d}{dt}\frac{1}{2\pi}\int_{-\infty}^{\infty} F(\omega)\,e^{j\omega t}\,d\omega = \frac{1}{2\pi}\int_{-\infty}^{\infty} F(\omega)\left(\frac{d}{dt}e^{j\omega t}\right)d\omega \\
&= \frac{1}{2\pi}\int_{-\infty}^{\infty}(j\omega\,F(\omega))e^{j\omega t}d\omega
\end{aligned} \tag{4.45}$$

上式は (4.41) 式を意味する．なお，導関数フーリエ変換の存在前提は当該収束性質を必要とする． □

4.3 フーリエ変換の性質

時間積分定理（time integration theorem）

原関数 $f(t)$ は次の性質を有するものとする．

$$\int_{-\infty}^{\infty} f(t)\,dt = F(0) = 0 \tag{4.46}$$

このとき，次式が成立する．

$$\int_{-\infty}^{t} f(\tau)\,d\tau \leftrightarrow \frac{F(\omega)}{j\omega} \quad;\ \omega \neq 0 \tag{4.47}$$

【証明】 (4.47) 式の原関数を定義式である (4.20a) 式に用い，$\omega \neq 0$ を条件に部分積分を施し，(4.46) 式の条件を考慮すると，定理の像関数を得る．

$$\begin{aligned}
\mathcal{F}\!\left\{\int_{-\infty}^{t} f(\tau)\,d\tau\right\} &= \int_{-\infty}^{\infty} \left(\int_{-\infty}^{t} f(\tau)\,d\tau\right) e^{-j\omega t}\,dt \\
&= \left(\int_{-\infty}^{t} f(\tau)\,d\tau\right) \frac{-e^{-j\omega t}}{j\omega}\bigg|_{-\infty}^{\infty} + \frac{1}{j\omega}\int_{-\infty}^{\infty} f(t) e^{-j\omega t}\,dt \\
&= F(0)\frac{-e^{-j\omega\infty}}{j\omega} + \frac{1}{j\omega}\int_{-\infty}^{\infty} f(t) e^{-j\omega t}\,dt \\
&= \frac{1}{j\omega} F(\omega) \quad;\ \omega \neq 0
\end{aligned} \tag{4.48}$$

□

(4.46) 式の条件を必要としない一般的な場合のフーリエ変換対は次式で与えられる．

$$\int_{-\infty}^{t} f(\tau)\,d\tau \leftrightarrow \frac{F(\omega)}{j\omega} + \pi F(0)\delta(\omega) = \begin{cases} \dfrac{F(\omega)}{j\omega} & ;\ \omega \neq 0 \\[6pt] \pi F(0)\delta(\omega) & ;\ \omega = 0 \end{cases} \tag{4.49}$$

上式の $\delta(\omega)$ は，(2.44)，(2.45) 式で定義されたデルタ関数であり，この詳細は 4.5.1，4.5.2 項で改めて説明する．また，(4.49) 式の証明は，本章末尾 (4.5.5 項) で与える．

周波数微分定理 (frequency differentiation theorem)

像関数 $F(\omega)$ が収束性質 $\lim_{\omega \to \pm\infty} F(\omega) = 0$ をもつならば，

$$t\, f(t) \leftrightarrow j\frac{dF(\omega)}{d\omega} \tag{4.50}$$

一般に，

$$t^n f(t) \leftrightarrow j^n \frac{d^n F(\omega)}{d\omega^n} \tag{4.51}$$

【証明】 フーリエ逆変換の定義式である (4.20b) 式を利用する．像関数を (4.20b) 式に適用し，部分積分を施した上で，当該収束性質を考慮すると

$$\begin{aligned}
\mathcal{F}^{-1}\left\{\frac{d}{d\omega}F(\omega)\right\} &= \frac{1}{2\pi}\int_{-\infty}^{\infty}\left(\frac{d}{d\omega}F(\omega)\right)e^{j\omega t}d\omega \\
&= \frac{1}{2\pi}F(\omega)\,e^{j\omega t}\bigg|_{-\infty}^{\infty} - \frac{1}{2\pi}\int_{-\infty}^{\infty}F(\omega)(jt\,e^{j\omega t})\,d\omega = -jt\,f(t)
\end{aligned} \tag{4.52}$$

上式は (4.50) 式を意味する．(4.51) 式の証明も同様である．

上に代わって，次のような略証も可能である．$t\,f(t)$ のフーリエ変換が存在することを前提に，(4.20a) 式の両辺を ω で微分すると，

$$\begin{aligned}
\frac{dF(\omega)}{d\omega} &= \frac{d}{d\omega}\int_{-\infty}^{\infty}f(t)\,e^{-j\omega t}\,dt = \int_{0}^{\infty}f(t)\left(\frac{d}{d\omega}e^{-j\omega t}\right)dt \\
&= -j\int_{0}^{\infty}t\,f(t)\,e^{-j\omega t}\,dt
\end{aligned} \tag{4.53}$$

上式は (4.50) 式を意味する．なお，$t\,f(t)$ のフーリエ変換の存在前提には，当該性質を必要とする． ■

対称定理 (symmetry theorem)

$$F(t) \leftrightarrow 2\pi\,f(-\omega) \tag{4.54}$$

【証明】 (4.20b) 式において形式的に変数置換 $t \leftrightarrow \omega$ を実施すると，

4.3 フーリエ変換の性質

$$f(\omega) = \frac{1}{2\pi} \int_{-\infty}^{\infty} F(t)\, e^{j\omega t}\, dt \tag{4.55}$$

上式は，次のように書き改められる．

$$\int_{-\infty}^{\infty} F(t)\, e^{j\omega t}\, dt = 2\pi f(\omega) \tag{4.56}$$

(4.56) 式は，(4.54) 式を意味する． □

共役定理 （conjugate theorem）

$$f^*(t) \leftrightarrow F^*(-\omega) \tag{4.57}$$

【証明】 原関数を (4.20a) 式の定義式に用い整理すると，定理の像関数を得る．すなわち，

$$\mathcal{F}\{f^*(t)\} = \int_{-\infty}^{\infty} f^*(t)\, e^{-j\omega t}\, dt = \left(\int_{-\infty}^{\infty} f(t)\, e^{j\omega t}\, dt\right)^* = F^*(-\omega) \tag{4.58}$$

□

原関数 $f(t)$ が実数ならば，$f(t) = f^*(t)$ であるので，(4.57) 式は次式を意味する．

$$F(\omega) = F^*(-\omega), \qquad F(-\omega) = F^*(\omega) \tag{4.59}$$

したがって，原関数 $f(t)$ が実数ならば，(4.59) 式の第 2 式を活用し，$F(\omega)$；$\omega \geq 0$ より $F(\omega)$；$\omega \leq 0$ を得ることができる（(4.28) 式参照）．

時間畳込み定理 （time convolution theorem）

$$\int_{-\infty}^{\infty} f_1(t-\tau) f_2(\tau)\, d\tau \leftrightarrow F_1(\omega) F_2(\omega) \tag{4.60}$$

【証明】 (4.20a) 式の定義に従い，$e^{-j\omega t} = e^{-j\omega \tau} e^{-j\omega(t-\tau)}$ と分割し，積分順序を変更し整理すると，定理の像関数を得る．すなわち，

$$\mathcal{F}\left\{\int_{-\infty}^{\infty} f_1(t-\tau)f_2(\tau)\,d\tau\right\} = \int_{-\infty}^{\infty}\left(\int_{-\infty}^{\infty} f_1(t-\tau)f_2(\tau)\,d\tau\right)e^{-j\omega t}\,dt$$

$$= \int_{-\infty}^{\infty} f_2(\tau)\,e^{-j\omega\tau}\left(\int_{-\infty}^{\infty} f_1(t-\tau)\,e^{-j\omega(t-\tau)}\,dt\right)d\tau$$

$$= F_1(\omega)\int_{-\infty}^{\infty} f_2(\tau)\,e^{-j\omega\tau}\,d\tau = F_1(\omega)F_2(\omega) \tag{4.61a}$$

なお，上式の $F_1(\omega)$ は，次のように置換 $t-\tau=x$ を実施し，求めた．

$$\int_{-\infty}^{\infty} f_1(t-\tau)\,e^{-j\omega(t-\tau)}\,dt = \int_{-\infty}^{\infty} f_1(x)\,e^{-j\omega x}\,dx = F_1(\omega) \tag{4.61b}$$

□

(4.60) 式左辺の積分は，**畳込み積分**（**convolution integral**）と呼ばれる．時間畳込み定理が示すように，t 領域（**時間領域**）の畳込み積分は，ω 領域（**周波数領域**）では単なる積となる．

周波数畳込み定理（frequency convolution theorem）

$$f_1(t)f_2(t) \leftrightarrow \frac{1}{2\pi}\int_{-\infty}^{\infty} F_1(\omega-x)F_2(x)\,dx \tag{4.62}$$

【証明】 原関数を (4.20) 式の定義式に用い，積分順序を変更し整理すると，定理の像関数を得る．すなわち，

$$\mathcal{F}\{f_1(t)f_2(t)\} = \int_{-\infty}^{\infty} f_1(t)f_2(t)\,e^{-j\omega t}\,dt$$

$$= \frac{1}{2\pi}\int_{-\infty}^{\infty} f_1(t)\left(\int_{-\infty}^{\infty} F_2(x)\,e^{jxt}\,dx\right)e^{-j\omega t}\,dt$$

$$= \frac{1}{2\pi}\int_{-\infty}^{\infty}\left(\int_{-\infty}^{\infty} f_1(t)\,e^{-j(\omega-x)t}\,dt\right)F_2(x)\,dx$$

$$= \frac{1}{2\pi}\int_{-\infty}^{\infty} F_1(\omega-x)F_2(x)\,dx \tag{4.63}$$

□

上の周波数畳込み定理は，t 領域（時間領域）の積は，ω 領域（周波数領域）では畳込み積分となることを示している．

問題 4.3

(1) **スケーリング特性** (4.34) 式を活用し，次の性質を証明せよ．また，フーリエ変換の定義式を用いた直接的な証明を試みよ．

$$f(-t) \leftrightarrow F(-\omega)$$

(2) **時間推移特性** フーリエ変換対を $f(t) \leftrightarrow F(\omega)$ とするとき，次のフーリエ変換対を証明せよ．

$$f(t-T) + f(t+T) \leftrightarrow 2F(\omega)\cos T\omega$$

(3) **周波数推移特性** フーリエ変換対を $f(t) \leftrightarrow F(\omega)$ とするとき，次のフーリエ変換対を証明せよ．

$$f(t)\cos\omega_o t \leftrightarrow \frac{1}{2}\left(F(\omega-\omega_0) + F(\omega+\omega_0)\right)$$

$$f(t)\sin\omega_o t \leftrightarrow \frac{j}{2}\left(-F(\omega-\omega_0) + F(\omega+\omega_0)\right)$$

(4) **モーメント特性** 周波数微分定理を用いて，次のモーメント関係式を証明せよ．

$$\int_{-\infty}^{\infty} t^n f(t)\, dt = j^n \left.\frac{d^n F(\omega)}{d\omega^n}\right|_{\omega=0}$$

(5) **畳込み積分** (4.60) 式左辺に示した畳込み積分を簡単に次式のように表現する．

$$f_1(t) * f_2(t) \equiv \int_{-\infty}^{\infty} f_1(t-\tau) f_2(\tau)\, d\tau$$

このとき，次の**交換則**が成立することを証明せよ．

$$f_1(t) * f_2(t) = f_2(t) * f_1(t)$$

(6) **畳込み積分** 畳込み積分に関しては，次の**結合則**が成立することを証明せよ．

$$(f_1(t) * f_2(t)) * f_3(t) = f_1(t) * (f_2(t) * f_3(t))$$

4.3.2 パーシバルの定理

一般化フーリエ級数,複素フーリエ級数,三角フーリエ級数で成立したパーシバルの等式が,フーリエ変換においても成立する.以下に,これを示す.

パーシバルの定理(Parseval theorem)

原関数 $f_1(t)$, $f_2(t)$ のフーリエ変換をおのおの $F_1(\omega)$, $F_2(\omega)$ と表現するとき,次式が成立する.

$$\int_{-\infty}^{\infty} f_1^*(t) f_2(t) \, dt = \frac{1}{2\pi} \int_{-\infty}^{\infty} F_1^*(\omega) F_2(\omega) \, d\omega \tag{4.64}$$

$$\int_{-\infty}^{\infty} |f_1(t)|^2 \, dt = \frac{1}{2\pi} \int_{-\infty}^{\infty} |F_1(\omega)|^2 \, d\omega \tag{4.65}$$

【証明】

① (4.64) 式の左辺にフーリエ逆変換を用い,積分順序を変更し整理すると,

$$\begin{aligned}
\int_{-\infty}^{\infty} f_1^*(t) f_2(t) \, dt &= \int_{-\infty}^{\infty} \left(\frac{1}{2\pi} \int_{-\infty}^{\infty} F_1^*(\omega) \, e^{-j\omega t} \, d\omega \right) f_2(t) \, dt \\
&= \frac{1}{2\pi} \int_{-\infty}^{\infty} F_1^*(\omega) \left(\int_{-\infty}^{\infty} f_2(t) \, e^{-j\omega t} \, dt \right) d\omega \\
&= \frac{1}{2\pi} \int_{-\infty}^{\infty} F_1^*(\omega) F_2(\omega) \, d\omega
\end{aligned} \tag{4.66}$$

上式は,定理の前半を意味する.

② ここで,$f_2(t) = f_1(t)$ とすると,ただちに定理の後半を得る. □

(4.64) 式は,**ユニタリー特性(unitary property)** と呼ばれる.(4.65) 式は,**パーシバルの定理**,あるいは**パーシバルの等式**と呼ばれる.同式の左辺は t 領域(時間領域)におけるパワーの総和を,右辺は ω 領域(周波数領域)におけるパワーの総和(すなわちエネルギー)を意味している.パーシバルの定理は,「エネルギーは,いずれの領域で評価しても同一である」ことを意味している.本事実は,(4.65) の右辺を (4.23),(4.24) 式の定義に従って再表現した次式によれば,より明白である.

$$\frac{1}{2\pi}\int_{-\infty}^{\infty}|F_1(\omega)|^2\,d\omega = \int_{-\infty}^{\infty}|F_1(2\pi\nu)|^2\,d\nu \tag{4.67}$$

この観点より，$|F(\omega)|^2$ は，原関数 $f(t)$ の**エネルギースペクトラム（energy spectrum）**あるいは**エネルギースペクトラム密度関数（energy spectral density function）**と呼ばれる．

無限区間の内積とノルムを次式のように定義する．

$$\langle f_1(t),\ f_2(t)\rangle \equiv \int_{-\infty}^{\infty} f_1^*(t)f_2(t)\,dt \tag{4.68}$$

$$\|f(t)\| \equiv \sqrt{\int_{-\infty}^{\infty}|f(t)|^2\,dt} = \sqrt{\langle f(t),\ f(t)\rangle} \tag{4.69}$$

本定義の下では，(4.64), (4.65) 式の等式は以下のように書き改められる．

$$\langle f_1(t),\ f_2(t)\rangle = \frac{1}{2\pi}\langle F_1(\omega),\ F_2(\omega)\rangle \tag{4.70}$$

$$\|f(t)\|^2 = \frac{1}{2\pi}\|F(\omega)\|^2 \tag{4.71}$$

上式から理解されるように，パーシバルの定理はフーリエ変換前後の**ノルム不変性（norm preservation）**を主張するものでもある．

問題 4.4

パーシバルの定理 周波数畳み込み定理を示した (4.62) 式を利用して，次式を証明せよ．

$$\int_{-\infty}^{\infty} f_1(t)f_2(t)\,dt = \frac{1}{2\pi}\int_{-\infty}^{\infty} F_1(\omega)F_2(-\omega)\,d\omega$$

この上で，$f_2(t) = f_1^*(t)$ の条件を付与して，(4.57) 式から得た次の性質を活用し，パーシバルの定理を証明せよ．

$$F_2(\omega) = F_1^*(-\omega), \qquad F_2(-\omega) = F_1^*(\omega)$$

4.4 基本信号のフーリエ変換

4.4.1 指数信号

―例題 4.1―

原関数 $f(t)$ として次の**指数信号**を考え,このフーリエ変換を求めよ(図 4.1 (a) 参照).

$$f(t) = e^{-a|t|} \quad ; \; a > 0 \tag{4.72}$$

解答 本信号のフーリエ変換は,以下のように求められる.

$$\begin{aligned}
F(\omega) &= \int_{-\infty}^{\infty} f(t)\, e^{-j\omega t}\, dt = \int_{-\infty}^{\infty} e^{-a|t|}\, e^{-j\omega t}\, dt \\
&= \int_{-\infty}^{0} e^{-(j\omega - a)t}\, dt + \int_{0}^{\infty} e^{-(j\omega + a)t}\, dt \\
&= \frac{1}{-j\omega + a}\, e^{-(j\omega - a)t}\bigg|_{-\infty}^{0} - \frac{1}{j\omega + a}\, e^{-(j\omega + a)t}\bigg|_{0}^{\infty} \\
&= \frac{1}{-j\omega + a} + \frac{1}{j\omega + a} = \frac{2a}{\omega^2 + a^2}
\end{aligned} \tag{4.73}$$

$a = 1$ を条件に,指数信号と対応のフーリエ変換を図 4.1 に示した.

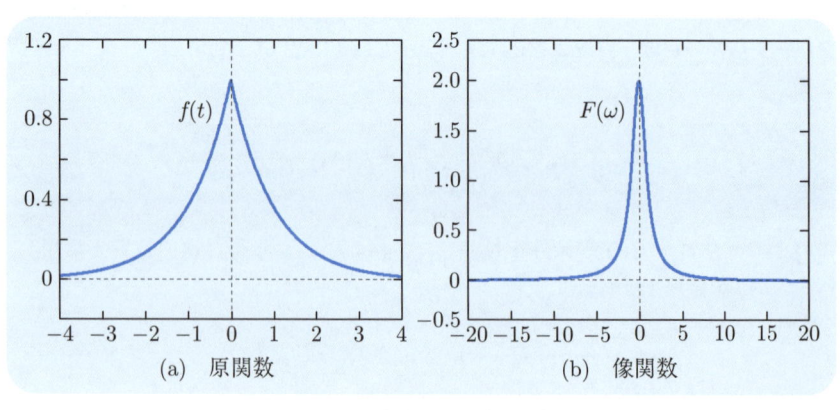

(a) 原関数

(b) 像関数

図 4.1 指数信号 ($a = 1$)

4.4 基本信号のフーリエ変換

問題 4.5

(1) **指数信号** 次のフーリエ変換対を証明せよ.

$$f(t) = \frac{1}{t^2 + a^2} \quad ; \ a > 0, \qquad F(\omega) = \frac{\pi}{a} e^{-a|\omega|}$$

(2) **指数信号** 次のフーリエ変換対を証明せよ.

$$f(t) = \begin{cases} e^{-at} & ; \ t \geq 0, \ a > 0 \\ 0 & ; \ t < 0 \end{cases}, \qquad F(\omega) = \frac{1}{j\omega + a}$$

4.4.2 矩形パルス信号

―**例題 4.2**―

原関数 $f(t)$ として次の**矩形パルス信号**を考え,このフーリエ変換を求めよ ((2.42), (3.31) 式,図 4.2 (a) 参照).

$$f(t) = \begin{cases} \dfrac{1}{\varepsilon} & ; \ |t| \leq \dfrac{\varepsilon}{2}, \ \varepsilon > 0 \\ 0 & ; \ |t| > \dfrac{\varepsilon}{2}, \ \varepsilon > 0 \end{cases} \tag{4.74}$$

解答 本信号のフーリエ変換は,次のように求められる.

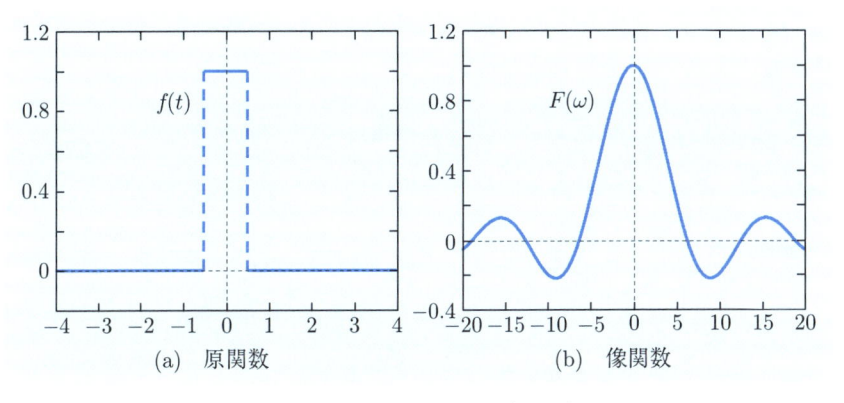

図 **4.2** 矩形パルス信号 ($\varepsilon = 1$)

(a) 原関数

(b) 像関数

$$F(\omega) = \int_{-\infty}^{\infty} f(t)\, e^{-j\omega t}\, dt = \frac{1}{\varepsilon} \int_{-\varepsilon/2}^{\varepsilon/2} e^{-j\omega t}\, dt$$

$$= -\frac{1}{j\varepsilon\omega} e^{-j\omega t}\bigg|_{-\varepsilon/2}^{\varepsilon/2} = \frac{1}{j\varepsilon\omega}\left(e^{j\varepsilon\omega/2} - e^{-j\varepsilon\omega/2}\right)$$

$$= \frac{2}{\varepsilon\omega} \sin\frac{\varepsilon\omega}{2} = \frac{\sin\frac{\varepsilon\omega}{2}}{\frac{\varepsilon\omega}{2}} = \mathrm{sinc}\left(\frac{\varepsilon\omega}{2}\right) \tag{4.75}$$

□

$\varepsilon = 1$ を条件に，パルス信号と対応のフーリエ変換（シンク関数）を図 4.2 に示した（図 3.6 参照）．

シンク関数の無限積分 本パルス信号のフーリエ変換に関連して，シンク関数の無限積分を示しておく（図 3.6 参照）．(4.75) 式における $F(\omega)$ のフーリエ逆変換を用いて原関数 $f(t)$ を表現し，$t=0$ で評価すると，次の関係を得る．

$$\frac{1}{\varepsilon} = \frac{1}{2\pi} \int_{-\infty}^{\infty} \mathrm{sinc}\left(\frac{\varepsilon\omega}{2}\right) e^{j\omega t} d\omega \bigg|_{t=0} = \frac{1}{2\pi} \int_{-\infty}^{\infty} \mathrm{sinc}\left(\frac{\varepsilon\omega}{2}\right) d\omega \tag{4.76}$$

変数変換 $\varepsilon\omega/2 = x$ を施し，被積分関数が x に関し偶関数である点を考慮すると，次の関係を得る．

$$\int_{-\infty}^{\infty} \mathrm{sinc}(x)\, dx = 2 \int_{0}^{\infty} \mathrm{sinc}(x)\, dx = 2 \int_{-\infty}^{0} \mathrm{sinc}(x)\, dx = \pi \tag{4.77a}$$

(4.77a) 式は $\varepsilon > 0$ の条件下で得られたものである．一般には，シンク関数の無限積分は，次のように修正される．

$$\int_{-\infty}^{\infty} \frac{\sin \varepsilon\omega}{\omega}\, d\omega = 2 \int_{0}^{\infty} \frac{\sin \varepsilon\omega}{\omega}\, d\omega = 2 \int_{-\infty}^{0} \frac{\sin \varepsilon\omega}{\omega}\, d\omega = \begin{cases} \pi & ; \varepsilon > 0 \\ -\pi & ; \varepsilon < 0 \end{cases} \tag{4.77b}$$

例題 4.3

原関数 $f(t)$ として次の信号を考え，このフーリエ変換を求めよ．

$$f(t) = \frac{\sin\frac{\varepsilon t}{2}}{\frac{\varepsilon t}{2}} = \mathrm{sinc}\left(\frac{\varepsilon t}{2}\right) \tag{4.78}$$

解答 本信号のフーリエ変換は，(4.74) 式の矩形パルス信号に対称定理を適用すると，以下のように求められる．

$$F(\omega) = \begin{cases} \dfrac{2\pi}{\varepsilon} & ; \ |\omega| \leq \dfrac{\varepsilon}{2} \\ 0 & ; \ |\omega| > \dfrac{\varepsilon}{2} \end{cases} \tag{4.79}$$

□

4.4.3 三角パルス信号

──例題 4.4──────────────────────

原関数 $f(t)$ として次の**三角パルス信号**を考え，このフーリエ変換を求めよ（図 4.3 (a) 参照）．

$$f(t) = \begin{cases} a\left(1 - \dfrac{|t|}{\varepsilon}\right) & ; \ |t| \leq \varepsilon \\ 0 & ; \ |t| > \varepsilon \end{cases} \tag{4.80}$$

解答 本信号のフーリエ変換は，以下のように求められる．

$$\begin{aligned}
F(\omega) &= \int_{-\infty}^{\infty} f(t) \, e^{-j\omega t} \, dt = \int_{-\varepsilon}^{\varepsilon} a\left(1 - \frac{|t|}{\varepsilon}\right) e^{-j\omega t} \, dt \\
&= a \int_{-\varepsilon}^{0} \left(1 + \frac{t}{\varepsilon}\right) e^{-j\omega t} \, dt + a \int_{0}^{\varepsilon} \left(1 - \frac{t}{\varepsilon}\right) e^{-j\omega t} \, dt \\
&= 2a \int_{0}^{\varepsilon} \left(1 - \frac{t}{\varepsilon}\right) \cos \omega t \, dt \\
&= 2a \left(\frac{\sin \omega t}{\omega} - \frac{1}{\varepsilon} \left(\frac{t \sin \omega t}{\omega} + \frac{\cos \omega t}{\omega^2} \right) \right) \bigg|_{0}^{\varepsilon} \\
&= \frac{2a}{\varepsilon} \left(\frac{1 - \cos \varepsilon \omega}{\omega^2} \right) = \frac{4a}{\varepsilon \omega^2} \sin^2 \left(\frac{\varepsilon \omega}{2} \right) \\
&= a\varepsilon \left(\frac{\sin \frac{\varepsilon \omega}{2}}{\frac{\varepsilon \omega}{2}} \right)^2 = a\varepsilon \, \mathrm{sinc}^2 \left(\frac{\varepsilon \omega}{2} \right)
\end{aligned} \tag{4.81}$$

□

$a = 1$，$\varepsilon = 1$ を条件に，三角パルス信号と対応のフーリエ変換（**二乗シンク関数**）を図 4.3 に示した（図 3.6 参照）．

(a) 原関数 　　　(b) 像関数

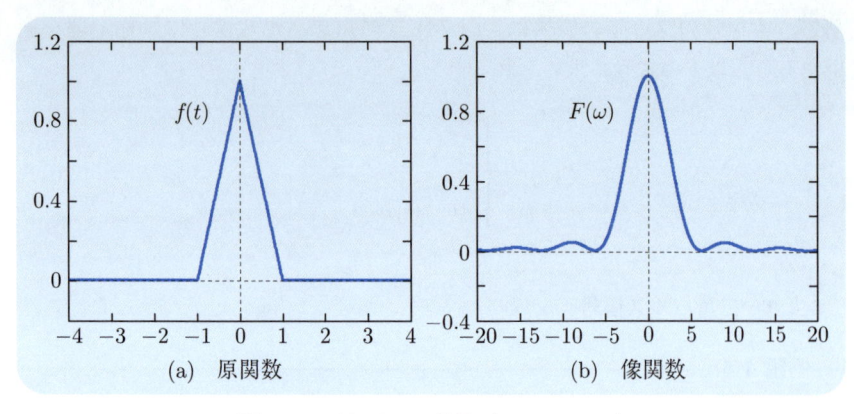

図 4.3　三角パルス信号 ($a = 1$, $\varepsilon = 1$)

二乗シンク関数の無限積分　本パルス信号のフーリエ変換に関連して，(4.81) 式右辺における二乗シンク関数の無限積分を示しておく（図 3.6 参照）．(4.81) 式における $F(\omega)$ のフーリエ逆変換を用いて原関数 $f(t)$ を表現し，$t = 0$ で評価すると，次の関係を得る．

$$a = \frac{a\varepsilon}{2\pi} \int_{-\infty}^{\infty} \mathrm{sinc}^2 \left(\frac{\varepsilon \omega}{2} \right) d\omega \tag{4.82}$$

変数変換 $\varepsilon\omega/2 = x$ を施し，被積分関数が x に関し偶関数である点を考慮すると，次の関係を得る．

$$\begin{aligned}\int_{-\infty}^{\infty} \mathrm{sinc}^2(x)\,dx &= 2 \int_{0}^{\infty} \mathrm{sinc}^2(x)\,dx \\ &= 2 \int_{-\infty}^{0} \mathrm{sinc}^2(x)\,dx = \pi\end{aligned} \tag{4.83}$$

---例題 4.5---

原関数 $f(t)$ として次の信号を考え，このフーリエ変換を求めよ．

$$f(t) = a\varepsilon \left(\frac{\sin \frac{\varepsilon t}{2}}{\frac{\varepsilon t}{2}} \right)^2 = a\varepsilon\, \mathrm{sinc}^2 \left(\frac{\varepsilon t}{2} \right) \tag{4.84}$$

解答　本信号のフーリエ変換は，(4.80) 式の三角パルス信号に対称定理を適用すると，次のように求められる．

4.4 基本信号のフーリエ変換 121

$$F(\omega) = \begin{cases} 2a\pi\left(1 - \dfrac{|\omega|}{\varepsilon}\right) & ; \ |\omega| \leq \varepsilon \\ 0 & ; \ |\omega| > \varepsilon \end{cases} \quad (4.85)$$

□

問題 4.6

(1) **時間微分定理** 原関数 $f(t)$ として，次の矩形パルス信号を考える（図 4.4 (a) 参照）．

$$f(t) = \begin{cases} \dfrac{a}{\varepsilon} & ; \ -\varepsilon \leq t < 0 \\ 0 & ; \ t = 0 \\ -\dfrac{a}{\varepsilon} & ; \ 0 < t \leq \varepsilon \end{cases}$$

まず，このフーリエ変換が次式で与えられることを示せ．

$$F(\omega) = \dfrac{j4a}{\varepsilon\omega}\sin^2\left(\dfrac{\varepsilon\omega}{2}\right)$$

参考までに，上の矩形パルス信号と対応のフーリエ変換（符号付き振幅スペクトル）とを $a=1$, $\varepsilon=1$ を条件に図 4.4 に示した．

次に，上の原関数とフーリエ変換が，(4.80), (4.81) 式の原関数とフーリエ変換に対し時間微分定理を満足していることを確認せよ．

(2) **時間畳込み定理** (4.74) 式の矩形パルス信号を考える．本パルス信号を 2 個用いた畳込み積分は，(4.80) 式において $a=1/\varepsilon$ とした三角パルス信号となる

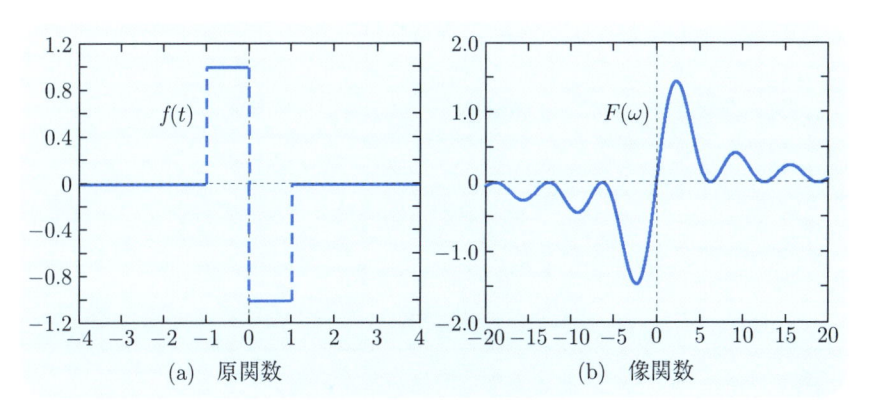

図 4.4 矩形信号 ($a=1$, $\varepsilon=1$)

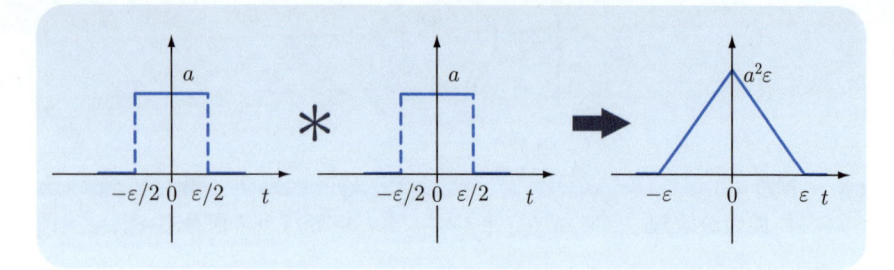

図 4.5　矩形パルス信号の畳込み積分と三角パルス信号

ことを示せ（図 4.5 参照）．時間畳込み定理を利用して，この三角パルス信号のフーリエ変換が (4.75) 式のシンク関数の二乗となること，すなわち次の二乗シンク関数となることを示せ（図 3.6，4.3，(4.81) 式参照）．

$$F(\omega) = \left(\frac{\sin \frac{\varepsilon\omega}{2}}{\frac{\varepsilon\omega}{2}}\right)^2 = \mathrm{sinc}^2\left(\frac{\varepsilon\omega}{2}\right)$$

(3) **時間・周波数畳込み定理**　同一のシンク関数を 2 個用いて，畳込み積分を行うことを考える．畳込み積分を介して得た関数は，またシンク関数となることを示せ．
(4) **パーシバルの定理**　(4.74) 式の矩形パルス信号とこのフーリエ変換である (4.75) 式に，(4.65) 式のパーシバルの定理を適用するならば，(4.82)，(4.83) 式と等価な次式が得られることを確認せよ（図 4.2 参照）．

$$\frac{1}{2\pi}\int_{-\infty}^{\infty} \mathrm{sinc}^2\left(\frac{\varepsilon\omega}{2}\right) d\omega = \frac{1}{\varepsilon}$$

4.4.4　指数減衰の余弦・正弦信号

---例題 4.6---
原関数 $f(t)$ として次の**指数減衰の余弦信号**を考え，このフーリエ変換を求めよ．（図 4.6 (a) 参照）．

$$f(t) = e^{-a|t|}\cos\omega_0 t \;\;;\; a > 0 \tag{4.86}$$

解答　上式は，(4.72) 式の指数信号と余弦信号の積として捕らえることができる．余弦信号を

4.4 基本信号のフーリエ変換

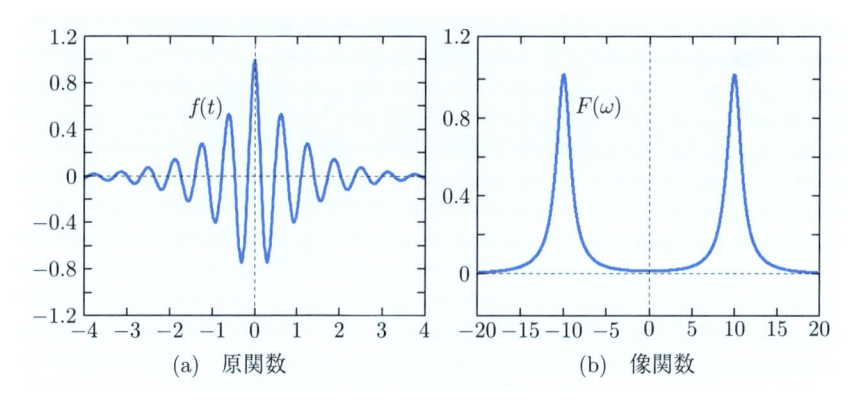

図 4.6 指数減衰余弦信号 ($a = 1$, $\omega_0 = 10$)

$$\cos \omega_0 t = \frac{e^{j\omega_0 t} + e^{-j\omega_0 t}}{2} \tag{4.87}$$

のように表現し，(4.73) 式に周波数推移定理を活用すると，本信号 $f(t)$ のフーリエ変換は以下のように求められる．

$$F(\omega) = \frac{a}{(\omega - \omega_0)^2 + a^2} + \frac{a}{(\omega + \omega_0)^2 + a^2} \tag{4.88}$$

□

$a = 1$, $\omega_0 = 10$ を条件に，指数減衰余弦信号と対応のフーリエ変換を図 4.6 に示した．

―例題 4.7――
原関数 $f(t)$ として次の**指数減衰の正弦信号**を考え，このフーリエ変換を求めよ．

$$f(t) = e^{-a|t|} \sin \omega_0 t \quad ; \; a > 0 \tag{4.89}$$

解答 本信号のフーリエ変換は，指数減衰余弦信号の場合と同様にして，以下のように求められる．

$$F(\omega) = -\frac{ja}{(\omega - \omega_0)^2 + a^2} + \frac{ja}{(\omega + \omega_0)^2 + a^2} \tag{4.90}$$

□

問題 4.7

(1) **指数減衰の余弦信号** 次の指数減衰の余弦信号を考える（後掲の図 7.11 参照）．

$$f(t) = \begin{cases} e^{-at}\cos\omega_0 t & ; \ t \geq 0, \ a > 0 \\ 0 & ; \ t < 0 \end{cases}$$

本信号のフーリエ変換が次式で与えられることを示せ．

$$F(\omega) = \frac{1}{2}\left(\frac{1}{j(\omega-\omega_0)+a} + \frac{1}{j(\omega+\omega_0)+a}\right) = \frac{j\omega+a}{(j\omega+a)^2+\omega_0^2}$$

(2) **指数減衰の正弦信号** 次の指数減衰の正弦信号を考える（後掲の図 7.11 参照）．

$$f(t) = \begin{cases} e^{-at}\sin\omega_0 t & ; \ t \geq 0, \ a > 0 \\ 0 & ; \ t < 0 \end{cases}$$

本信号のフーリエ変換が次式で与えられることを示せ．

$$F(\omega) = \frac{1}{2}\left(-\frac{j}{j(\omega-\omega_0)+a} + \frac{j}{j(\omega+\omega_0)+a}\right) = \frac{\omega_0}{(j\omega+a)^2+\omega_0^2}$$

4.4.5 有限区間の余弦・正弦信号

例題 4.8

原関数 $f(t)$ として次の**有限区間** $[-\varepsilon/2, \varepsilon/2]$ の余弦信号を考え，このフーリエ変換を求めよ．（図 4.7 (a) 参照）．

$$f(t) = \begin{cases} \cos\omega_0 t & ; \ |t| \leq \dfrac{\varepsilon}{2} \\ 0 & ; \ |t| > \dfrac{\varepsilon}{2} \end{cases} \tag{4.91}$$

解答 上式は，(4.74) 式の矩形パルス信号の ε 倍信号と無限区間の余弦信号との積として捉らえることができる．余弦信号を (4.87) 式のように表現し，(4.75) 式の矩形パルス信号を ε 倍し，周波数推移定理を活用すると，本信号のフーリエ変換は以下のように求められる．

$$\begin{aligned} F(\omega) &= \frac{\sin\frac{\varepsilon(\omega-\omega_0)}{2}}{\omega-\omega_0} + \frac{\sin\frac{\varepsilon(\omega+\omega_0)}{2}}{\omega+\omega_0} \\ &= \frac{\varepsilon}{2}\left(\text{sinc}\left(\frac{\varepsilon(\omega-\omega_0)}{2}\right) + \text{sinc}\left(\frac{\varepsilon(\omega+\omega_0)}{2}\right)\right) \end{aligned} \tag{4.92}$$

4.4 基本信号のフーリエ変換

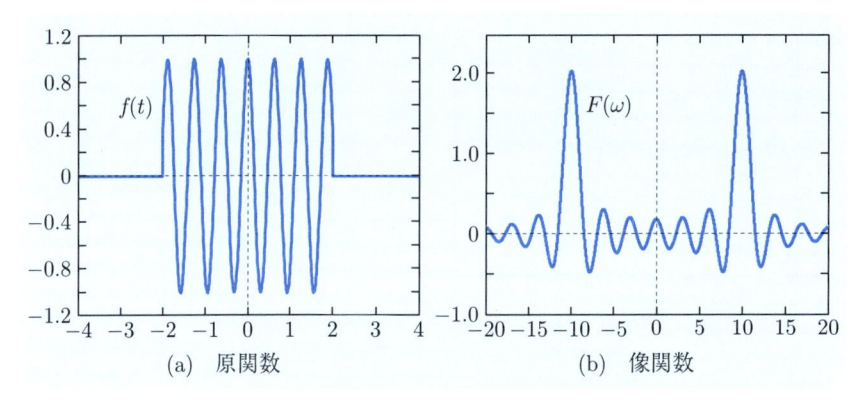

図 4.7 有限区間余弦信号 ($\varepsilon = 4$, $\omega_0 = 10$)

(4.92) 式は,有限区間の余弦信号のフーリエ変換は,シンク関数の和となることを意味している.$\varepsilon = 4$, $\omega_0 = 10$ を条件に,有限区間の余弦信号と対応のフーリエ変換を図 4.7 に示した.フーリエ変換は $\omega = \pm \omega_0 = \pm 10$ で最大振幅スペクトラムを示している点を確認されたい.

例題 4.9

原関数 $f(t)$ として,次の有限区間 $[-\varepsilon/2, \varepsilon/2]$ で半周期となる余弦信号を考え,このフーリエ変換を求めよ(図 4.8 (a) 参照).

$$f(t) = \begin{cases} \cos \omega_0 t & ; \ |t| \leq \dfrac{\varepsilon}{2} \\ 0 & ; \ |t| > \dfrac{\varepsilon}{2} \end{cases} \quad (4.93\text{a})$$

$$\omega_0 \varepsilon = \pi \quad (4.93\text{b})$$

解答 本信号のフーリエ変換は,(4.92) 式に (4.93b) 式の条件を付与することによりただちに得られる. □

$\varepsilon = 2$, $\omega_0 = \pi/2$ を条件に,**半周期余弦信号**と対応のフーリエ変換を図 4.8 に示した.同図より確認されるように,半周期余弦信号のフーリエ変換は,指数信号,矩形パルス信号,三角パルス信号と同様に,$\omega = 0$ で最大振幅スペクトラムを示す.

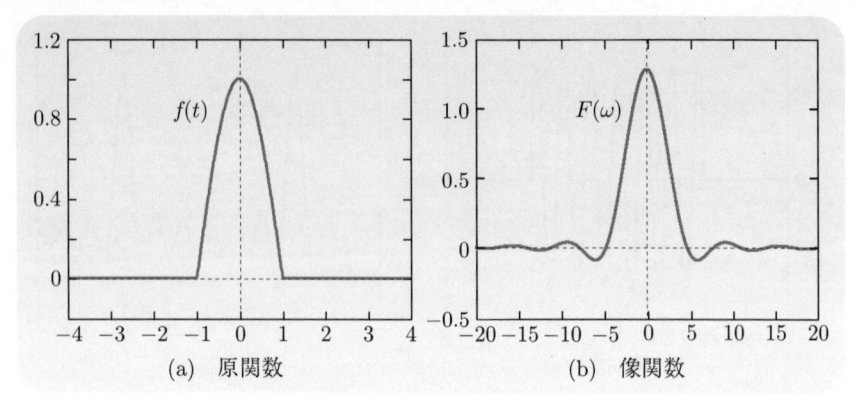

図 4.8 半周期余弦信号 ($\varepsilon = 2$, $\omega_0 = \pi/2$)

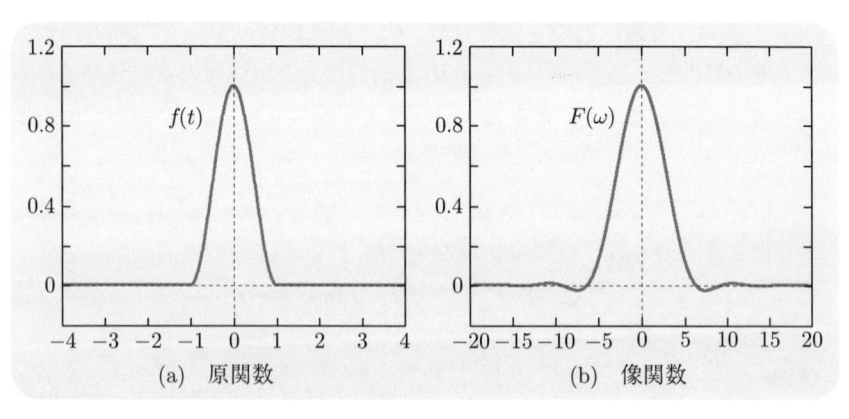

図 4.9 1周期余弦信号 ($\alpha = 0.5$, $\varepsilon = 2$, $\omega_0 = \pi$)

例題 4.10

原関数 $f(t)$ として，次式に示す有限区間 $[-\varepsilon/2,\ \varepsilon/2]$ で 1 周期となるバイアス付き余弦信号を考え，このフーリエ変換を求めよ（図 4.9 (a) 参照）．

$$f(t) = \begin{cases} \alpha + (1-\alpha)\cos\omega_0 t & ;\ |t| \leq \dfrac{\varepsilon}{2},\ 0.5 \leq \alpha \leq 1 \\ 0 & ;\ |t| > \dfrac{\varepsilon}{2} \end{cases} \tag{4.94a}$$

$$\omega_0 \varepsilon = 2\pi \tag{4.94b}$$

4.4 基本信号のフーリエ変換

解答 本信号は, (4.74) 式の**矩形パルス信号**と (4.91) 式の**有限区間の余弦信号**の線形和として捕らえることができる. したがって, 矩形パルス信号と有限区間の余弦信号とのフーリエ変換に, (4.94b) 式の条件を付与し, 線形定理を活用すると, (4.94) 式のフーリエ変換を以下のように得る.

$$F(\omega) = \frac{2\alpha}{\omega} \sin \frac{\varepsilon \omega}{2} + (1-\alpha) \left(\frac{\sin \frac{\varepsilon(\omega-\omega_0)}{2}}{\omega-\omega_0} + \frac{\sin \frac{\varepsilon(\omega+\omega_0)}{2}}{\omega+\omega_0} \right)$$

$$= \frac{2\alpha}{\omega} \sin \frac{\pi\omega}{\omega_0} + (1-\alpha) \left(\frac{\sin \frac{\pi(\omega-\omega_0)}{\omega_0}}{\omega-\omega_0} + \frac{\sin \frac{\pi(\omega+\omega_0)}{\omega_0}}{\omega+\omega_0} \right)$$

$$= 2 \left(\frac{\alpha}{\omega} - \frac{(1-\alpha)\omega}{\omega^2 - \omega_0^2} \right) \sin \frac{\pi\omega}{\omega_0} \tag{4.95}$$

$\square$

$\alpha = 0.5$, $\varepsilon = 2$, $\omega_0 = \pi$ を条件に, (4.94) 式の信号と対応のフーリエ変換を図 4.9 に示した.

(4.94) 式は, **一般化ハミング窓 (generalized Hamming window)** と呼ばれる信号抜取り用窓の特性でもある. 特に, $\alpha = 0.5$ と選定する場合には**ハニング窓 (Hanning window)** と呼ばれ, $\alpha = 0.54$ と選定する場合には**ハミング窓 (Hamming window)** と呼ばれる. また, $\alpha = 1$ と選定する場合には**矩形窓 (rectangular window)** と呼ばれる ((4.74) 式, 図 4.2 参照). $\alpha = 0.5$ のハニング窓に対応したフーリエ変換 $F(\omega)$ は, $\alpha = 0.5$ を (4.95) 式に用いると, 次式のように整理される.

$$F(\omega) = -\frac{\omega_0^2}{\omega(\omega^2 - \omega_0^2)} \sin \frac{\pi\omega}{\omega_0}$$

$$= -\frac{\omega_0 \pi}{\omega^2 - \omega_0^2} \operatorname{sinc} \left(\frac{\pi\omega}{\omega_0} \right) \tag{4.96}$$

なお, (4.80) 式の三角パルス信号を, $a = 1$ を条件に信号抜取り用窓として利用する場合には, これは**バートレット窓 (Bartlett window)** と呼ばれる (図 4.3 参照). 各窓のフーリエ変換 $F(\omega)$ を比較確認されたい.

---例題 4.11---

原関数 $f(t)$ として次の**有限区間** $[-\varepsilon/2, \varepsilon/2]$ **の正弦信号**を考え，このフーリエ変換を求めよ．

$$f(t) = \begin{cases} \sin\omega_0 t & ; |t| \leq \dfrac{\varepsilon}{2} \\ 0 & ; |t| > \dfrac{\varepsilon}{2} \end{cases} \tag{4.97}$$

解答 本信号のフーリエ変換は，有限区間の余弦信号の場合と同様にして，以下のように求められる．

$$\begin{aligned} F(\omega) &= -\frac{j\sin\frac{\varepsilon(\omega-\omega_0)}{2}}{\omega-\omega_0} + \frac{j\sin\frac{\varepsilon(\omega+\omega_0)}{2}}{\omega+\omega_0} \\ &= \frac{j\varepsilon}{2}\left(-\operatorname{sinc}\left(\frac{\varepsilon(\omega-\omega_0)}{2}\right) + \operatorname{sinc}\left(\frac{\varepsilon(\omega+\omega_0)}{2}\right)\right) \end{aligned} \tag{4.98}$$

□

4.4.6 ヒルベルト信号と符号信号

---例題 4.12---

原関数 $f(t)$ として次式で定義された**ヒルベルト信号**を考え，このフーリエ変換を求めよ（図 4.10 (a) 参照）．

$$f(t) = \begin{cases} \dfrac{1}{\pi t} & ; t \neq 0 \\ 0 & ; t = 0 \end{cases} \tag{4.99}$$

解答 本信号のフーリエ変換は，定義式より，

$$F(\omega) = \int_{-\infty}^{\infty} f(t)\,e^{-j\omega t}\,dt = \int_{-\infty}^{\infty} \frac{1}{\pi t}\left(\cos\omega t - j\sin\omega t\right)dt \tag{4.100a}$$

上式において，被積分項の実数部は奇関数であるので，この無限積分はゼロである．一方，虚数部は偶関数である．したがって，上式は以下のように整理される．

$$F(\omega) = -j\int_{-\infty}^{\infty} \frac{\sin\omega t}{\pi t}\,dt = -\frac{2j}{\pi}\int_{0}^{\infty} \frac{\sin\omega t}{t}\,dt \tag{4.100b}$$

上式に (4.77b) 式を用いると，次式を得る．

4.4 基本信号のフーリエ変換

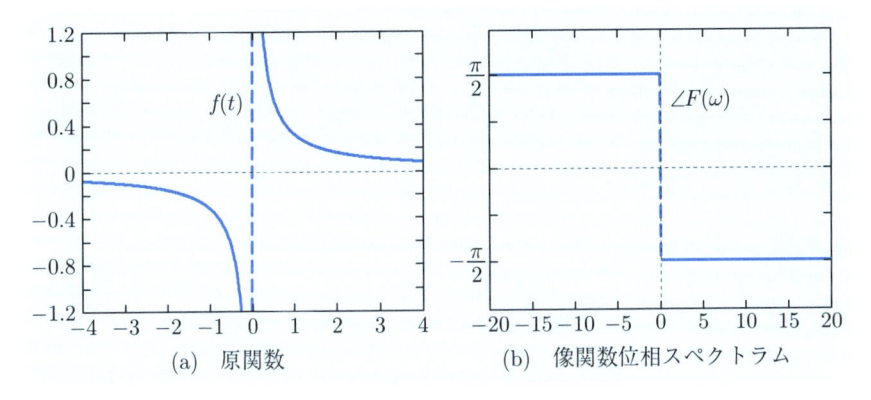

図 4.10 ヒルベルト信号

$$F(\omega) = -j\,\text{sgn}(\omega) \tag{4.100c}$$

ただし，$\text{sgn}(\omega)$ は，次の性質をもつ**符号関数**（シグナム関数，**signum function** とも呼ばれる）である．

$$\text{sgn}(\omega) = \begin{cases} 1 & ; \omega > 0 \\ 0 & ; \omega = 0 \\ -1 & ; \omega < 0 \end{cases} \tag{4.101}$$

□

(4.100c) 式の $F(\omega)$ に関しては，**振幅スペクトラムは一定の 1** である．一方，**位相スペクトラム**は ω の極性により，$\pm\pi/2$ (rad) をとる．(4.100c) 式の特徴的スペクトラムをもつフィルタは，**ヒルベルト変換フィルタ**（**Hilbert transform filter**）あるいは**矩形フィルタ**（**quadrature filter**）と呼ばれる．ヒルベルト信号と対応の位相スペクトラムを図 4.10 に示した．

例題 4.13

原関数 $f(t)$ として，符号関数を用いて表現された次の信号（**符号信号**と略記）を考え，このフーリエ変換を求めよ．

$$f(t) = \text{sgn}(t) \tag{4.102}$$

解答 符号信号のフーリエ変換は，ヒルベルト信号に対称定理を適用することにより，以下のように求められる．

$$F(\omega) = \begin{cases} \dfrac{2}{j\omega} & ; \ \omega \neq 0 \\ 0 & ; \ \omega = 0 \end{cases} \tag{4.103}$$

4.4.7 ガウス信号

―例題 4.14―

原関数 $f(t)$ として，ガウス分布形状をもつ信号（**ガウス信号**と略記）を考え，このフーリエ変換を求めよ（図 4.11 (a) 参照）．

$$f(t) = e^{-at^2} \quad ; \ a > 0 \tag{4.104}$$

解答 本信号のフーリエ変換は，定義より，

$$\begin{aligned} F(\omega) &= \int_{-\infty}^{\infty} f(t)\, e^{-j\omega t}\, dt = \int_{-\infty}^{\infty} e^{-at^2}\, e^{-j\omega t}\, dt \\ &= \int_{-\infty}^{\infty} \exp\left(-a\left(t + j\dfrac{\omega}{2a}\right)^2 - \dfrac{\omega^2}{4a}\right) dt \end{aligned} \tag{4.105a}$$

(4.105a) 式に対して下の (4.105b) 式の変数置換を行うと，(4.105a) 式は (4.105c) 式のように展開整理される．

$$t + j\dfrac{\omega}{2a} = \tau \tag{4.105b}$$

$$F(\omega) = \left(\int_{-\infty-j\omega/2a}^{\infty-j\omega/2a} e^{-a\tau^2}\, d\tau\right) e^{-\omega^2/4a} = \sqrt{\dfrac{\pi}{a}}\, e^{-\omega^2/4a} \tag{4.105c}$$

なお，$e^{-a\tau^2}$ の無限積分は，$e^{-a\tau^2}$ の全複素平面における**正則性**を考慮の上，次のように評価した．

$$\int_{-\infty-j\omega/2a}^{\infty-j\omega/2a} e^{-a\tau^2}\, d\tau = \int_{-\infty}^{\infty} e^{-a\tau^2}\, d\tau = \sqrt{\dfrac{\pi}{a}} \tag{4.106}$$

(4.105c) 式は，「ガウス信号のフーリエ変換は同じくガウス形状をもつ」ことを示すものである．$a = 1$ を条件に，ガウス信号と対応のフーリエ変換を図 4.11 に示した．

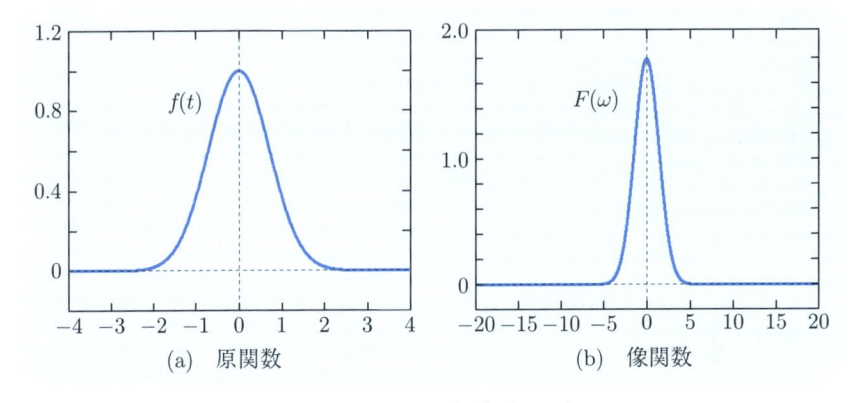

図 4.11 ガウス信号 ($a = 1$)

4.5 デルタ関数を利用したフーリエ変換

4.5.1 超関数とデルタ関数

2.3.4 項では，ディラックのデルタ関数をパルス関数の極限として与えた．また，本デルタ関数は，次の性質を有することを示した．

$$\left.\begin{array}{l}\int_{-\infty}^{\infty} \delta(t)\,dt = 1 \\ \delta(t) = 0 \quad ; \quad t \neq 0\end{array}\right\} \tag{4.107}$$

$$\int_{-\infty}^{\infty} \delta(t - t_0)\,f(t)\,dt = f(t_0) \tag{4.108}$$

一般には，デルタ関数は，(4.108) 式に示した積分性質を通じて間接的に定義される**シンボリック関数**（**symbolic function**）である．シンボリックな無限回微分可能な関数は，**超関数**（**hyper function**）あるいは**一般化関数**（**generalized function**）と呼称される（厳密な定義は省略）．また，積分に利用した関数 $f(t)$ は，**テスト関数**（**testing function**）と呼ばれる．テスト関数としては，ある区間外では実質的にゼロとなるような関数が選定される．

2 個の超関数 $g_1(t), g_2(t)$ を考える．超関数 $g_1(t), g_2(t)$ が同一のテスト関数 $f(t)$ に対し，次式のように同一値をとるものとする．

$$\int_{-\infty}^{\infty} g_1(t)\,f(t)\,dt = \int_{-\infty}^{\infty} g_2(t)\,f(t)\,dt \tag{4.109a}$$

(4.109a) 式の等式関係を，超関数では次の等式として表現する．

$$g_1(t) = g_2(t) \tag{4.109b}$$

(4.109b) 式は表現上の約束であり，(4.109b) 式は (4.109a) 式の積分においてはじめて意味をもつものである点には，注意されたい．

超関数の定義に従えば，パルス関数の極限以外にも，デルタ関数を得ることができる．これは以下のように整理される．

[1] 矩形パルス関数の極限 微小値 $\varepsilon > 0$ を用いて定義された次の**矩形パルス関数** $\delta_\varepsilon(t)$ を考える（(4.74) 式，図 4.2 参照）．

$$\delta_\varepsilon(t) = \begin{cases} \dfrac{1}{\varepsilon} & ; |t| \leq \dfrac{\varepsilon}{2} \\ 0 & ; |t| > \dfrac{\varepsilon}{2} \end{cases} \tag{4.110}$$

この極限値とテスト関数 $f(t)$ の積分は，以下のように評価される．

$$\lim_{\varepsilon \to 0} \int_{-\infty}^{\infty} \delta_\varepsilon(t - t_0) f(t) \, dt = f(t_0) \tag{4.111}$$

(4.111) 式と (4.108) 式より次式を得る．

$$\delta(t) = \lim_{\varepsilon \to 0} \delta_\varepsilon(t) \tag{4.112}$$

[2] 三角パルス関数の極限 微小値 $\varepsilon > 0$ を用いて定義された次の**三角パルス関数** $\mathrm{tri}_\varepsilon(t)$ を考える（(4.80) 式，図 4.3 参照）．

$$\mathrm{tri}_\varepsilon(t) = \begin{cases} \dfrac{1}{\varepsilon}\left(1 - \dfrac{|t|}{\varepsilon}\right) & ; |t| \leq \varepsilon \\ 0 & ; |t| > \varepsilon \end{cases} \tag{4.113}$$

この極限値とテスト関数 $f(t)$ の積分は，以下のように評価される．

$$\lim_{\varepsilon \to 0} \int_{-\infty}^{\infty} \mathrm{tri}_\varepsilon(t - t_0) f(t) \, dt = f(t_0) \tag{4.114}$$

(4.111) 式と (4.108) 式より次式を得る．

$$\delta(t) = \lim_{\varepsilon \to 0} \mathrm{tri}_\varepsilon(t) \tag{4.115}$$

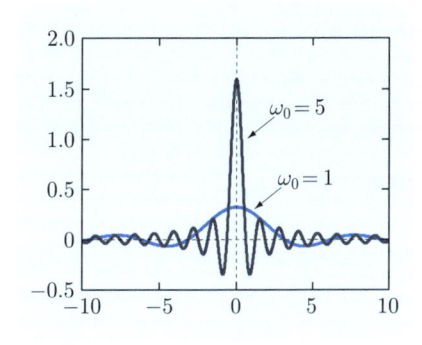

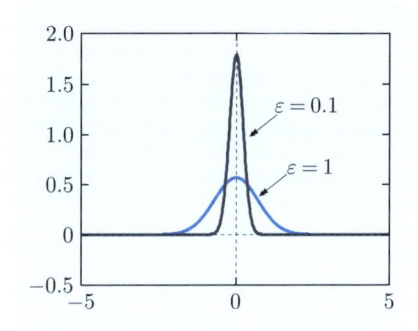

図 **4.12** シンク関数（$\omega_0 = 1, 5$）　　図 **4.13** ガウス関数（$\varepsilon_0 = 1, 0.1$）

[3] シンク関数の極限　次式で定義された**シンク関数**を考える（(4.77) 式参照）．

$$g(t) = \frac{\sin \omega_0 t}{\pi t} = \frac{\omega_0}{\pi} \operatorname{sinc}(\omega_0 t) \quad ; \; \omega_0 > 0 \tag{4.116}$$

この極限値とテスト関数 $f(t)$ の積分は，以下のように評価される．

$$\lim_{\omega_0 \to \infty} \int_{-\infty}^{\infty} g(t - t_0) \, f(t) \, dt = \lim_{\omega_0 \to \infty} \int_{-\infty}^{\infty} \frac{\sin \omega_0 (t - t_0)}{\pi (t - t_0)} \, f(t) \, dt = f(t_0) \tag{4.117}$$

(4.117) 式と (4.108) 式より次式を得る．

$$\delta(t) = \lim_{\omega_0 \to \infty} g(t) = \lim_{\omega_0 \to \infty} \frac{\sin \omega_0 t}{\pi t} \tag{4.118}$$

図 4.12 に，$\omega_0 = 1, 5$ に対するシンク関数の例を示した．

[4] ガウス関数の極限　次式で定義された**ガウス関数**を考える（(4.104) 式参照）．

$$g(t) = \frac{1}{\sqrt{\varepsilon \pi}} \, e^{-t^2/\varepsilon} \quad ; \; \varepsilon \geq 0 \tag{4.119}$$

この極限値とテスト関数 $f(t)$ の積分は，以下のように評価される（(4.106) 式参照）．

$$\lim_{\varepsilon \to 0} \int_{-\infty}^{\infty} g(t - t_0) \, f(t) \, dt = \lim_{\varepsilon \to 0} \int_{-\infty}^{\infty} \frac{1}{\sqrt{\varepsilon \pi}} \, e^{-(t-t_0)^2/\varepsilon} \, f(t) \, dt = f(t_0) \tag{4.120}$$

(4.120) 式と (4.108) 式より次式を得る．

$$\delta(t) = \lim_{\varepsilon \to 0} g(t) = \lim_{\varepsilon \to 0} \frac{1}{\sqrt{\varepsilon \pi}} \, e^{-t^2/\varepsilon} \qquad (4.121)$$

図 4.13 に，$\varepsilon = 1,\ 0.1$ に対するガウス関数の例を示した．

問題 4.8

(1) **デルタ関数の導関数** デルタ関数は n 回微分可能である．デルタ関数の n 階導関数に関し，次のフーリエ変換対が成立することを証明せよ．

$$\frac{d^n \delta(t)}{dt^n} \leftrightarrow (j\omega)^n$$

(2) **デルタ関数による畳込み積分** 畳込み積分を記号 $*$ で表現する（問題 4.3 (5) 参照）．このとき，次の関係が成立することを示せ．

$$\delta(t) * f(t) = f(t)$$
$$\delta(t) * \delta(t) = \delta(t)$$
$$\delta(t - T) * f(t) = f(t - T)$$

4.5.2 デルタ関数の性質

超関数としてのデルタ関数は，以下の性質をもつ．

---**デルタ関数の性質 I**---

$$\delta(at) = \frac{1}{|a|} \, \delta(t) \qquad (4.122)$$

【証明】 関数 $\delta(at)$ を用いた無限積分は以下のように評価される．

$$\int_{-\infty}^{\infty} \delta(at) \, f(t) \, dt = \frac{1}{|a|} \int_{-\infty}^{\infty} \delta(t) \, f\!\left(\frac{t}{a}\right) dt = \frac{1}{|a|} \, f(0) \qquad (4.123)$$

(4.109) 式の定義に従うならば，(4.123) 式は (4.108) 式との比較より (4.122) 式を意味する． ∎

4.5 デルタ関数を利用したフーリエ変換　135

---**デルタ関数の性質 II**---

$$x(t)\,\delta(t-t_0) = x(t_0)\,\delta(t-t_0) \tag{4.124a}$$

$$t\delta(t) = 0 \tag{4.124b}$$

【証明】 関数 $x(t)\,\delta(t-t_0)$ を用いた無限積分は以下のように評価される．

$$\int_{-\infty}^{\infty} x(t)\,\delta(t-t_0)\,f(t)\,dt = x(t_0)\,f(t_0) \tag{4.125}$$

(4.109) 式の定義に従うならば，(4.125) 式は (4.108) 式との比較より (4.124a) 式を意味する．(4.124a) 式において $x(t)=t$, $t_0=0$ とすると，(4.124b) 式を得る． □

---**デルタ関数の性質 III**---

$x(t)$ が連続で微分可能な関数であるとき，

$$\frac{d}{dt}(x(t)\,\delta(t)) = \frac{dx(t)}{dt}\,\delta(t) + x(t)\,\frac{d\delta(t)}{dt} \tag{4.126}$$

【証明】 (4.126) 式左辺を用いた無限積分は，これに部分積分を適用し，(4.107) 式のデルタ関数の性質を用いると，(4.126) 式右辺の無限積分を意味する次式を得る．

$$\int_{-\infty}^{\infty} \left(\frac{d}{dt}(x(t)\,\delta(t))\cdot f(t)\right) dt = x(t)\,\delta(t)\,f(t)\Big|_{-\infty}^{\infty} - \int_{-\infty}^{\infty}\left(x(t)\,\delta(t)\,\frac{df(t)}{dt}\right) dt$$

$$= -\int_{-\infty}^{\infty}\left(\delta(t)\,x(t)\,\frac{df(t)}{dt}\right) dt$$

$$= -\int_{-\infty}^{\infty}\left(\delta(t)\left(\frac{d}{dt}(x(t)\,f(t)) - \frac{dx(t)}{dt}\,f(t)\right)\right) dt$$

$$= -x(t)\,\delta(t)\,f(t)\Big|_{-\infty}^{\infty} + \int_{-\infty}^{\infty}\left(\frac{d\delta(t)}{dt}\,x(t)\,f(t) + \delta(t)\,\frac{dx(t)}{dt}\,f(t)\right) dt$$

$$= \int_{-\infty}^{\infty}\left(\frac{d\delta(t)}{dt}\,x(t) + \delta(t)\,\frac{dx(t)}{dt}\right) f(t)\,dt \tag{4.127}$$

□

─ デルタ関数の性質 IV ─

次式で定義される**ヘビサイド関数**(**Heaviside function**) $u_h(t)$ を考える.

$$u_h(t) = \begin{cases} 1 & ; t > 0 \\ 0 & ; t < 0 \end{cases} \tag{4.128}$$

このとき次の関係が成立する.

$$\delta(t) = \frac{du_h(t)}{dt} \tag{4.129}$$

【証明】 ヘビサイド関数を用いた無限積分は,

$$\begin{aligned}
\int_{-\infty}^{\infty} \left(\frac{du_h(t)}{dt} f(t) \right) dt &= u_h(t) f(t)|_{-\infty}^{\infty} - \int_{-\infty}^{\infty} \left(u_h(t) \frac{df(t)}{dt} \right) dt \\
&= f(\infty) - \int_0^{\infty} \left(\frac{df(t)}{dt} \right) dt \\
&= f(\infty) - f(\infty) + f(0) = f(0) \tag{4.130}
\end{aligned}$$

(4.109) 式の定義に従うならば,(4.130) 式は (4.108) 式との比較より (4.129) 式を意味する. □

ヘビサイド関数は $t = 0$ での値を特定していない.ヘビサイド関数は,**単位ステップ関数**(**unit step function**)とも呼ばれる.

─ デルタ関数の性質 V ─

$$\int_{-\infty}^{\infty} \left(\frac{d\delta(t)}{dt} f(t) \right) dt = -\frac{df(0)}{dt} \tag{4.131}$$

$$\int_{-\infty}^{\infty} \left(\frac{d^n \delta(t)}{dt^n} f(t) \right) dt = (-1)^n \frac{d^n f(0)}{dt^n} \tag{4.132}$$

【証明】

① (4.131) 式左辺に部分積分を用い,(4.107) 式のデルタ関数の性質を用いると,(4.131) 式右辺を意味する次式を得る.

$$\int_{-\infty}^{\infty} \left(\frac{d\delta(t)}{dt} f(t) \right) dt = \delta(t) f(t)|_{-\infty}^{\infty} - \int_{-\infty}^{\infty} \left(\delta(t) \frac{df(t)}{dt} \right) dt = -\frac{df(0)}{dt} \tag{4.133}$$

② 同様にして,(4.132) 式を得る. □

4.5.3 インパルス信号と直流信号

例題 4.15
原関数としてデルタ関数で表現される次の**インパルス信号**を考え，このフーリエ変換を求めよ．

$$f(t) = \delta(t) \tag{4.134}$$

解答 本信号のフーリエ変換は，以下のように求められる．

$$F(\omega) = \int_{-\infty}^{\infty} \delta(t)\, e^{-j\omega t}\, dt = e^{-j\omega 0} = 1 \tag{4.135}$$

□

インパルス信号のフーリエ変換は，一定値の 1 となる．(4.134), (4.135) 式は，(4.74), (4.75) 式において $\varepsilon \to 0$ とすることにより，得ることもできる．

例題 4.16
原関数 $f(t)$ として次の無限区間**直流信号**を考え，このフーリエ変換を求めよ（図 4.14 (a) 参照）．

$$f(t) = 1 \quad ; \quad -\infty < t < \infty \tag{4.136}$$

解答 本信号のフーリエ変換は，対称定理により，ただちに次のように求められる．

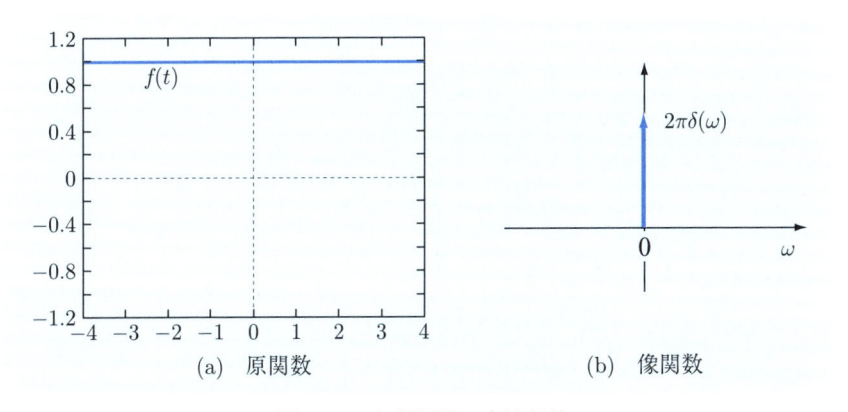

図 4.14 無限区間の直流信号

$$F(\omega) = 2\pi\delta(\omega) \qquad (4.137)$$

(4.136) 式の直流信号の周波数成分はゼロ周波数 $\omega=0$ の成分のみである．本信号の振幅スペクトラムは，(4.137) 式が示しているように，ゼロ周波数 $\omega=0$ においてのみ値をもち，その値は無限大となる．直流信号と対応のフーリエ変換を図 4.14 に示した．

指数関数の無限積分 (4.136), (4.137) 式より次の関係も得られる．

$$\int_{-\infty}^{\infty} e^{j\omega t}\, dt = \int_{-\infty}^{\infty} e^{-j\omega t}\, dt = 2\pi\delta(\omega) \qquad (4.138)$$

4.5.4 無限区間の余弦・正弦信号

例題 4.17

原関数 $f(t)$ として次の無限区間**余弦信号**を考え，このフーリエ変換を求めよ（図 4.15 (a) 参照）．

$$f(t) = \cos\omega_0 t \quad ; \quad -\infty < t < \infty \qquad (4.139)$$

解答 本信号のフーリエ変換は，(4.138) 式を考慮すると，以下のように求められる．

$$\begin{aligned}
F(\omega) &= \int_{-\infty}^{\infty} f(t)\, e^{-j\omega t}\, dt = \int_{-\infty}^{\infty} \cos\omega_0 t\, e^{-j\omega t}\, dt \\
&= \frac{1}{2}\int_{-\infty}^{\infty} (e^{j\omega_0 t} + e^{-j\omega_0 t})\, e^{-j\omega t}\, dt \\
&= \frac{1}{2}\int_{-\infty}^{\infty} (e^{-j(\omega-\omega_0)t} + e^{-j(\omega+\omega_0)t})\, dt \\
&= \pi(\delta(\omega-\omega_0) + \delta(\omega+\omega_0)) \qquad (4.140)
\end{aligned}$$

無限区間余弦信号の周波数成分は $\omega=\pm\omega_0$ の成分のみである．本信号の振幅スペクトラムは，(4.140) 式が示しているように，周波数 $\omega=\pm\omega_0$ においてのみ値をもち，その値は無限大となる．無限区間余弦信号（$\omega_0=10$）と対応のフーリエ変換を図 4.15 に示した．

(a) 原関数 ($\omega_0 = 10$)

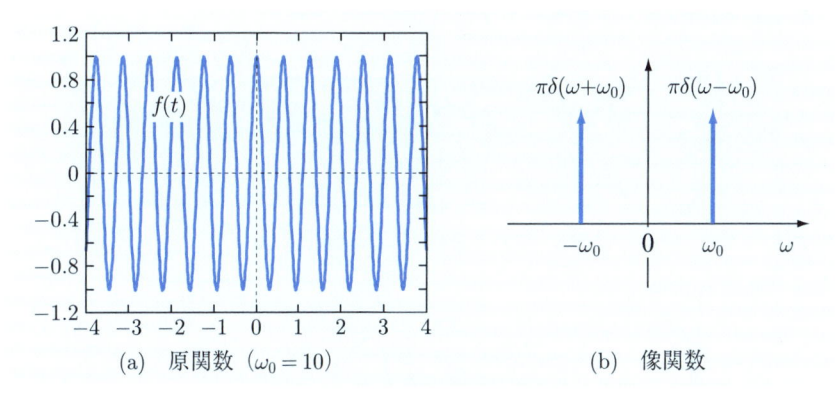

(b) 像関数

図 4.15 無限区間の余弦信号

― 例題 4.18 ―

原関数 $f(t)$ として,次の無限区間**正弦信号**を考え,このフーリエ変換を求めよ.

$$f(t) = \sin \omega_0 t \quad ; \quad -\infty < t < \infty \tag{4.141}$$

解答 本信号のフーリエ変換は,(4.138) 式を考慮すると,以下のように求められる.

$$\begin{aligned}
F(\omega) &= \int_{-\infty}^{\infty} f(t)\, e^{-j\omega t}\, dt = \int_{-\infty}^{\infty} \sin \omega_0 t\, e^{-j\omega t}\, dt \\
&= \frac{1}{2j} \int_{-\infty}^{\infty} (e^{j\omega_0 t} - e^{-j\omega_0 t})\, e^{-j\omega t}\, dt \\
&= \frac{1}{2j} \int_{-\infty}^{\infty} (e^{-j(\omega - \omega_0)t} - e^{-j(\omega + \omega_0)t})\, dt \\
&= j\pi(-\delta(\omega - \omega_0) + \delta(\omega + \omega_0))
\end{aligned} \tag{4.142}$$

□

無限区間正弦信号のフーリエ変換は,無限区間余弦信号と同様である.両信号では,振幅スペクトラムは同一であり,位相スペクトラムのみが $\pm \pi/2$ の相違をもつ.

4.5.5 単位ステップ信号

例題 4.19

(4.128) 式の**単位ステップ信号（ヘビサイド関数）** $u_h(t)$ を考え，このフーリエ変換を求めよ（図 4.16 (a) 参照）．

解答 本ステップ信号のフーリエ変換は，(4.103), (4.137) 式を考慮すると，次式で与えられる．

$$F(\omega) = \int_{-\infty}^{\infty} u_h(t)\, e^{-j\omega t}\, dt = \frac{1}{2} \int_{-\infty}^{\infty} (\mathrm{sgn}(t) + 1)\, e^{-j\omega t}\, dt$$

$$= \frac{1}{j\omega} + \pi \delta(\omega) = \begin{cases} \dfrac{1}{j\omega} & ;\ \omega \neq 0 \\ \pi \delta(\omega) & ;\ \omega = 0 \end{cases} \tag{4.143}$$

□

(4.143) 式に示しているように，単位ステップ信号 $u_h(t)$ のフーリエ変換は，$1/j\omega$ の項に加えて，$\pi\delta(\omega)$ の項をもつ．この点には特に注意されたい．参考までに，単位ステップ信号と対応のフーリエ変換（符号付き振幅スペクトル）を図 4.16 に示した．

時間積分定理の証明 単位ステップ信号 $u_h(t)$ のフーリエ変換を理解したこの時点で，(4.49) 式の積分定理を証明する．(4.49) 式における原関数として

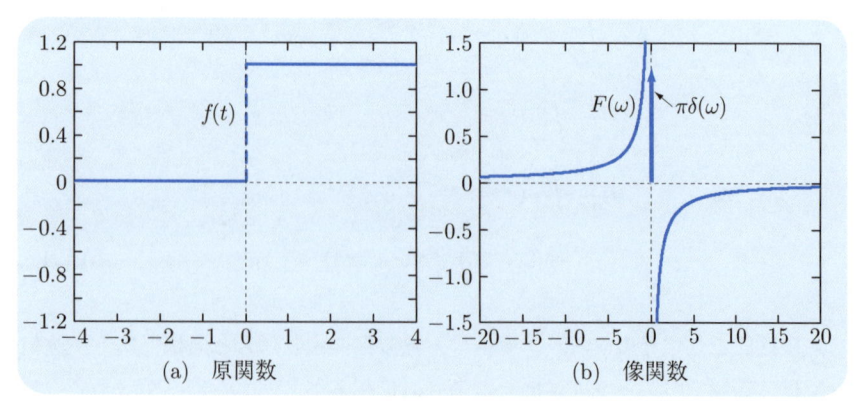

図 4.16 単位ステップ信号

の時間信号は，信号 $f(t)$ と単位ステップ信号 $u_h(t)$ との畳込み積分としてとらえることができる．すなわち，

$$\int_{-\infty}^{t} f(\tau)\,d\tau = \int_{-\infty}^{\infty} f(\tau)\,u_h(t-\tau)\,d\tau \tag{4.144}$$

したがって，上式のフーリエ変換は，時間畳込み定理を適用し，(4.143) 式と (4.124) 式を活用すると，次式となる．

$$\begin{aligned}\mathcal{F}\left\{\int_{-\infty}^{t} f(\tau)\,d\tau\right\} &= F(\omega)\left(\frac{1}{j\omega} + \pi\delta(\omega)\right) = \frac{F(\omega)}{j\omega} + \pi F(0)\delta(\omega) \\ &= \begin{cases} \dfrac{F(\omega)}{j\omega} & ;\ \omega \neq 0 \\ \pi F(0)\,\delta(\omega) & ;\ \omega = 0 \end{cases}\end{aligned} \tag{4.145}$$

上式は，(4.49) 式を意味する．

4.5.6 周期信号

―例題 4.19―

周期 T の**周期信号** $f(t)$ を考える（図 4.17 (a) 参照）．本周期信号は連続かつ区分的に滑らかであるとし，この**複素フーリエ級数**は，次式で与えられるものとする（(2.41)，(4.4) 式参照）．本周期信号のフーリエ変換を求めよ．

$$f(t) = \sum_{n=-\infty}^{\infty} c_n \exp\left(jn\frac{2\pi}{T}t\right) \tag{4.146a}$$

$$c_n = \frac{1}{T}\int_{-T/2}^{T/2} f(t) \exp\left(-jn\frac{2\pi}{T}t\right) dt \tag{4.146b}$$

解答 上の周期信号のフーリエ変換は，(4.146) 式を定義式に用い (4.138) 式を利用すると，以下のように求められる．

$$\begin{aligned}F(\omega) = \mathcal{F}\{f(t)\} &= \int_{-\infty}^{\infty} \sum_{n=-\infty}^{\infty} c_n e^{j2\pi nt/T} e^{-j\omega t}\,dt \\ &= \sum_{n=-\infty}^{\infty} c_n \int_{-\infty}^{\infty} e^{-j(\omega - 2\pi n/T)t}\,dt = 2\pi \sum_{n=-\infty}^{\infty} c_n \delta\left(\omega - \frac{2\pi n}{T}\right)\end{aligned} \tag{4.147}$$

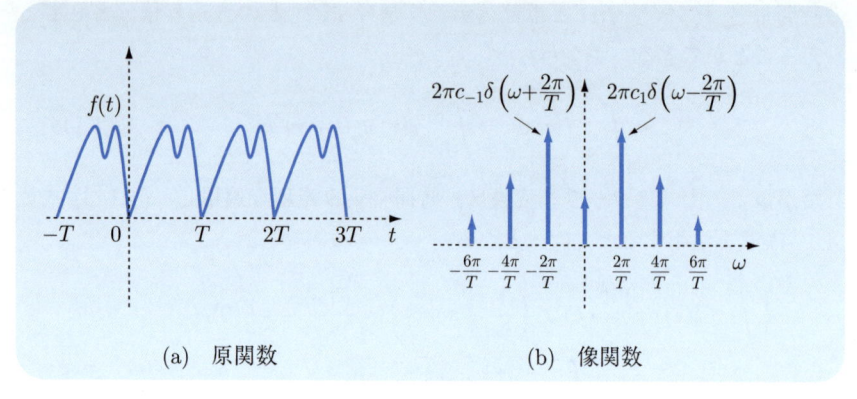

図 **4.17**　周期信号

(4.147) 式は，「周期 T の周期信号のフーリエ変換は，間隔 $2\pi/T$ のデルタ関数 $2\pi c_n \delta(\omega - 2\pi n/T)$ の列となる」ことを意味している．図 4.17 に，周期信号の 1 例とこのフーリエ変換を概略的に示した．

問題 4.9

デルタ関数列　次の周期 T のデルタ関数列

$$\delta_T(t) = \sum_{i=-\infty}^{\infty} \delta(t - iT)$$

は，以下のように複素フーリエ級数展開される（(2.46), (2.47) 式参照）．

$$\delta_T(t) = \frac{1}{T} \sum_{n=-\infty}^{\infty} \exp\left(jn\frac{2\pi}{T}t\right)$$

上式を利用して，次のフーリエ変換対を証明せよ．

$$\delta_T(t) = \sum_{i=-\infty}^{\infty} \delta(t - iT) \leftrightarrow \frac{2\pi}{T} \sum_{n=-\infty}^{\infty} \delta\left(\omega - \frac{2\pi n}{T}\right)$$

第5章
余弦変換と正弦変換

　原関数の中には，偶関数もあれば奇関数もある．また，原関数の定義域が原点から正方向にのみに限定されているものもある．原関数が実関数であり，上記のいずれかの条件を満足する場合には，これらの条件を活かしたフーリエ変換が，余弦変換，正弦変換として存在する．本章では，余弦変換と正弦変換について説明する．

[5章の内容]
フーリエ積分と変換式
基本信号の余弦・正弦変換

5.1 フーリエ積分と変換式

5.1.1 実関数のフーリエ積分

実関数のフーリエ積分は，(4.12b) 式で与えられた．すなわち，

$$f(t) = \frac{1}{\pi} \int_0^\infty \int_{-\infty}^\infty f(\tau) \cos(\omega(t-\tau)) \, d\tau \, d\omega$$
$$= \frac{1}{\pi} \int_0^\infty \int_{-\infty}^\infty f(\tau) \cos(\omega(\tau-t)) \, d\tau \, d\omega \tag{5.1}$$

上式は，余弦関数の加法定理を利用し，次のように展開される．

$$f(t) = \frac{1}{\pi} \int_0^\infty \int_{-\infty}^\infty f(\tau)(\cos\omega t \cos\omega\tau + \sin\omega t \sin\omega\tau) \, d\tau \, d\omega$$
$$= \frac{1}{\pi} \int_0^\infty \cos\omega t \left(\int_{-\infty}^\infty f(\tau) \cos\omega\tau \, d\tau \right) d\omega$$
$$+ \frac{1}{\pi} \int_0^\infty \sin\omega t \left(\int_{-\infty}^\infty f(\tau) \sin\omega\tau \, d\tau \right) d\omega \tag{5.2}$$

ここで，実関数 $f(t)$ に**偶関数**または**奇関数**の条件を付与する．すなわち，次のいずれかの条件を付与する．

$$\left. \begin{array}{l} f(t) = f(-t) \\ f(t) = -f(-t) \end{array} \right\} \tag{5.3}$$

実関数 $f(t)$ が偶関数の場合には，(5.2) 式の右辺第 2 項はゼロとなり，また，右辺第 1 項の積分値の対称性を利用でき，(5.2) 式のフーリエ積分は以下のように整理される．

$$f(t) = \frac{2}{\pi} \int_0^\infty \cos\omega t \left(\int_0^\infty f(\tau) \cos\omega\tau \, d\tau \right) d\omega \tag{5.4}$$

同様にして，実関数 $f(t)$ が奇関数の場合には，(5.2) 式は以下のように整理される．

$$f(t) = \frac{2}{\pi} \int_0^\infty \sin\omega t \left(\int_0^\infty f(\tau) \sin\omega\tau \, d\tau \right) d\omega \tag{5.5}$$

(5.4), (5.5) 式においては，関数 $f(t)$ に対して，実関数，偶関数あるいは奇関数といった追加条件が付与されているが，これらは，4.1 節で扱ったフーリエ積分に変わりない．換言するならば，(5.4), (5.5) 式に関しては，4.1 節で与えたフーリエ積分の存在定理 I (p. 100)，存在定理 II (p. 102) などが，無修正で適用される．

5.1.2 余弦・正弦変換の定義

偶関数条件下の (5.4) 式，奇関数条件下の (5.5) 式より，ただちに以下を得る．

---フーリエ余弦変換の定義---

$$F_c(\omega) = \int_0^\infty f(t) \cos\omega t \, dt \tag{5.6a}$$

$$f(t) = \frac{2}{\pi} \int_0^\infty F_c(\omega) \cos\omega t \, d\omega \tag{5.6b}$$

---フーリエ正弦変換の定義---

$$F_s(\omega) = \int_0^\infty f(t) \sin\omega t \, dt \tag{5.7a}$$

$$f(t) = \frac{2}{\pi} \int_0^\infty F_s(\omega) \sin\omega t \, d\omega \tag{5.7b}$$

(5.6a) 式の $F_c(\omega)$ は，実関数 $f(t)$ の**フーリエ余弦変換**（**Fourier cosine transform**）と呼ばれる．$f(t)$ が t に関し偶関数であったように，$F_c(\omega)$ は ω に関し偶関数となる．同様に，(5.7a) 式の $F_s(\omega)$ は，実関数 $f(t)$ の**フーリエ正弦変換**（**Fourier sine transform**）と呼ばれる．$f(t)$ が t に関し奇関数であったように，$F_c(\omega)$ は ω に関し奇関数となる．

フーリエ余弦変換，フーリエ正弦変換の物理的意味は，次のようにとらえることができる．正方向の無限区間 $(0, \infty)$ で定義された実関数 $f(t)$；

$0 < t < \infty$ を考える．本関数を負方向へ拡張して偶関数を作成し，作成した偶関数のフーリエ変換がフーリエ余弦変換である．同様に，実関数 $f(t)$ を負方向へ拡張して奇関数を作成し，作成した奇関数のフーリエ変換がフーリエ正弦変換である．

原関数 $f(t)$ が実数の偶関数あるいは奇関数という前提の下では，余弦変換 $F_c(\omega)$ とフーリエ変換 $F(\omega)$，正弦変換 $F_s(\omega)$ とフーリエ変換 $F(\omega)$ は，次の関係にある．

$$\left. \begin{array}{l} F_c(\omega) = \dfrac{1}{2} F(\omega) \\[2mm] F_s(\omega) = \dfrac{j}{2} F(\omega) \end{array} \right\} \tag{5.8}$$

上の対応から理解されるように，4.3 節で与えたフーリエ変換の諸性質は，原関数 $f(t)$ が実数の偶関数あるいは奇関数という条件が維持されるならば，余弦変換，正弦変換においても成立する．

5.2 基本信号の余弦・正弦変換

5.2.1 指数信号

例題 5.1

原関数 $f(t)$；$0 < t < \infty$ として次の**指数信号**を考え，この余弦変換と正弦変換を求めよ（(4.72) 式参照）．

$$f(t) = e^{-at} \quad ; \quad a > 0 \tag{5.9}$$

解答 本信号の余弦変換は，(4.72)，(4.73) 式に (5.8) 式を考慮すると，以下のように与えられる（図 4.1 参照）．

$$F_c(\omega) = \frac{a}{\omega^2 + a^2} \tag{5.10}$$

(5.9) 式の正弦変換は，以下のように求められる．

5.2 基本信号の余弦・正弦変換　　147

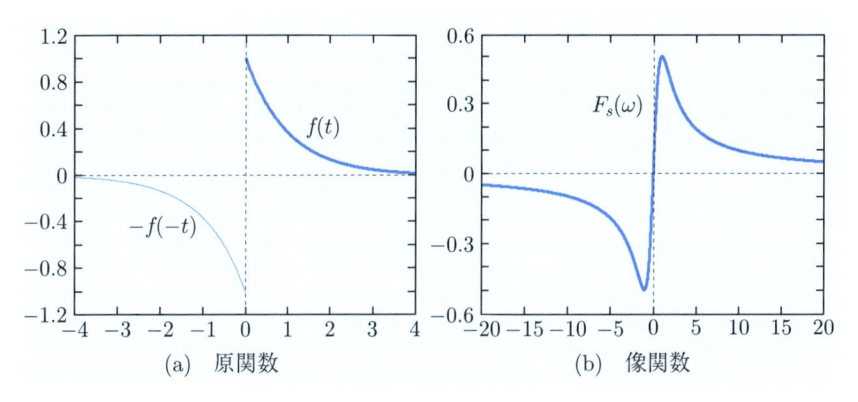

図 5.1 指数信号の正弦変換 ($a = 1$)

$$\begin{aligned}
F_s(\omega) &= \int_0^\infty f(t) \sin\omega t\, dt \\
&= \frac{1}{2j}\left(\int_0^\infty e^{(j\omega-a)t} - e^{-(j\omega+a)t}\right) dt \\
&= \frac{1}{2j}\left(\frac{e^{(j\omega-a)t}}{j\omega-a} + \frac{e^{-(j\omega+a)t}}{j\omega+a}\right)\bigg|_0^\infty \\
&= \frac{1}{2j}\left(-\frac{1}{j\omega-a} - \frac{1}{j\omega+a}\right) \\
&= \frac{\omega}{\omega^2+a^2}
\end{aligned} \tag{5.11}$$

□

$a = 1$ を条件に，(5.9) 式の指数信号と対応の正弦変換を図 5.1 に示した．同図では，指数信号の負区間 $-\infty < t < 0$ 相当分は，細線で示している．

5.2.2 矩形パルス信号

―例題 **5.2**―

原関数 $f(t)$; $0 < t < \infty$ として次の**矩形パルス信号**を考え，この余弦変換と正弦変換を求めよ ((4.74) 式参照)．

$$f(t) = \begin{cases} \dfrac{1}{\varepsilon} & ; 0 < t \leq \dfrac{\varepsilon}{2},\ \varepsilon > 0 \\ 0 & ; t > \dfrac{\varepsilon}{2},\ \varepsilon > 0 \end{cases} \tag{5.12}$$

148　第 5 章　余弦変換と正弦変換

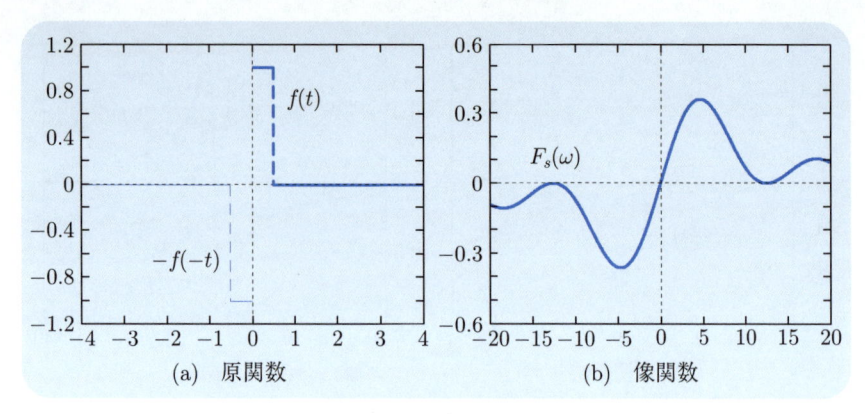

図 5.2　矩形パルス信号の正弦変換（$\varepsilon = 1$）

解答　本信号の余弦変換は，(4.74), (4.75) 式に (5.8) 式を考慮すると，以下のように与えられる（図 4.2 参照）．

$$F_c(\omega) = \frac{1}{2}\operatorname{sinc}\left(\frac{\varepsilon\omega}{2}\right) \tag{5.13}$$

(5.12) 式の正弦変換は，以下のように求められる（問題 4.6 (1) 参照）．

$$\begin{aligned}
F_s(\omega) &= \int_0^\infty f(t)\sin\omega t\,dt \\
&= \int_0^{\varepsilon/2} \frac{1}{\varepsilon}\sin\omega t\,dt \\
&= -\frac{1}{\varepsilon\omega}\cos\omega t\bigg|_0^{\varepsilon/2} \\
&= \frac{1}{\varepsilon\omega}\left(1 - \cos\frac{\varepsilon\omega}{2}\right) \\
&= \frac{2}{\varepsilon\omega}\sin^2\frac{\varepsilon\omega}{4} \tag{5.14}
\end{aligned}$$

$\varepsilon = 1$ を条件に，(5.12) 式の矩形パルス信号と対応の正弦変換を図 5.2 に示した．同図では，矩形パルス信号の負区間 $-\infty < t < 0$ 相当分は，細線で示している（図 4.4 参照）．

5.2.3 三角パルス信号

例題 5.3

原関数 $f(t)$; $0 < t < \infty$ として，次の**三角パルス信号**を考え，この余弦変換と正弦変換を求めよ．

$$f(t) = \begin{cases} t & ; \ 0 < t \leq \varepsilon, \ \varepsilon > 0 \\ 0 & ; \ t > \varepsilon, \ \varepsilon > 0 \end{cases} \tag{5.15}$$

解答 本信号の余弦変換は，以下のように求められる．

$$\begin{aligned} F_c(\omega) &= \int_0^\infty f(t) \cos\omega t \, dt = \int_0^\varepsilon t \cos\omega t \, dt \\ &= \left(\frac{t \sin\omega t}{\omega} + \frac{\cos\omega t}{\omega^2} \right) \bigg|_0^\varepsilon \\ &= \frac{\varepsilon \sin\varepsilon\omega}{\omega} + \frac{\cos\varepsilon\omega}{\omega^2} - \frac{1}{\omega^2} \\ &= \frac{\varepsilon \sin\varepsilon\omega}{\omega} - \frac{2}{\omega^2} \sin^2 \frac{\varepsilon\omega}{2} \\ &= \varepsilon^2 \left(\operatorname{sinc}(\varepsilon\omega) - \frac{1}{2} \operatorname{sinc}^2 \left(\frac{\varepsilon\omega}{2} \right) \right) \end{aligned} \tag{5.16}$$

(5.15) 式の正弦変換は，以下のように求められる．

$$\begin{aligned} F_s(\omega) &= \int_0^\infty f(t) \sin\omega t \, dt = \int_0^\varepsilon t \sin\omega t \, dt \\ &= \left(-\frac{t \cos\omega t}{\omega} + \frac{\sin\omega t}{\omega^2} \right) \bigg|_0^\varepsilon \\ &= -\frac{\varepsilon \cos\varepsilon\omega}{\omega} + \frac{\sin\varepsilon\omega}{\omega^2} \\ &= \frac{1}{\omega^2} \left(\sin\varepsilon\omega - \varepsilon\omega \cos\varepsilon\omega \right) \end{aligned} \tag{5.17}$$

□

$\varepsilon = 1$ を条件に，(5.15) 式の三角パルス信号と対応の余弦変換を図 5.3 に，同じく，三角パルス信号と対応の正弦変換を図 5.4 に示した．同図では，三角パルス信号の負区間 $-\infty < t < 0$ 相当分は，細線で示している．

150 第 5 章 余弦変換と正弦変換

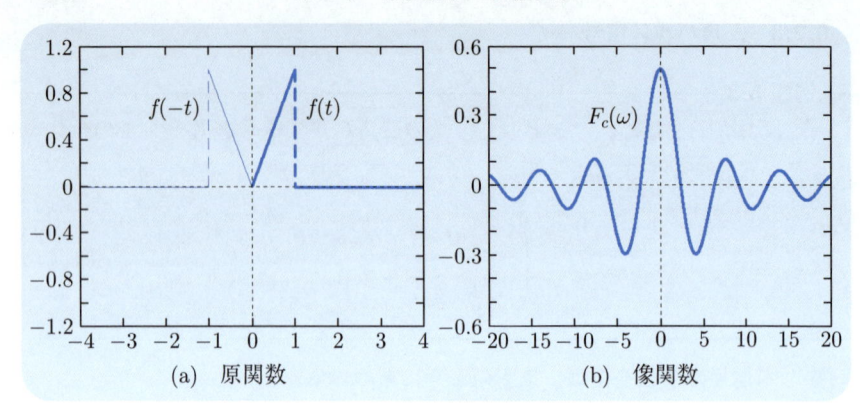

図 5.3 三角パルス信号の余弦変換 ($\varepsilon = 1$)

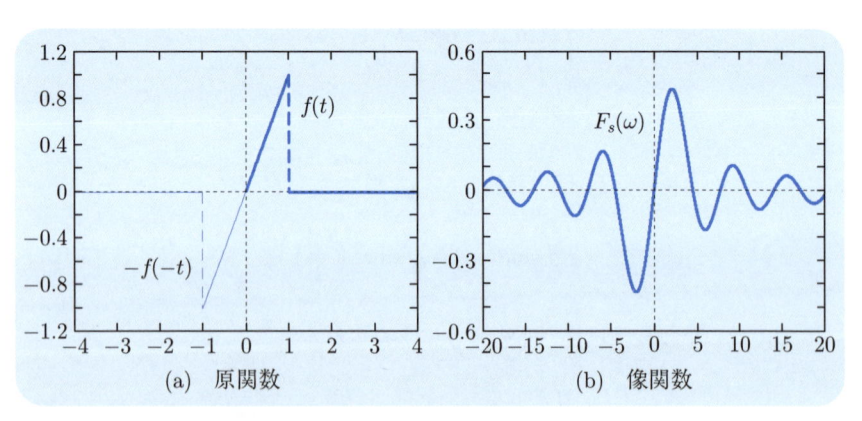

図 5.4 三角パルス信号の正弦変換 ($\varepsilon = 1$)

第6章
フーリエ変換を用いた偏微分方程式の解法

フーリエ変換の応用の一つに，偏微分方程式の求解がある．基本となる偏微分方程式は，波動方程式，熱伝導方程式（拡散方程式），ラプラス方程式である．本章では，これら偏微分方程式に関し，フーリエ変換を用いた解法を紹介する．

[6章の内容]

求解の準備
波動方程式
熱伝導方程式
ラプラス方程式

6.1 求解の準備

フーリエ変換を用いた偏微分方程式の求解の準備として，**初期値**（**initial value**）を考慮した**線形定係数常微分方程式**の解（初期条件問題の解）を整理しておく．

[1] 1 階線形定係数常微分方程式　次の非ゼロ初期値を有する 1 階線形定係数常微分方程式を考える．

$$\frac{df(t)}{dt} = -af(t) \quad ; \quad f(0_+) \neq 0, \ t \geq 0 \tag{6.1}$$

ただし，非ゼロの初期値 $f(0_+)$ は既知とする．

上の微分方程式の解は次式で与えられる．

$$f(t) = f(0_+)e^{-at} \quad ; \quad t \geq 0 \tag{6.2}$$

(6.2) 式の解の正当性は，(6.2) 式を (6.1) 式に用いることによりただちに確認される（後掲の 9.1.2 項参照）．

[2] 2 階線形定係数常微分方程式 1　次の非ゼロ初期値を有する 2 階線形定係数常微分方程式を考える．

$$\frac{d^2 f(t)}{dt^2} = -\omega_0^2 f(t) \quad ; \quad f(0_+) \neq 0, \ \frac{df(0_+)}{dt} = 0, \ t \geq 0 \tag{6.3}$$

ただし，非ゼロの初期値 $f(0_+)$ は既知とする．

上の微分方程式の解は次式で与えられる．

$$f(t) = f(0_+)\cos\omega_0 t \quad ; \quad t \geq 0 \tag{6.4}$$

(6.4) 式の解の正当性は，(6.4) 式を (6.3) 式に用いることによりただちに確認される（後掲の 9.1.2 項参照）．

[3] 2 階線形定係数常微分方程式 2　次の非ゼロ初期値を有する 2 階線形定係数常微分方程式を考える．

$$\frac{d^2 f(t)}{dt^2} = a^2 f(t) \quad ; \quad f(0) \neq 0, \ f(\pm\infty) = 0, \ -\infty < t < \infty \tag{6.5}$$

ただし，非ゼロの初期値 $f(0)$ は既知とする．

(6.5) 式の微分方程式の解は次式で与えられる．

$$f(t) = f(0)\,e^{-|a\,t|} \quad ; \quad -\infty < t < \infty \tag{6.6}$$

(6.6) 式の解の正当性は，(6.6) 式を (6.5) 式に用いることによりただちに確認される．

　線形定係数常微分方程式に関する初期条件問題は，ラプラス変換を用い容易に解くことができる．これに関しては，第 3 部（特に第 9 章）で詳しく説明する．

6.2　波動方程式

[1]　準備　具体的な偏微分方程式解法の説明にはいる前に若干の予備知識を整理しておく．2 個の独立変数 x, t をもつ原関数 $f(x, t)$ に関し，変数 x に対するフーリエ変換すなわち像関数を $F(\omega, t)$ とするとき，両関数は，次の関係にある．

$$F(\omega, t) = \int_{-\infty}^{\infty} f(x, t)\,e^{-j\omega x}\,dx \tag{6.7a}$$

$$f(x, t) = \frac{1}{2\pi}\int_{-\infty}^{\infty} F(\omega, t)\,e^{j\omega x}\,d\omega \tag{6.7b}$$

すなわち，2 個の独立変数をもつ原関数，像関数の関係は，フーリエ変換の対象としない変数を定係数ととらえるならば，これまで説明してきた単変数の原関数と像関数の関係と同一である．ひいては，原関数 $f(x, t)$，像関数 $F(\omega, t)$ の性質に関しては，第 4 章，第 5 章で説明した性質がそのまま成立する．

　フーリエ変換の対象としない変数を定係数ととらえることにより，原関数 $f(x, t)$，像関数 $F(\omega, t)$ の間には次の関係も成立する．

$$\begin{aligned}\mathcal{F}\left\{\frac{\partial f(x, t)}{\partial t}\right\} &= \int_{-\infty}^{\infty} \frac{\partial f(x, t)}{\partial t}\,e^{-j\omega x}\,dx \\ &= \frac{\partial}{\partial t}\int_{-\infty}^{\infty} f(x, t)\,e^{-j\omega x}\,dx = \frac{\partial F(\omega, t)}{\partial t}\end{aligned} \tag{6.8a}$$

一般に，次式が成り立つ．

$$\mathcal{F}\left\{\frac{\partial^n f(x,t)}{\partial t^n}\right\} = \frac{\partial^n F(\omega,t)}{\partial t^n} \quad ; \ n = 1, 2, \cdots \tag{6.8b}$$

[2] 問題の設定　以上の準備の下，独立変数 x, t をもつ次の偏微分方程式を考える．

$$\frac{\partial^2 f(x,t)}{\partial x^2} = \frac{\partial^2 f(x,t)}{\partial t^2} \quad ; \ -\infty < x < \infty, \ t \geq 0 \tag{6.9a}$$

また，上記方程式は次の条件を満足するものとする．

$$\frac{\partial f(x, 0_+)}{\partial t} = 0 \tag{6.9b}$$

$$\lim_{|x|\to\infty} f(x,t) = 0, \quad \lim_{|x|\to\infty} \frac{\partial f(x,t)}{\partial x} = 0 \tag{6.9c}$$

さらには，非負の初期値 $f(x, 0_+)$ は既知とする．

(6.9a) 式は**波動方程式**（**wave equation**, **wave motion equation**）と呼ばれる．(6.9b) 式は $t = 0_+$ における初期値であり，(6.9c) 式は，$f(x,t)$ が x に関しフーリエ変換をもつための十分条件である．

[3] フーリエ変換を用いた解法　(6.9c) 式を考慮の上，(6.9a) 式の両辺に対して変数 x に関しフーリエ変換をとると，次式を得る．

$$-\omega^2 F(\omega, t) = \frac{\partial^2 F(\omega, t)}{\partial t^2} \tag{6.10a}$$

同様に，(6.9b) 式の両辺に対して変数 x に関しフーリエ変換をとると，次式を得る．

$$\frac{\partial F(\omega, 0_+)}{\partial t} = 0 \tag{6.10b}$$

(6.10) 式を変数 t に関する微分方程式としてとらえる場合，これは (6.3) 式と同一形式，同一初期条件の微分方程式となっている．したがって，(6.4) 式を参考にするならば，t に関する微分方程式としての (6.10a) 式の解は次式となる．

$$F(\omega, t) = F(\omega, 0_+) \cos \omega t = \frac{F(\omega, 0_+)}{2} \left(e^{j\omega t} + e^{-j\omega t} \right) \tag{6.11}$$

(6.11) 式に対し，ω に関しフーリエ逆変換をとると，目指す解である次式を得る．

$$f(x,t) = \mathcal{F}^{-1}\{F(\omega,t)\} = \frac{1}{4\pi}\int_{-\infty}^{\infty} F(\omega,0_+)\left(e^{j\omega t}+e^{-j\omega t}\right)e^{j\omega x}\,d\omega$$

$$= \frac{1}{4\pi}\left(\int_{-\infty}^{\infty} F(\omega,0_+)\,e^{j\omega(x+t)}\,d\omega + \int_{-\infty}^{\infty} F(\omega,0_+)\,e^{j\omega(x-t)}\,d\omega\right)$$

$$= \frac{1}{2}\left(f(x+t,0_+) + f(x-t,0_+)\right) \tag{6.12}$$

(6.12) 式には，既知の初期値 $f(x,0_+)$ を利用した．

(6.12) 式において，既知の初期値 $f(x,0_+)$ を次式とした場合の波動波形を図 6.1 に例示した．同図下部には，参考までに波動波形の等高線も示した．

$$f(x,0_+) = \exp(-0.001\,|x|)\cos x \tag{6.13a}$$

本例においては，$x=0$ における波動は，次式となる．

$$f(0,t) = \frac{1}{2}\left(f(t,0_+) + f(-t,0_+)\right) = \exp(-0.001\,|t|)\cos t \tag{6.13b}$$

図 6.1 において，x 軸の正負方向への波動に加え，t 軸の正方向への波動を確認されたい．図 6.1 の下部に示した等高線は，x 軸方向への波動と t 軸方向への波動の様子を裏づけている．

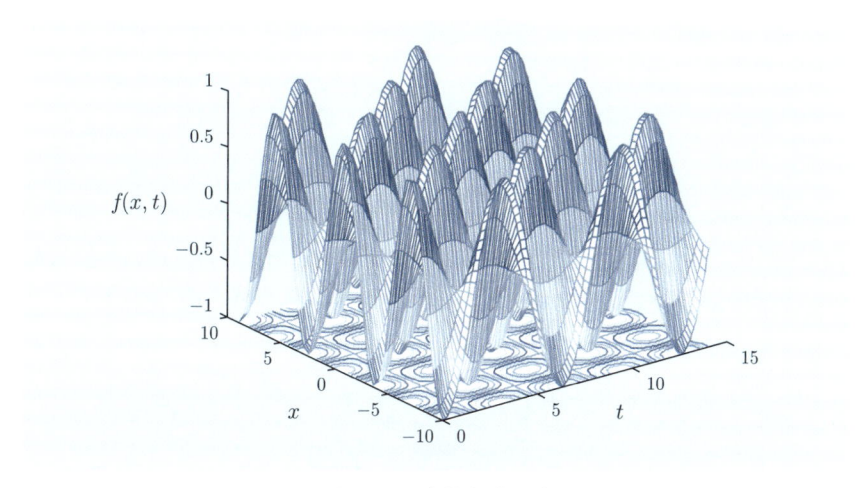

図 **6.1** 波動波形の形

6.3 熱伝導方程式

[1] 問題の設定 独立変数 x, t をもつ次の偏微分方程式を考える.

$$\frac{\partial^2 f(x,t)}{\partial x^2} = \frac{\partial f(x,t)}{\partial t} \quad ; \ -\infty < x < \infty, \ t \geq 0 \tag{6.14a}$$

また，上記方程式は次の条件を満足するものとする．

$$\lim_{|x|\to\infty} f(x,t) = 0, \quad \lim_{|x|\to\infty} \frac{\partial f(x,t)}{\partial x} = 0 \tag{6.14b}$$

さらには，非負の初期値 $f(x, 0_+)$ は既知とする．

(6.14a) 式は**熱伝導方程式**（**heat equation, heat conduction equation**）あるいは**拡散方程式**（**diffusion equation**）と呼ばれる．(6.14b) 式は，$f(x,t)$ が x に関しフーリエ変換をもつための十分条件である．

[2] フーリエ変換を用いた解法 (6.14b) 式を考慮の上，(6.14a) 式の両辺に対して変数 x に関しフーリエ変換をとると，次式を得る．

$$-\omega^2 F(\omega, t) = \frac{\partial F(\omega, t)}{\partial t} \tag{6.15}$$

(6.15) 式を変数 t に関する微分方程式ととらえる場合，これは (6.1) 式と同一形式，同一初期条件の微分方程式となっている．したがって，(6.2) 式を参考にするならば，t に関する微分方程式としての (6.15) 式の解は次式となる．

$$F(\omega, t) = F(\omega, 0_+) e^{-\omega^2 t} \tag{6.16}$$

(6.16) 式を ω に関し，フーリエ逆変換をとることを考える．同式の右辺が $F(\omega, 0_+)$ と $e^{-\omega^2 t}$ との積になっている点に注意し，フーリエ逆変換に際しては時間畳込み定理の活用を図る．関数 $e^{-\omega^2 t}$ の ω に関するフーリエ逆変換は，(4.104), (4.105) 式より次式となる．

$$\mathcal{F}^{-1}\{e^{-\omega^2 t}\} = \frac{1}{2\sqrt{\pi t}} \exp\left(-\frac{x^2}{4t}\right) \tag{6.17}$$

したがって，(6.16) 式の ω に関するフーリエ逆変換として，(6.17) 式を用いた時間畳込み定理より，次式を得る．

$$f(x,t) = \frac{1}{2\sqrt{\pi t}} \int_{-\infty}^{\infty} f(y, 0_+) \exp\left(-\frac{(x-y)^2}{4t}\right) dy \qquad (6.18)$$

上式が熱伝導方程式の解である．この解には，$t = 0_+$ での既知初期値 $f(x, 0_+)$ を用いている．

6.4 ラプラス方程式

[1] **問題の設定** 独立変数 x, y をもつ次の偏微分方程式を考える．

$$\frac{\partial^2 f(x,y)}{\partial x^2} + \frac{\partial^2 f(x,y)}{\partial y^2} = 0 \quad ; \quad -\infty < x < \infty, \ -\infty < y < \infty \qquad (6.19a)$$

また，上記方程式は次の条件を満足するものとする．

$$\lim_{|x|\to\infty} f(x,y) = 0, \qquad \lim_{|x|\to\infty} \frac{\partial f(x,y)}{\partial x} = 0 \qquad (6.19b)$$

さらには，非ゼロの初期値 $f(x,0)$ は既知とする．

(6.19a) 式は**ラプラス方程式**（**Laplace equation**）と呼ばれる．(6.19b) 式は，$f(x,y)$ が x に関しフーリエ変換をもつための十分条件である．

[2] **フーリエ変換を用いた解法** (6.19b) 式を考慮の上，(6.19a) 式の両辺に対して変数 x に関しフーリエ変換をとると，次式を得る．

$$-\omega^2 F(\omega, y) + \frac{\partial^2 F(\omega, y)}{\partial y^2} = 0 \qquad (6.20)$$

(6.20) 式を変数 y に関する微分方程式としてとらえる場合，これは (6.5) 式と同一形式，同一初期条件の微分方程式となっている．したがって，(6.6) 式を参考にするならば，y に関する微分方程式としての (6.20) 式の解は次式となる．

$$F(\omega, y) = F(\omega, 0)\, e^{-|\omega||y|} \tag{6.21}$$

(6.21) 式を ω に関し，フーリエ逆変換をとることを考える．同式の右辺が $F(\omega,0)$ と $e^{-|\omega||y|}$ との積になっている点に注意し，フーリエ逆変換に際しては時間畳込み定理の活用を図る．関数 $e^{-|\omega||y|}$ の ω に関するフーリエ逆変換は，問題 4.5 (1) より次式となる．

$$\mathcal{F}^{-1}\left\{e^{-|\omega||y|}\right\} = \frac{1}{\pi} \cdot \frac{|y|}{x^2 + y^2} \tag{6.22}$$

したがって，(6.16) 式の ω に関するフーリエ逆変換として，(6.22) 式を用いた時間畳込み定理より，次式を得る．

$$f(x, y) = \frac{|y|}{\pi} \int_{-\infty}^{\infty} \frac{f(z, 0)}{(x-z)^2 + y^2} \, dz \tag{6.23}$$

上式がラプラス方程式の解である．この解には，既知の非ゼロ初期値 $f(x,0)$ を用いている．

問題 6.1

(1) **ラプラス方程式** 独立変数 x, y をもつ次の関数 $f(x,y)$ を考える．

$$f(x, y) = \frac{1}{\sqrt{x^2 + y^2}} \quad ; \; -\infty < x < \infty,\; -\infty < y < \infty$$

本関数が，(6.19a) 式のラプラス方程式を満足するか否か調べよ．

(2) **ラプラス方程式** 独立変数 x, y, z をもつ次の関数 $f(x,y,z)$ を考える．

$$f(x, y, z) = \frac{1}{\sqrt{x^2 + y^2 + z^2}} \quad ; \; -\infty < x < \infty,\; -\infty < y < \infty,\; -\infty < z < \infty$$

本関数が，下のラプラス方程式を満足するか否か調べよ．

$$\frac{\partial^2 f(x, y, z)}{\partial x^2} + \frac{\partial^2 f(x, y, z)}{\partial y^2} + \frac{\partial^2 f(x, y, z)}{\partial z^2} = 0$$

第3部
ラプラス変換

7. ラプラス変換
8. ラプラス逆変換
9. ラプラス変換を用いた微分方程式の解法

第7章

ラプラス変換

　第2部で学んだフーリエ変換に類似した関数変換として，ラプラス変換がある．ラプラス変換は，フーリエ変換が扱えない原関数も扱うことができ，システムの記述，解析，設計に有用な数学的手段として利用されている．本章では，ラプラス変換の定義，諸性質，基本的関数のラプラス変換について説明する．

[7章の内容]

ラプラス変換の有用性
ラプラス変換の定義
ラプラス変換の性質
基本信号のラプラス変換

7.1 ラプラス変換の有用性

ラプラス変換(Laplace transform)の利用上の主要特性は，次の 4 項に整理される．

① 線形微分方程式(linear differential equation)を比較的簡単に解くことができる．
② 過渡応答(transient response)を比較的簡単に得ることができる．
③ 畳込み積分の関係を，単なる積の関係へ変換できる．
④ 時間領域(time domain)に代わって，周波数領域(frequency domain)を含む複素領域(complex domain)での解析が可能となる．

上記 4 項を眺めた読者は，第 2 部で説明したフーリエ変換が同様な性質を有していることを思い起こすであろう．しかし，フーリエ変換は，②項の性質をもちあわせない．また，①項に関しても定常解しか得ることができない．工学的システムの解析においては，**定常応答**(steady state response)のみならず過渡応答も重要であり，フーリエ変換では過渡応答解析の要請に応えることができない．上記 4 項の詳細を，以下に個別に説明する．

[1] **微分方程式の求解** 線形微分方程式の直接的な解法は，まずこの斉次方程式(同次方程式, homogeneous equation)の**一般解**(general solution)を得て，次にこの非斉次方程式(非同次方程式, non-homogeneous equation)の**特殊解**(particular solution)を求め，二つの解を加算し，これに**初期値**を与えて，所期の解を得るものである．本解法の特徴は，つねに時間領域で処理を進めるという点で直接的ではあるが，斉次方程式と非斉次方程式との求解にかなりの熟練を求められる点にある．本解法による求解手順を図 7.1 の左側に示した．

直接的な解法に対して，図 7.1 の右側に示したラプラス変換を用いた解法もある．本解法は，まず，線形微分方程式に対して，初期値を考慮の上，ラプラス変換を施し，これを**線形代数方程式**(linear algebraic equation)へ変換する．次に，代数方程式を求解してこの解を得る．最後に，代数方程式の解を**ラプラス逆変換**(inverse Laplace transform)し，所期の解を得る．このときの解は，直接的な解法における斉次方程式と非斉次方程式との解を，初期値を考慮した状態で，含んでいる．これらは，もちろん，**定常解**と**過渡解**と

7.1 ラプラス変換の有用性

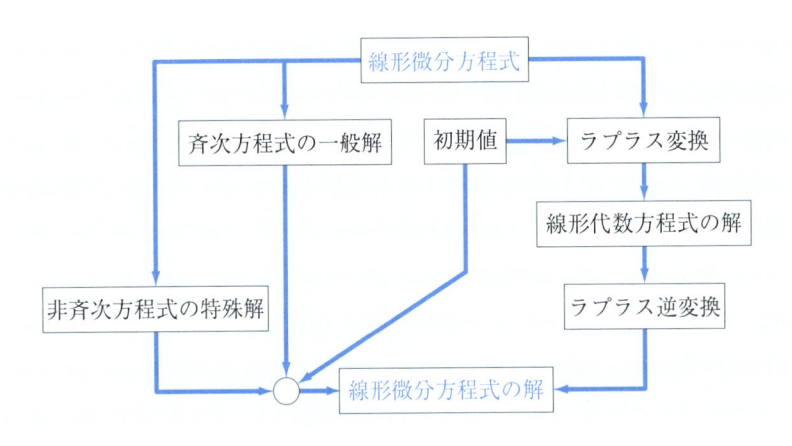

図 **7.1** 線形微分方程式の求解手順

を含んでいる．この場合の代数方程式の求解は，多くの場合，初等数学で可能である．このように，ラプラス変換，ラプラス逆変換を利用できれば，線形微分方程式の解を比較的簡単に得ることができる．

線形微分方程式が特に**線形定係数微分方程式**（**linear constant coefficient differential equation**）の場合には，上記のラプラス変換，逆ラプラス変換は，基本的な関数に関する変換表とラプラス変換の基本性質とを利用すれば，大きな計算労力の要なく，行うことができる．なお，上記の代数方程式は複素数で記述されており，ラプラス変換による解法は，複素領域における解法ともいうべきものである．

[2] 過渡応答の把握　前述の②項の性質は，厳密には，①項の性質に含まれる．②項は，システム解析の観点から，その重要性を鑑み，独立項として挙げた．図 7.2 (a) の RL 回路を考える．本回路には，スイッチを介して一定電圧 v_{in} の直流電源が接続されている．時刻 $t = 0[\mathrm{s}]$ に回路のスイッチを入れた場合の電流 i の応答は，次式となる（後掲の (9.7) 〜 (9.9) 式参照）．

$$i = \frac{v_{in}}{R}\left(1 - \exp\left(-\frac{R}{L}t\right)\right) \; ; v_{in} = 定数 \qquad (7.1)$$

図 7.2 (b) に，上記電流応答の 1 例を示した．

応答の中で，定常値に漸近するまでの一時的な応答は過渡応答と呼ばれ，

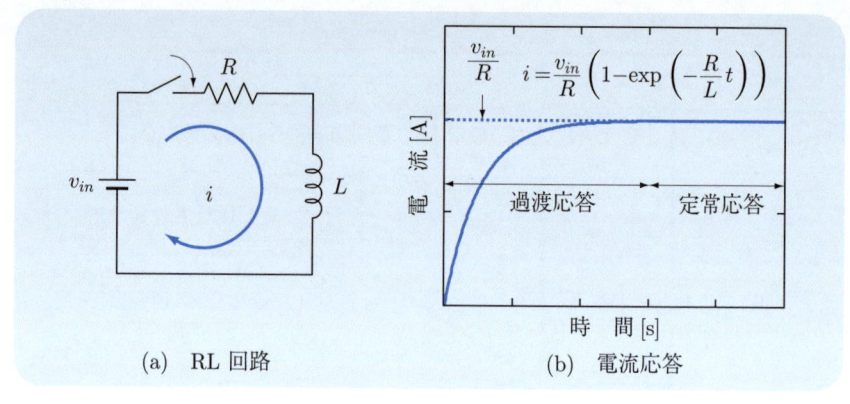

図 7.2 RL 回路と電流応答

定常値に落ち着いた以降の応答は定常応答と呼ばれる．微分方程式の解を比較的簡単に得ることができるラプラス変換によれば，過渡応答を比較的簡単に把握することができる．

[3] 畳込み積分 時間 $t \geq 0$ で定義された時間関数 $u(t), y(t), g(t)$ を考える．この三つの時間関数は，次の**畳込み積分**の関係を有するものとする．

$$y(t) = \int_0^t g(t-\tau)u(\tau)\,d\tau \tag{7.2a}$$

ここで，三つの時間関数のラプラス変換を $U(s), Y(s), G(s)$ とする．(7.2a) 式の関係は，次の関係に変換される（後掲の (7.33), (7.34) 式を参照）．

$$Y(s) = G(s)U(s) \tag{7.2b}$$

すなわち，畳込み積分の関係は，単なる積の関係へ変換される．

因果律を満足する工学的線形定係数システムにおける入力，出力を，おのおの $u(t), y(t)$ とするとき，入出力の関係は (7.2a) 式の畳込み積分として表現される．この関係は，過渡応答，定常応答を問わず成立する．入出力関係が，(7.2b) 式の積として表現されるラプラス変換表現を利用することにより，システムの解析・設計は格段に簡単となる．

[4] 複素領域での解析 (7.2a) 式の関係は時間領域での関係である．一方，(7.2b) 式における変数 s は複素数であり，(7.2b) 式は複素領域での

関係である．特に，複素数を虚数とする場合すなわち $s = j\omega$ と置換する場合には，(7.2b) 式は複素平面虚軸上の関係，すなわち周波数領域の関係を示すことになる．このように，ラプラス変換を利用することにより，周波数領域を含む複素領域での解析をただちに行うことができる．

なお，時間 $t \geq 0$ で定義された時間関数 $f(t)$ のラプラス変換において $s = j\omega$ とする場合には，時間関数 $f(t)$ のフーリエ変換と類似性の高い関係式が得られる．しかし，両者は必ずしも同一とはならないので注意されたい（後掲の問題 7.2，7.3 参照）．

7.2 ラプラス変換の定義

7.2.1 ラプラス変換の定義と存在

時間 $t \geq 0$ で定義された区分的に連続な時間関数 $f(t)$ を考える．時間関数 $f(t)$ の無限積分 $F(s)$ を次のように定義する．

---ラプラス変換の定義式---

$$\begin{aligned} F(s) &= \int_0^\infty f(t)e^{-st}\,dt \\ &= \lim_{\substack{\tau \to \infty \\ \varepsilon \to 0}} \int_\varepsilon^\tau f(t)e^{-st}\,dt \quad ; \ \varepsilon > 0 \end{aligned} \quad (7.3a)$$

上式における s は複素数である．すなわち，

$$s = \sigma + j\omega \quad ; \ \sigma > \sigma_0 \quad (7.3b)$$

$F(s)$ が有界値として存在するとき，$F(s)$ は $f(t)$ の**ラプラス変換**（厳密には，"one-sided Laplace transform"）と呼ばれる．このときの複素数 s は**ラプラス演算子**（**Laplace operator**）と呼ばれることもある．

ラプラス変換が存在するためには，(7.3) 式の右辺の無限積分が有界でなくてはならない．ラプラス変換が存在するための十分条件は，次の定理のように整理される．

ラプラス変換の存在定理

① 時間 $t \geq 0$ で定義された時間関数 $f(t)$ は区分的に連続であるとする．次式のように，$f(t)$ が実数 σ_0 に関しその絶対値が無限積分可能（簡単に，**絶対積分可能**ともいう）ならば，ラプラス変換は $\sigma \geq \sigma_0$ において存在する．

$$\int_0^\infty |f(t)|e^{-\sigma_0 t}\,dt = \lim_{\substack{\tau \to \infty \\ \varepsilon \to 0}} \int_\varepsilon^\tau |f(t)|e^{-\sigma_0 t}\,dt < \infty \quad ; \quad 0 < \varepsilon < \tau \quad (7.4)$$

② 時間 $t \geq 0$ で定義された時間関数 $f(t)$ は区分的に連続であるとする．このとき，次式を満足する有界な定数 M, σ_0 が存在するならば，ラプラス変換は $\sigma > \sigma_0$ において存在する．

$$|f(t)| \leq Me^{\sigma_0 t} \quad \text{または} \quad |f(t)|e^{-\sigma_0 t} \leq M \quad (7.5)$$

【証明】

① $\sigma \geq \sigma_0$ とするならば，次の不等式が成立する．

$$\left|\int_0^\infty f(t)e^{-st}\,dt\right| \leq \int_0^\infty |f(t)e^{-st}|\,dt = \int_0^\infty |f(t)|e^{-\sigma t}\,dt$$
$$\leq \int_0^\infty |f(t)|e^{-\sigma_0 t}\,dt \quad (7.6)$$

ここで (7.6) 式右辺に (7.4) 式の条件を付与するならば，(7.6) 式左辺の有界性が保証される．換言するならば，(7.3a) 式の有界性が保証される．ひいては $f(t)$ のラプラス変換が存在する．

② $\sigma > \sigma_0$ とするならば，(7.5) 式より次の不等式が成立する．

$$\left|\int_0^\infty f(t)e^{-st}\,dt\right| \leq \int_0^\infty |f(t)e^{-st}|\,dt = \int_0^\infty |f(t)|e^{-\sigma t}\,dt$$
$$\leq \int_0^\infty Me^{(\sigma_0-\sigma)t}\,dt = \left.\frac{M}{\sigma_0-\sigma}e^{(\sigma_0-\sigma)t}\right|_0^\infty$$
$$= \frac{M}{\sigma-\sigma_0} < \infty \quad (7.7)$$

上式は (7.3a) 式の右辺の有界性を意味し，ひいては $f(t)$ のラプラス変換が存在する． ∎

7.2 ラプラス変換の定義

(7.4) 式が成立するとき,「時間関数 $f(t)$ は実数 σ_0 に関し**絶対収束する**」という. (7.5) 式を満足する定数 M, σ_0 が存在するとき,「時間関数 $f(t)$ は**指数位数**（**exponential order**）である, あるいは σ_0 位の指数位にある」という. このときの定数 σ_0 は**増加指数**と呼ばれる. (7.3b) 式で断りなく使用した定数 σ_0 は, (7.5) 式で利用した増加指数である. なお, (7.5) 式は, 次式と等価である.

$$\lim_{t\to\infty} \frac{|f(t)|}{Me^{\sigma_0 t}} = x < \infty \tag{7.8}$$

図 7.3 に, ある時間関数 $f(t)$ のラプラス変換が定義される複素領域（濃い青）を概念的に示した. 境界線が増加指数 σ_0 を示している. 同図では, 実数 σ_0 を正値として描画したが, 時間関数 $f(t)$ によっては負値を取り得る.

ラプラス変換の定義域は, 厳密には, (7.5) 式で定義された複素領域に限られる. しかし, 応用に際しては, **解析接続**（**analytical continuation**）の概念を利用して, 定義域を, $|F(s)| = \infty$ となる**特異点**（**極**）を除く全複素領域へと拡張し, $F(s)$ を利用している.

時間関数 $f(t)$ のラプラス変換は, 簡単に次のように表現される.

$$F(s) = \mathcal{L}\{f(t)\} \tag{7.9}$$

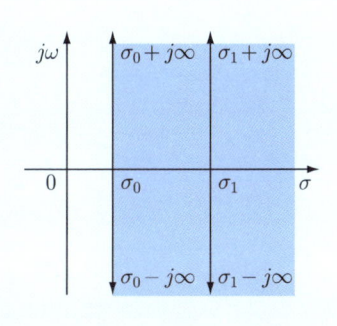

図 **7.3** ラプラス変換が定義された元来の領域

また，ラプラス変換が存在する複素領域では，(7.5) 式から，次の関係を得る．

$$f(\infty)e^{-\sigma\infty} = \lim_{t\to\infty} f(t)e^{-\sigma t} = 0 \tag{7.10a}$$

$$f(\infty)e^{-s\infty} = \lim_{t\to\infty} f(t)e^{-st} = 0 \tag{7.10b}$$

7.2.2 ラプラス逆変換の定義と存在

複素関数 $F(s)$ の時間関数 $f(t)$ への変換は**ラプラス逆変換**と呼ばれる．ラプラス逆変換に関しては，次の定理が成立する．

ラプラス逆変換の存在定理

① 時間 $t \geq 0$ で定義された時間関数 $f_1(t)$, $f_2(t)$ は区分的に連続であるとする．これら関数のラプラス変換に関し，

$$\mathcal{L}\{f_1(t)\} = \mathcal{L}\{f_2(t)\} = F(s) \tag{7.11}$$

が成立するとき，時間関数 $f_1(t)$, $f_2(t)$ は不連続点を除き，同一である．

② 時間関数 $f_1(t)$, $f_2(t)$ と不連続点を除き同一となる時間関数 $f(t)$ は，次式により求められる．

$$f(t) = \frac{1}{2\pi j} \int_{\sigma_1 - j\infty}^{\sigma_1 + j\infty} F(s)\, e^{st}\, ds \quad ; \quad \sigma_1 > \sigma_0 \tag{7.12}$$

（証明省略）

(7.12) 式における σ_0 は (7.3) 式のものと同一の増加指数である．同式における無限積分の経路を図 7.3 に示した．(7.12) 式のラプラス逆変換は，簡単に次のように表現される．

$$f(t) = \mathcal{L}^{-1}\{F(s)\} \tag{7.13}$$

ラプラス変換，ラプラス逆変換に用いた関数 $f(t)$, $F(s)$ はおのおの**原関数**，**像関数**とも呼ばれ，両者は**ラプラス変換対**（**Laplace transform pair**）とも呼ばれる．また，本変換対は簡単に $f(t) \leftrightarrow F(s)$ と表現することもある．

7.2 ラプラス変換の定義

ラプラス変換とフーリエ変換との同異性 ラプラス変換とラプラス逆変換の一通りの説明が終わったこの時点で，ラプラス変換とフーリエ変換との類似性と相違性について説明しておく．(7.3a), (7.9) 式のラプラス変換において，複素数 s を虚数 $s = j\omega$ とする．この場合のラプラス変換は，時間 $t \geq 0$ で定義された原関数 $f(t)$ のフーリエ変換に帰着する．同様に，(7.12) 式のラプラス逆変換において，複素数 s を虚数 $s = j\omega$ とし $\sigma_1 = 0$ とする場合には，この逆変換はフーリエ逆変換に帰着する．この帰着性は，ラプラス変換の包含性と両変換の類似性とを示している．併せて，フーリエ変換が複素平面の虚軸上のみで定義された関数変換であるのに対し，ラプラス変換は複素平面上で定義された関数変換であることを示している．

フーリエ変換が定義されるためには，**フーリエ積分の存在定理 I**（p. 100）に整理したように，十分条件として $f(t)$ 自体の絶対積分可能が必要であった．一方，ラプラス変換が定義されるためには，**ラプラス変換の存在定理**が示しているように，増加指数 σ_0 に関し絶対積分可能であればよい．すなわち，指数減衰因子 $e^{-\sigma_0 t}$ をもつ $f(t)e^{-\sigma_0 t}$ が絶対積分可能であればよい．これは，原関数 $f(t)$ に対してフーリエ変換が定義されない場合にも，ラプラス変換は定義され得る可能性を示すものである．ラプラス変換の存在定理が主張しているように，すべての原関数に対してラプラス変換が定義されるわけではないが，ラプラス変換が対象とする原関数は，フーリエ変換が対象とする原関数に比較し，格段に多いといえる（下の問題 7.1 参照）．

問題 7.1

(1) **ラプラス変換の存在領域** 次の原関数 $f(t)$ に対しては，全複素平面においてラプラス変換が定義されることを示せ．

$$f(t) = e^{-t^2}$$

(2) **ラプラス変換の存在領域** 次の原関数 $f(t)$ に対しては，全複素平面においてラプラス変換が定義不能であることを示せ．

$$f(t) = e^{t^2}$$

7.3 ラプラス変換の性質

7.3.1 変換上の諸性質

以下に，ラプラス変換対の間に存在する有用な性質を定理として整理しておく．なお，時間 $t \geq 0$ で定義された原関数 $f_1(t)$, $f_2(t)$ のラプラス変換を，おのおの像関数 $F_1(s)$, $F_2(s)$ と表現し，a, b, T は定数とする．

線形定理

$$a\,f_1(t) + b\,f_2(t) \leftrightarrow aF_1(s) + bF_2(s) \quad ; \; a, b = 複素定数 \tag{7.14}$$

【証明】 (7.3) 式の定義に従い整理すると，定理の像関数を得る．すなわち，

$$\mathcal{L}\{af_1(t) + bf_2(t)\} = \int_0^\infty (af_1(t) + bf_2(t))e^{-st}\,dt$$

$$= a\int_0^\infty f_1(t)e^{-st}\,dt + b\int_0^\infty f_2(t)e^{-st}\,dt = aF_1(s) + bF_2(s) \tag{7.15}$$

□

スケーリング定理

$$f(at) \leftrightarrow \frac{1}{a} F\left(\frac{s}{a}\right) \quad ; \; a > 0 \tag{7.16}$$

【証明】 (7.3) 式の定義に従うと，

$$\mathcal{L}\{f(at)\} = \int_0^\infty f(at)e^{-st}\,dt \tag{7.17a}$$

$at = \tau$ と置換すると，上式は定理の像関数に整理される．

$$\mathcal{L}\{f(at)\} = \frac{1}{a}\int_0^\infty f(\tau)e^{-s\tau/a}\,d\tau = \frac{1}{a}F\left(\frac{s}{a}\right) \tag{7.17b}$$

□

7.3 ラプラス変換の性質

―時間推移定理―

$$f(t-T) \leftrightarrow e^{-Ts}F(s) \quad ; T>0 \tag{7.18a}$$

ただし，上記左辺の原関数は次式の右端を意味するものとする．

$$f(t-T) \equiv \begin{cases} 0 & ; 0 \leq t < T \\ f(t-T) & ; t \geq T \end{cases} \tag{7.18b}$$

【証明】 (7.3) 式の定義に従うと，

$$\begin{aligned}
\mathcal{L}\{f(t-T)\} &= \int_0^\infty f(t-T)e^{-st}\,dt \\
&= e^{-sT}\int_0^\infty f(t-T)e^{-s(t-T)}\,dt
\end{aligned} \tag{7.19a}$$

$t-T=\tau$ と置換し，$f(t)=0\,;\,t<0$ を考慮すると，上式は定理の像関数に整理される．すなわち，

$$\begin{aligned}
\mathcal{L}\{f(t-T)\} &= e^{-sT}\int_{-T}^\infty f(\tau)e^{-s\tau}\,d\tau \\
&= e^{-sT}\left(\int_{-T}^0 f(\tau)e^{-s\tau}\,d\tau + \int_0^\infty f(\tau)e^{-s\tau}\,d\tau\right) \\
&= e^{-sT}\int_0^\infty f(\tau)e^{-s\tau}\,d\tau = e^{-sT}F(s)
\end{aligned} \tag{7.19b}$$

□

ここで，ラプラス変換の対象となる原関数の時間推移の意味を説明しておく．図 7.4 (a) を考える．同図には，原関数として，時間 $t \geq 0$ で定義された指数関数 $f(t)=e^{-t}$ を描画している．本原関数を正方向へ時間推移した関数として，$f(t-2)=e^{-(t-2)}$ を考える．この時間推移関数は，図 7.4 (b) のように描画される．同図では，時間推移前の原関数を細線で，時間推移後の原関数を太線で示している．同図に明示しているように，$f(t-2)=e^{-(t-2)}$ の信号に関しては，時間 $t<2$ における値はゼロとなる．すなわち，正側に時間推移された原関数においては，ゼロ時刻から推移時刻までの間は，ゼロを取る．(7.18a) 式左辺に用いた時間推移関数は，厳密には (7.18b) 式の右辺を意味するので，注意されたい（後掲の問題 7.3 (7) 参照）．これは，ラプラス変換における表現上の約束である．

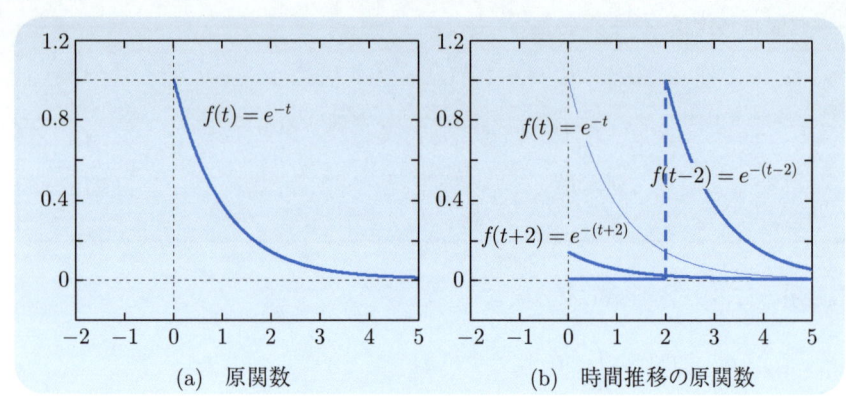

図 **7.4** 原関数の時間推移特性

次に負方向へ時間推移した信号 $f(t+2) = e^{-(t+2)}$ を考える．本信号をラプラス変換の対象とする場合には，時間 $t < 0$ における値はゼロとしなければならない（図 7.4 (b) 参照）．すなわち，負側に時間推移された原関数 $f(t+2)$ に対しても時間の定義域は $t \geq 0$ であり，$f(t+2) ; t \geq 0$ を意味する．換言するならば，本原関数は時間 $t < 0$ ではゼロを取り，$f(t+2) = 0 ; t < 0$ を意味する．これも，ラプラス変換における表現上の約束である．

―**複素推移定理**（complex shift theorem）――

$$e^{-at}f(t) \leftrightarrow F(s+a) \quad ; \quad a = \text{複素定数} \tag{7.20}$$

【証明】 (7.3) 式の定義に従い整理すると，定理の像関数を得る．すなわち，

$$\begin{aligned}
\mathcal{L}\{e^{-at}f(t)\} &= \int_0^\infty e^{-at}f(t)e^{-st}\,dt \\
&= \int_0^\infty f(t)e^{-(s+a)t}\,dt \\
&= F(s+a) \tag{7.21}
\end{aligned}$$

7.3 ラプラス変換の性質

―時間微分定理―

$$\frac{d}{dt}f(t) \leftrightarrow sF(s) - f(0_+) \tag{7.22a}$$

$$f(0_+) = \lim_{t \to 0} f(t) \quad ; t > 0 \tag{7.22b}$$

一般に，

$$f^{(n)}(t) \leftrightarrow s^n F(s) - \sum_{k=1}^{n} s^{n-k} f^{(k-1)}(0_+) \tag{7.23a}$$

$$f^{(n)}(t) = \frac{d^n}{dt^n} f(t) \tag{7.23b}$$

$$f^{(n)}(0_+) = \lim_{t \to 0} f^{(n)}(t) \quad ; t > 0 \tag{7.23c}$$

【証明】 (7.3) 式の定義式に部分積分を用いると，定理の像関数を得る．すなわち，

$$\begin{aligned}
\mathcal{L}\left\{\frac{d}{dt}f(t)\right\} &= \int_0^\infty \left(\frac{d}{dt}f(t)\right) e^{-st}\,dt \\
&= f(t)e^{-st}\Big|_0^\infty - \int_0^\infty f(t)(-se^{-st})\,dt \\
&= -f(0_+) + sF(s)
\end{aligned} \tag{7.24}$$

なお，上式右辺第 1 項の評価に際しては，(7.10) 式に示した $f(\infty)e^{-s\infty} = 0$ の性質を利用した．

2 階微分信号のラプラス変換は，(7.22) 式の関係を繰返し利用すると，次式となる．

$$\begin{aligned}
\mathcal{L}\left\{\frac{d^2}{dt^2}f(t)\right\} &= s\mathcal{L}\{f^{(1)}(t)\} - f^{(1)}(0_+) \\
&= s^2 F(s) - sf(0_+) - f^{(1)}(0_+)
\end{aligned} \tag{7.25}$$

同様にして，n 階の時間微分信号に関しては，(7.23) 式の像関数を得る． □

(7.22b) 式における初期値の表現方法は，複素フーリエ級数（図 2.1, 2.3, (2.20) 式参照），フーリエ変換（(4.19) 式参照）で使用した表現方法と同一である．念のため，改めて図 7.5 の時間信号 $f(t)$ 用い説明する．時刻 $t = 0$ では信号 $f(t)$ は不連続であり，負側の時刻から見た時刻（$t \to 0_-$）での値 $f(0_-)$ と，正側の時刻から見た時刻（$t \to 0_+$）での値 $f(0_+)$ とは異なる．(7.22b) 式は，正側の時刻から見た値（すなわち初期値）を意味する．以降のラプラス変換の説明において断りなく $f(0)$ を使用した場合には，これは $f(0_+)$ を意味するものとする．

時間積分定理

$$\int_0^t f(\tau)\,d\tau \leftrightarrow \frac{1}{s} F(s) \tag{7.26}$$

【証明】　(7.3) 式の定義式に部分積分を用いると，定理の像関数を得る．すなわち，

$$\begin{aligned}
\mathcal{L}\left\{\int_0^t f(\tau)\,d\tau\right\} &= \int_0^\infty \left(\int_0^t f(\tau)\,d\tau\right) e^{-st}\,dt \\
&= \left(\int_0^t f(\tau)\,d\tau\right) \frac{-e^{-st}}{s}\bigg|_0^\infty + \frac{1}{s}\int_0^\infty f(t)\,e^{-st}\,dt \\
&= \frac{1}{s} F(s)
\end{aligned} \tag{7.27}$$

なお，上式右辺第 1 項の評価に際しては，$e^{-s\infty} = 0$ の性質を利用した．　□

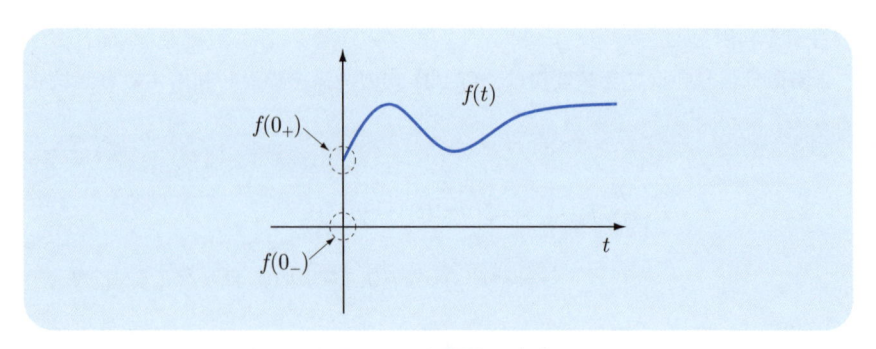

図 **7.5**　初期値の意味

7.3 ラプラス変換の性質

複素微分定理 (complex differentiation theorem)

$$tf(t) \leftrightarrow -\frac{dF(s)}{ds} \tag{7.28}$$

一般に,

$$t^n f(t) \leftrightarrow (-1)^n \frac{d^n F(s)}{ds^n} \tag{7.29}$$

【証明】 (7.3) 式の定義式の両辺を複素数 s で微分すると, 定理の像関数を得る. すなわち,

$$\begin{aligned}\frac{dF(s)}{ds} &= \frac{d}{ds}\int_0^\infty f(t)e^{-st}\,dt \\ &= \int_0^\infty f(t)\left(\frac{d}{ds}e^{-st}\right)dt = -\int_0^\infty tf(t)e^{-st}\,dt \end{aligned} \tag{7.30}$$

(7.29) 式の証明も同様である. □

複素積分定理 (complex integration theorem)

$$\frac{f(t)}{t} \leftrightarrow \int_s^\infty F(x)\,dx \tag{7.31}$$

【証明】 (7.31) 式の像関数に (7.3) 式の定義式を適用すると, 定理の像関数を得る. すなわち,

$$\begin{aligned}\int_s^\infty F(x)\,dx &= \int_s^\infty \left(\int_0^\infty f(t)e^{-xt}\,dt\right)dx \\ &= \int_0^\infty f(t)\left(\int_s^\infty e^{-xt}\,dx\right)dt = \int_0^\infty \frac{f(t)}{t}e^{-st}\,dt \end{aligned} \tag{7.32a}$$

なお, 上式の評価には, 次の関係を利用した.

$$\int_s^\infty e^{-xt}\,dx = -\frac{1}{t}e^{-xt}\bigg|_s^\infty = \frac{e^{-st}}{t} \tag{7.32b}$$

□

時間畳み込み定理

$$\int_0^t f_1(t-\tau)f_2(\tau)\,d\tau \leftrightarrow F_1(s)F_2(s) \tag{7.33}$$

【証明】 (7.33) 式の原関数をラプラス変換定義式である (7.3) 式に用いた上で, $f_1(t)=0\,;\,t<0$ であることに注意し, $e^{-st}=e^{-s\tau}e^{-s(t-\tau)}$ と分割すると, 定理の像関数を得る. すなわち,

$$\begin{aligned}
\mathcal{L}\left\{\int_0^t f_1(t-\tau)f_2(\tau)\,d\tau\right\} &= \int_0^\infty \left(\int_0^t f_1(t-\tau)f_2(\tau)\,d\tau\right)e^{-st}\,dt \\
&= \int_0^\infty f_2(\tau)e^{-s\tau}\left(\int_0^\infty f_1(t-\tau)e^{-s(t-\tau)}\,dt\right)d\tau \\
&= F_1(s)\int_0^\infty f_2(\tau)e^{-s\tau}\,d\tau = F_1(s)F_2(s) \tag{7.34a}
\end{aligned}$$

上式における $F_1(s)$ の評価は, 以下のように行った.

$$\begin{aligned}
\int_0^\infty f_1(t-\tau)e^{-s(t-\tau)}\,dt &= \int_{-\tau}^\infty f_1(x)e^{-sx}\,dx \\
&= \int_0^\infty f_1(x)e^{-sx}\,dx = F_1(s) \tag{7.34b}
\end{aligned}$$

□

複素畳み込み定理 (complex convolution theorem)

$$f_1(t)f_2(t) \leftrightarrow \frac{1}{2\pi j}\int_{\sigma_1-j\infty}^{\sigma_1+j\infty} F_1(s-x)F_2(x)\,dx \tag{7.35}$$

【証明】 (7.3) 式のラプラス変換式と (7.11) 式のラプラス逆変換式を活用すると, 定理の像関数を得る. すなわち,

$$\begin{aligned}
\mathcal{L}\{f_1(t)f_2(t)\} &= \int_0^\infty f_1(t)f_2(t)e^{-st}\,dt \\
&= \frac{1}{2\pi j}\int_0^\infty f_1(t)\left(\int_{\sigma_1-j\infty}^{\sigma_1+j\infty} F_2(x)\,e^{xt}\,dx\right)e^{-st}\,dt \\
&= \frac{1}{2\pi j}\int_{\sigma_1-j\infty}^{\sigma_1+j\infty}\left(\int_0^\infty f_1(t)e^{-(s-x)t}\,dt\right)F_2(x)\,dx \\
&= \frac{1}{2\pi j}\int_{\sigma_1-j\infty}^{\sigma_1+j\infty} F_1(s-x)F_2(x)\,dx \tag{7.36}
\end{aligned}$$

□

7.3 ラプラス変換の性質

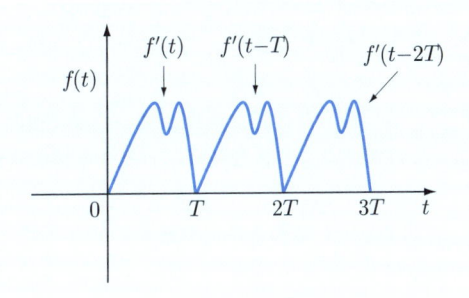

図 7.6 周期関数の 1 例

---**周期定理 (periodicity theorem)**---

時間 $0 \leq t < T$ である値をもち，$t \geq T$ ではゼロをもつ原関数 $f'(t)$ を考える．周期 T をもつ周期関数 $f(t)$ として，前記 $f'(t)$ を用いた次のものを考える（図 7.6 参照）．

$$f(t) = \sum_{k=0}^{\infty} f'(t - kT) \tag{7.37}$$

$f'(t)$, $F'(s)$ をラプラス変換対とするとき，次の関係が成立する．

$$f(t) \leftrightarrow F(s) = \frac{F'(s)}{1 - e^{-Ts}} \tag{7.38}$$

【証明】 (7.3) 式の定義に従うと，定理の像関数を得る．すなわち，

$$\begin{aligned}
\mathcal{L}\{f(t)\} &= \mathcal{L}\left\{\sum_{k=0}^{\infty} f'(t - kT)\right\} \\
&= \sum_{k=0}^{\infty} \mathcal{L}\{f'(t - kT)\} \\
&= \sum_{k=0}^{\infty} e^{-kTs} F'(s) \\
&= \sum_{k=0}^{\infty} (e^{-Ts})^k \cdot F'(s) \\
&= \frac{F'(s)}{1 - e^{-Ts}}
\end{aligned} \tag{7.39}$$

□

問題 7.2

(1) **時間微分** ラプラス変換の時間微分定理とフーリエ変換の時間微分定理の同異性を確認せよ．

(2) **時間積分** ラプラス変換の時間積分定理とフーリエ変換の時間積分定理の同異性を確認せよ．この際，ラプラス変換とフーリエ変換の定義域の相違を検討せよ．

(3) **畳込み積分** 時間 $t \geq 0$ で定義された原関数に対して畳込み積分を考える．また，(7.33) 式左辺に示した畳込み積分を簡単に次式のように表現する．

$$f_1(t) * f_2(t) \equiv \int_0^\infty f_1(t-\tau) f_2(\tau)\, d\tau$$

このとき，次の**交換則**が成立することを証明せよ．

$$f_1(t) * f_2(t) = f_2(t) * f_1(t)$$

(4) **畳込み積分** 時間 $t \geq 0$ で定義された原関数に対する畳込み積分に関し，次の**結合則**が成立することを証明せよ．

$$(f_1(t) * f_2(t)) * f_3(t) = f_1(t) * (f_2(t) * f_3(t))$$

(5) **畳込み積分** 時間 $t \geq 0$ で定義された原関数 $f_1(t), f_2(t)$ のラプラス変換を，おのおの像関数 $F_1(s), F_2(s)$ と表現する．このとき，次の変換対が成立することを示せ（デュアメルの公式，**Duhamel formular**）．

$$\frac{d}{dt}(f_1(t) * f_2(t)) \leftrightarrow sF_1(s)F_2(s)$$

7.3.2 初期値定理と最終値定理

ラプラス変換の有用な性質の一つに**初期値定理**と**最終値定理**がある．これによれば，像関数から原関数の初期値，最終値を得ることができる．両定理は，以下のように整理される．

初期値定理（initial-value theorem）

$$\begin{aligned} f(0_+) &= \lim_{t \to 0} f(t) \\ &= \lim_{s \to \infty} sF(s) \quad ; \quad t > 0 \end{aligned} \tag{7.40}$$

【証明】 (7.22) 式の時間微分定理より，次式を得る．

$$\begin{aligned}
\lim_{s\to\infty}(sF(s)-f(0_+)) &= \lim_{s\to\infty}\left(\int_0^\infty \left(\frac{d}{dt}f(t)\right)e^{-st}\,dt\right) \\
&= \int_0^\infty \left(\frac{d}{dt}f(t)\right)\left(\lim_{s\to\infty}e^{-st}\right)dt \\
&= \int_0^\infty \left(\frac{d}{dt}f(t)\right)\cdot 0\,dt \\
&= 0 \qquad\qquad (7.41)
\end{aligned}$$

上式は，定理を意味する． □

―最終値定理 (final-value theorem)―――――――――

$$\begin{aligned}
f(\infty) &= \lim_{t\to\infty} f(t) \\
&= \lim_{s\to 0} sF(s) \qquad\qquad (7.42)
\end{aligned}$$

【証明】 (7.22) 式の時間微分定理より，次式を得る．

$$\begin{aligned}
\lim_{s\to 0}(sF(s)-f(0_+)) &= \lim_{s\to 0}\left(\int_0^\infty \left(\frac{d}{dt}f(t)\right)e^{-st}\,dt\right) \\
&= \int_0^\infty \left(\frac{d}{dt}f(t)\right)\left(\lim_{s\to 0}e^{-st}\right)dt \\
&= \int_0^\infty \left(\frac{d}{dt}f(t)\right)dt \\
&= f(t)|_0^\infty \\
&= f(\infty)-f(0_+) \qquad\qquad (7.43)
\end{aligned}$$

上式は，定理を意味する． □

　最終値定理においては，$s \to 0$ の操作を必要とする．本操作が意味をもつためには，ラプラス変換の定義域が複素平面の原点を包含する必要がある．図 7.3 においては，増加指数 σ_0 は $\sigma_0 < 0$ でなくてはならない．最終値定理は無条件に利用できないので，注意されたい（後掲の問題 7.4 (2), (3) 参照）．

7.4 基本信号のラプラス変換

7.4.1 第 1 基本信号

最も基本的と思われる時間信号を第 1 基本信号とし，これらのラプラス変換を導出する．

例題 7.1

時間 $t \geq 0$ で定義された次の**矩形パルス信号** $\delta_e(t)$ を考える（図 7.7 (a) 参照）．

$$\delta_e(t) = \begin{cases} \dfrac{1}{e} & ; \ 0 \leq t \leq e \\ 0 & ; \ t > e \end{cases} \tag{7.44}$$

矩形パルス信号 $\delta_e(t)$ の期間 $0 \leq t \leq e$ での積分値は，1 である．時間 $t \geq 0$ で定義された $\delta_e(t)$ を用いて，超関数としての**デルタ関数** $\delta(t)$ を以下のように定義する（図 7.7 (b) 参照）．

$$\delta(t) = \lim_{e \to 0} \delta_e(t) \tag{7.45}$$

本デルタ関数で表現された**インパルス信号**のラプラス変換を求めよ．

解答 超関数としてのデルタ関数に関しては，次の性質が成立する（4.5 節参照）．

$$\int_0^\infty \delta(t-T)f(t)\,dt = \lim_{e \to 0} \int_0^\infty \delta_e(t-T)f(t)\,dt = f(T) \tag{7.46}$$

上式より，デルタ関数で表現されたインパルス信号のラプラス変換は，次式となる．

$$\mathcal{L}\{\delta(t)\} = \int_0^\infty \delta(t)e^{-st}\,dt = e^0 = 1 \tag{7.47}$$

7.4 基本信号のラプラス変換

(a) 矩形パルス信号

(b) インパルス信号

図 **7.7** 矩形パルス信号とインパルス信号

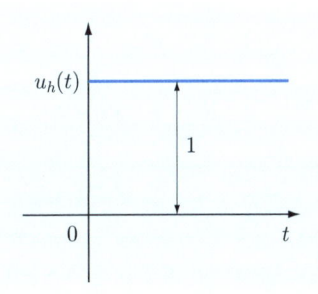

図 **7.8** 単位ステップ信号

例題 7.2

次式で定義された**単位ステップ信号（ヘビサイド関数）** $u_h(t)$ を考え，このラプラス変換を求めよ（図 7.8 参照）．

$$u_h(t) = \int_0^t \delta(\tau)\,d\tau = 1 \quad ; \quad t \geq 0 \tag{7.48}$$

解答 単位ステップ信号のラプラス変換は，(7.47) 式に時間積分定理を適用すると，次式となる．

$$\mathcal{L}\{u_h(t)\} = \frac{1}{s} \tag{7.49}$$

単位ステップ信号のラプラス変換は，定義式より直接的に得ることも可能である．すなわち，

$$\mathcal{L}\{u_h(t)\} = \int_0^\infty u_h(t)\, e^{-st}\, dt = -\frac{1}{s} e^{-st} \bigg|_0^\infty = \frac{1}{s} \qquad (7.50)$$

上式の導出には，(7.10) 式の性質，すなわち $e^{-s\infty} = 0$ を利用した．

---**例題 7.3**---

n 次信号 $t^n/n!$ を考え，このラプラス変換を求めよ．

解答 (7.49) 式あるいは (7.50) 式に，複素微分定理を適用すると，n 次信号のラプラス変換を次のように得る．

$$\mathcal{L}\left\{\frac{t^n}{n!}\right\} = \frac{1}{s^{n+1}} \qquad (7.51)$$

ただし，$0! = 1$ である．

図 7.9 に $n = 1 \sim 4$ の場合の n 次信号を例示した．

---**例題 7.4**---

指数信号 $(t^n/n!)\, e^{-at}$ を考え，このラプラス変換を求めよ．

解答 (7.51) 式に複素推移定理を適用すると，当該指数信号のラプラス変換を次のように得る．

$$\mathcal{L}\left\{\frac{t^n}{n!}\, e^{-at}\right\} = \frac{1}{(s+a)^{n+1}} \qquad (7.52)$$

図 7.10 に $a = 1$, $n = 1 \sim 4$ の場合の指数信号を例示した．(7.52) 式において $n = 1$ とする場合には，次の関係を得る．

$$\mathcal{L}\{e^{-at}\} = \frac{1}{s+a} \qquad (7.53)$$

---**例題 7.5**---

余弦信号 $\cos\omega_0 t$，正弦信号 $\sin\omega_0 t$ を考え，これらのラプラス変換を求めよ．

解答 余弦・正弦信号のラプラス変換は，(7.53) 式を利用すると次のように得る．

7.4 基本信号のラプラス変換

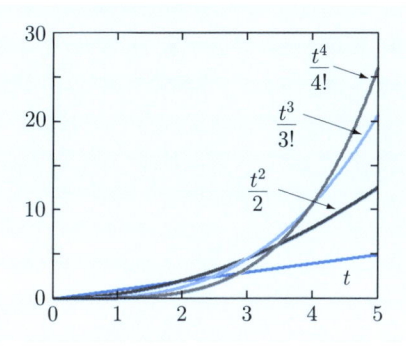

図 7.9 n 次信号

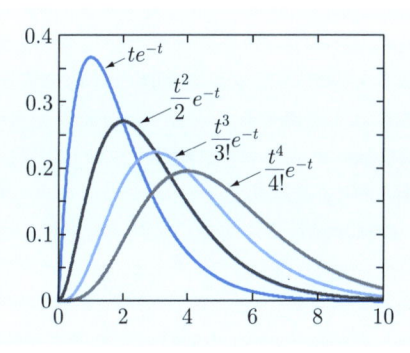

図 7.10 指数信号

$$\mathcal{L}\{\cos\omega_0 t\} = \mathcal{L}\left\{\frac{e^{j\omega_0 t} + e^{-j\omega_0 t}}{2}\right\} = \frac{1}{2}\left(\frac{1}{s-j\omega_0} + \frac{1}{s+j\omega_0}\right)$$
$$= \frac{s}{s^2+\omega_0^2} \tag{7.54a}$$

$$\mathcal{L}\{\sin\omega_0 t\} = \mathcal{L}\left\{\frac{e^{j\omega_0 t} - e^{-j\omega_0 t}}{2j}\right\} = \frac{1}{2j}\left(\frac{1}{s-j\omega_0} - \frac{1}{s+j\omega_0}\right)$$
$$= \frac{\omega_0}{s^2+\omega_0^2} \tag{7.54b}$$

□

問題 7.3

(1) **インパルス信号** 単位ステップ信号 $u_h(t)$ のラプラス変換に時間微分定理を適用して，インパルス信号のラプラス変換を求めよ．これより，次の関係を確認せよ．

$$\frac{d\,u_h(t)}{dt} = \delta(t)$$

(2) **インパルス信号** インパルス信号のラプラス変換とフーリエ変換（(4.135) 式参照）とを比較し，その同異性を確認せよ．

(3) **単位ステップ信号** 単位ステップ信号のラプラス変換とフーリエ変換（(4.143) 式参照）とを比較し，その同異性を確認せよ．また，差異の原因を述べよ．

(4) **指数信号** 単位ステップ信号のラプラス変換に複素推移定理を適用し，(7.53) 式を導出せよ．

(5) **指数信号** 指数信号 e^{-at} をラプラス変換の定義式である (7.3) 式に適用して，直接的に (7.53) 式を導出せよ．

(6) **指数信号** 指数信号 e^{-at} のラプラス変換とフーリエ変換（問題 4.5 (2) 参照）とを比較し，その同異性を確認せよ．

(7) **時間推移定理** 原関数 $f(t)$ として次の余弦信号を考える．

$$f(t) = \cos\omega_0(t-T) \quad ; \quad T > 0$$

本原関数のラプラス変換は，(7.54a) 式に時間推移定理を活用すると，以下のように求められる．

$$\mathcal{L}\{f(t)\} = \mathcal{L}\{\cos\omega_0\,(t-T)\} = \frac{e^{-Ts}\,s}{s^2+\omega_0^2}$$

一方，原関数は，三角関数の**加法定理**を用い次のように展開される．

$$f(t) = \cos\omega_0\,(t-T) = \cos\omega_0 T \cos\omega_0 t + \sin\omega_0 T \sin\omega_0 t$$

上式のラプラス変換は，(7.54) 式に線形定理を適用すると，以下のように求められる．

$$\mathcal{L}\{f(t)\} = \mathcal{L}\{\cos\omega_0\,(t-T)\} = \frac{(\cos\omega_0 T)\,s + (\sin\omega_0 T)\,\omega_0}{s^2+\omega_0^2}$$

両ラプラス変換の相違の原因を説明せよ．

7.4 基本信号のラプラス変換

7.4.2 第 2 基本信号

第 1 基本信号のラプラス変換を利用することにより，原関数のラプラス変換が容易に得られ，しかも基本的重要性を有する原関数がある．本項では，このような原関数を第 2 基本信号とし，これらのラプラス変換を求めておく．

例題 7.6

原関数として (7.44) 式及び図 7.7 (a) の**矩形パルス信号**を考え，このラプラス変換を求めよ．

[解答] 本パルス信号は，次のように**単位ステップ信号** $u_h(t)$ を利用して表現することもできる．

$$\delta_e(t) = \frac{1}{e}\left(u_h(t) - u_h(t-e)\right) \tag{7.55a}$$

矩形パルス信号のラプラス変換は，(7.55a) 式に (7.49) 式と時間推移定理とを活用すると，以下のように求められる．

$$\mathcal{L}\{\delta_e(t)\} = \mathcal{L}\left\{\frac{1}{e}\left(u_h(t) - u_h(t-e)\right)\right\} = \frac{1-e^{-es}}{es} \tag{7.55b}$$

□

例題 7.7

原関数 $f(t)$ として，次の**指数余弦信号**，**指数正弦信号**を考え，これらのラプラス変換を求めよ．

$$f(t) = e^{-at}\cos\omega_0 t \tag{7.56a}$$
$$f(t) = e^{-at}\sin\omega_0 t \tag{7.56b}$$

[解答] 指数余弦信号のラプラス変換は，(7.54a) 式に複素推移定理を適用し，以下のように求められる．

$$\mathcal{L}\{f(t)\} = \mathcal{L}\{e^{-at}\cos\omega_0 t\} = \frac{(s+a)}{(s+a)^2 + \omega_0^2} \tag{7.57a}$$

同様にして，指数正弦信号のラプラス変換は次のように求められる．

$$\mathcal{L}\{f(t)\} = \mathcal{L}\{e^{-at}\sin\omega_0 t\} = \frac{\omega_0}{(s+a)^2 + \omega_0^2} \tag{7.57b}$$

□

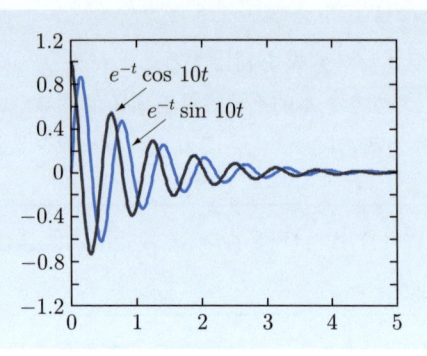

図 **7.11**　指数余弦・正弦信号

$a = 1$, $\omega_0 = 10$ を条件に，指数余弦信号と指数正弦信号を図 7.11 に示した．

―― 例題 **7.8** ――――――――――――――――――――
原関数 $f(t)$ として，次の**指数余弦信号**，**指数正弦信号**を考え，これらのラプラス変換を求めよ．

$$f(t) = te^{-at}\cos\omega_0 t \tag{7.58a}$$

$$f(t) = te^{-at}\sin\omega_0 t \tag{7.58b}$$

解答　指数余弦信号のラプラス変換は，(7.57a) 式に複素微分定理を適用し，以下のように求められる．

$$\mathcal{L}\{f(t)\} = \mathcal{L}\{te^{-at}\cos\omega_0 t\} = \frac{d}{ds}\frac{-(s+a)}{(s+a)^2 + \omega_0^2}$$

$$= \frac{(s+a)^2 - \omega_0^2}{((s+a)^2 + \omega_0^2)^2} \tag{7.59a}$$

同様にして，指数正弦信号のラプラス変換は (7.57b) 式より次のように求められる．

$$\mathcal{L}\{f(t)\} = \mathcal{L}\{te^{-at}\sin\omega_0 t\} = \frac{d}{ds}\frac{-\omega_0}{(s+a)^2 + \omega_0^2}$$

$$= \frac{2\omega_0(s+a)}{((s+a)^2 + \omega_0^2)^2} \tag{7.59b}$$

7.4 基本信号のラプラス変換

---**例題 7.9**---

原関数 $f(t)$ として,次の**双曲線余弦信号**,**双曲線正弦信号**を考え,これらのラプラス変換を求めよ.

$$f(t) = \cosh at = \frac{e^{at} + e^{-at}}{2} \qquad (7.60\text{a})$$

$$f(t) = \sinh at = \frac{e^{at} - e^{-at}}{2} \qquad (7.60\text{b})$$

解答 双曲線余弦信号のラプラス変換は,(7.53) 式に線形定理を適用し,以下のように求められる.

$$\begin{aligned}\mathcal{L}\{f(t)\} = \mathcal{L}\{\cosh at\} &= \mathcal{L}\left\{\frac{e^{at} + e^{-at}}{2}\right\} = \frac{1}{2}\left(\frac{1}{s-a} + \frac{1}{s+a}\right) \\ &= \frac{s}{s^2 - a^2}\end{aligned} \qquad (7.61\text{a})$$

同様にして,双曲線正弦信号のラプラス変換は次のように求められる.

$$\mathcal{L}\{\sinh at\} = \mathcal{L}\left\{\frac{e^{at} - e^{-at}}{2}\right\} = \frac{a}{s^2 - a^2} \qquad (7.61\text{b})$$

□

$a = 1$ を条件に,双曲線余弦信号と双曲線正弦信号を図 7.12 に示した.

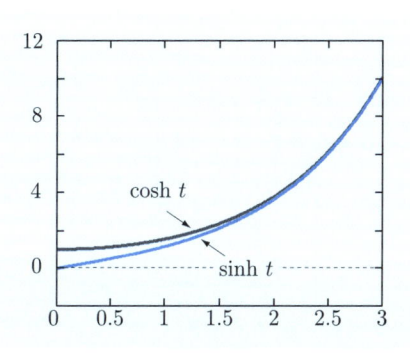

図 **7.12** 双曲線余弦・正弦信号

例題 7.10

(7.37) 式に定義された**周期信号**を考える．周期信号における 1 周期分の信号 $f'(t)$ を次式とする（図 7.13 参照）．

$$f'(t) = u_h(t) - 2u_h\left(t - \frac{T}{2}\right) + u_h(t - T) \tag{7.62}$$

本周期信号のラプラス変換を求めよ．

解答 上の 1 周期分信号 $f'(t)$ のラプラス変換は，(7.62) 式に (7.49), (7.50) 式と時間推移定理とを活用すると，次のように求められる．

$$\begin{aligned}\mathcal{L}\{f'(t)\} &= \mathcal{L}\left\{u_h(t) - 2u_h\left(t - \frac{T}{2}\right) + u_h(t - T)\right\} \\ &= \frac{1 - 2e^{-Ts/2} + e^{-Ts}}{s} = \frac{(1 - e^{-Ts/2})^2}{s}\end{aligned} \tag{7.63a}$$

したがって，当該周期信号のラプラス変換は，(7.63a) 式を (7.38) 式に適用し以下のように求められる．

$$\begin{aligned}\mathcal{L}\{f(t)\} &= \frac{F'(s)}{1 - e^{-Ts}} = \frac{(1 - e^{-Ts/2})^2}{(1 - e^{-Ts})s} \\ &= \frac{1 - e^{-Ts/2}}{(1 + e^{-Ts/2})s}\end{aligned} \tag{7.63b}$$

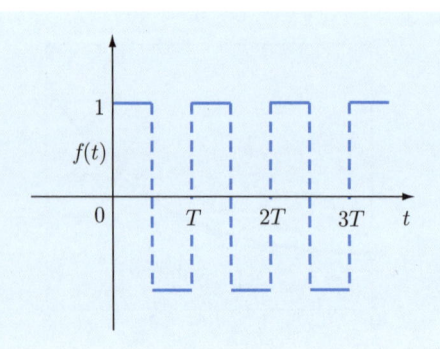

□

図 7.13 周期矩形関数

7.4 基本信号のラプラス変換

問題 7.4

(1) **指数正弦信号** (7.57) 式に示した指数余弦・正弦信号のラプラス変換と問題 4.7 における指数減衰の余弦・正弦信号のフーリエ変換との同異を確認せよ．

(2) **初期値定理と最終値定理** (7.56a) 式の指数余弦信号を考える．本信号において，$a > 0$ とする．本信号の初期値，最終値に関しては次式が成立する．

$$f(0_+) = 1, \quad f(\infty) = 0$$

上の初期値，最終値を，指数余弦信号のラプラス変換である (7.57a) 式に初期値定理，最終値定理を適用し求めよ．

(3) **初期値定理と最終値定理** 再び (7.56a) 式の指数余弦信号を考える．本信号において，$a = 0$ とする．本信号の初期値，最終値に関しては次式が成立する．

$$f(0_+) = 1, \quad f(\infty) \neq 0$$

上の初期値，最終値を (7.57a) 式に初期値定理，最終値定理を適用して求めよ．また，最終値定理が適用できない理由を述べよ．

(4) **特殊関数のラプラス変換** 次のラプラス変換対の証明を試みよ．

$$\frac{1}{\sqrt{t}} \leftrightarrow \sqrt{\frac{\pi}{s}}$$

(5) **特殊関数のラプラス変換** 次のラプラス変換対の証明を試みよ．

① $\dfrac{a}{2\sqrt{\pi t^3}} \exp\left(-\dfrac{a^2}{4t}\right) \leftrightarrow \exp(-a\sqrt{s}) \quad ; \ a > 0$

② $\dfrac{1}{\sqrt{\pi t}} \exp\left(-\dfrac{a^2}{4t}\right) \leftrightarrow \dfrac{\exp(-a\sqrt{s})}{\sqrt{s}} \quad ; \ a > 0$

③ $1 - \mathrm{erf}\left(\dfrac{a}{2\sqrt{t}}\right) \leftrightarrow \dfrac{\exp(-a\sqrt{s})}{s} \quad ; \ a > 0$

ただし，$\mathrm{erf}(x)$ は次式で定義された**誤差関数**（**error function**）である．

$$\mathrm{erf}(x) = \frac{2}{\sqrt{\pi}} \int_0^x \exp(-y^2)\, dy$$

第8章
ラプラス逆変換

ラプラス変換が原関数から像関数への関数変換ならば,ラプラス逆変換は像関数から原関数への関数変換である.広い意味でのラプラス変換は,両関数変換が一対となって,その有用性を発揮する.本章では,ラプラス逆変換の実際的な遂行法を解説する.

[8章の内容]
部分分数展開によるラプラス逆変換
部分分数展開法
ラプラス逆変換の遂行例

8.1 部分分数展開によるラプラス逆変換

8.1.1 一般的な場合

像関数 $F(s)$ に対するラプラス逆変換の遂行は，当然のことながら，(7.12) 式に直接的に従い行うことができる．しかし，像関数 $F(s)$ が，二つの定係数**多項式**（**polynomial**）による**有理関数**（**rational function**）（有理多項式，rational polynomial とも呼ばれる）として記述される場合には，7.3 節で説明したラプラス変換の諸性質と 7.4 節で説明した基本信号のラプラス変換とを活用し，像関数 $F(s)$ のラプラス逆変換を遂行するのが簡単であり，実際的である．

像関数 $F(s)$ として，定係数 a_i, b_i をもつ次の有理関数を考える．

$$F(s) = \frac{B(s)}{A(s)} = \frac{b_n s^n + b_{n-1} s^{n-1} + \cdots + b_0}{s^n + a_{n-1} s^{n-1} + a_{n-2} s^{n-2} + \cdots + a_0} \tag{8.1}$$

上式の分母多項式 $A(s)$ は**特性多項式**（**characteristic polynomial**）と呼ばれ，これをゼロとおいた次式は**特性方程式**（**characteristic equation**）と呼ばれ，その根は**特性根**（**characteristic root**）あるいは**極**（**pole**）と呼ばれる[*1]．

$$A(s) = s^n + a_{n-1} s^{n-1} + a_{n-2} s^{n-2} + \cdots + a_0 = 0 \tag{8.2}$$

$A(s)$ は n 個の根をもち，以下のように因数分解することができる．

$$\begin{aligned} A(s) &= (s+p_1)^{m_1}(s+p_2)^{m_2}\cdots(s+p_r)^{m_r} \\ &= \prod_{i=1}^{r}(s+p_i)^{m_i} \quad ; \quad n = \sum_{i=1}^{r} m_i \end{aligned} \tag{8.3}$$

(8.3) 式は，i 番目の特性根 $s = -p_i$ が m_i 重根をもつことを意味しており，(8.1) 式は次のように**部分分数展開**（**partial fraction expansion**）される．

[*1] 一般に多項式の根は，零点（zero）あるいは零と呼ばれる．したがって，(8.1) 式の分子多項式 $B(s)$ の根は，零点である．元来，零点は $F(s) = 0$, $B(s) = 0$ を与える根を意味する．これに対して，極（pole）は $F(s) = \infty$ を与える根を意味する．分母多項式 $A(s)$ の根に限って，極と呼ばれる．極と特性根は同義である．

8.1 部分分数展開によるラプラス逆変換

$$F(s) = \frac{B(s)}{A(s)} = b_n + \sum_{i=1}^{r} \sum_{k=1}^{m_i} \frac{c_{ik}}{(s+p_i)^k} \tag{8.4}$$

上の部分分数展開表現においては，分子はゼロ次の定係数である点に注意されたい．像関数 $F(s)$ のラプラス逆変換は，(8.4) 式に (7.47), (7.52) 式を適用するとただちに求められる．すなわち，

$$\begin{aligned} f(t) = \mathcal{L}^{-1}\{F(s)\} &= b_n \delta(t) + \sum_{i=1}^{r} \sum_{k=1}^{m_i} \frac{c_{ik}}{(k-1)!} \, t^{k-1} \, e^{-p_i t} \\ &= b_n \delta(t) + \sum_{i=1}^{r} e^{-p_i t} \left(\sum_{k=1}^{m_i} \frac{c_{ik}}{(k-1)!} \, t^{k-1} \right) \end{aligned} \tag{8.5}$$

8.1.2 単根のみの場合

分母多項式 $A(s)$ の n 個の特性根が異なる単根の場合には（すなわち $m_i = 1$ の場合には），像関数 $F(s)$ は次式のように展開される．

$$\begin{aligned} F(s) = \frac{B(s)}{A(s)} &= b_n + \sum_{i=1}^{n} \frac{c_{i1}}{s+p_i} \\ &= b_n + \frac{c_{11}}{s+p_1} + \frac{c_{21}}{s+p_2} + \cdots + \frac{c_{n1}}{s+p_n} \end{aligned} \tag{8.6}$$

像関数 $F(s)$ のラプラス逆変換は，(8.6) 式に (7.47), (7.53) 式を適用するとただちに求められる．すなわち，

$$\begin{aligned} f(t) = \mathcal{L}^{-1}\{F(s)\} &= b_n \delta(t) + \sum_{i=1}^{n} c_{i1} \, e^{-p_i t} \\ &= b_n \delta(t) + c_{11} \, e^{-p_1 t} + c_{21} \, e^{-p_2 t} + \cdots + c_{n1} \, e^{-p_n t} \end{aligned} \tag{8.7}$$

8.1.3 n 重根のみの場合

分母多項式 $A(s)$ の特性根が単一の n 重根の場合には（すなわち $r=1$ の場合には），像関数 $F(s)$ は次式のように展開される．

$$\begin{aligned} F(s) = \frac{B(s)}{A(s)} &= b_n + \sum_{k=1}^{n} \frac{c_{1k}}{(s+p_1)^k} \\ &= b_n + \frac{c_{11}}{s+p_1} + \frac{c_{12}}{(s+p_1)^2} + \cdots + \frac{c_{1n}}{(s+p_1)^n} \end{aligned} \tag{8.8}$$

したがって，像関数 $F(s)$ のラプラス逆変換は，(8.8) 式に (7.47)，(7.52) 式を適用するとただちに求められる．すなわち，

$$f(t) = \mathcal{L}^{-1}\{F(s)\} = b_n \delta(t) + e^{-p_1 t} \sum_{k=1}^{n} \frac{c_{1k}}{(k-1)!} t^{k-1}$$

$$= b_n \delta(t) + e^{-p_1 t}\left(c_{11} + c_{12} t + \cdots + \frac{c_{1n}}{(n-1)!} t^{n-1}\right) \quad (8.9)$$

8.2 部分分数展開法

8.2.1 係数決定の 3 方法

像関数 $F(s)$ が (8.4) 式のように部分分数展開できれば，このラプラス逆変換は，(8.5) 式としてただちに求めることができる．問題は，部分分数展開における係数の決定にある．本決定法としては，**未定係数法**，**ヘビサイドの方法**，**混合法**の 3 方法がある．以下に，像関数 $F(s)$ として次の有理関数を考え，これらの概要を例示する．

$$F(s) = \frac{6}{(s+1)(s+3)} = \frac{c_1}{s+1} + \frac{c_2}{s+3} \quad (8.10)$$

[1] 未定係数法　未定係数法は，(8.10) 式両辺の分子多項式の各次数係数を等置して連立方程式を構成し，本方程式の求解を通じ，係数 c_i を求めるものである．

本連立方程式は，(8.10) 式右辺の統合を通じ以下のように構成される．

$$\frac{6}{(s+1)(s+3)} = \frac{c_1(s+3) + c_2(s+1)}{(s+1)(s+3)} = \frac{(c_1+c_2)s + (3c_1+c_2)}{(s+1)(s+3)} \quad (8.11\text{a})$$

$$c_1 + c_2 = 0, \quad 3c_1 + c_2 = 6 \quad (8.11\text{b})$$

(8.11b) 式の連立方程式を求解すると，$[c_1 \ \ c_2] = [3 \ \ -3]$ を得る．

[2] ヘビサイドの方法　連立方程式の求解を必要とする未定係数法に対し，連立方程式求解の要なく係数 c_i を定めるのがヘビサイドの方法である．

(8.10) 式の両辺に分母多項式の因数 $(s+1)$ を乗ずると，

$$(s+1)F(s) = \frac{6}{s+3} = c_1 + \frac{c_2(s+1)}{s+3} \tag{8.12a}$$

上の等式はすべての s で成立している．この点を考慮の上，上式の第 2 辺と第 3 辺とを $s=-1$ で評価すると，ただちに係数 c_1 を得る．すなわち，

$$c_1 = c_1 + \left.\frac{c_2(s+1)}{s+3}\right|_{s=-1} = \left.\frac{6}{s+3}\right|_{s=-1} = 3 \tag{8.12b}$$

同様に，(8.10) 式の両辺に分母多項式の因数 $(s+3)$ を乗ずると

$$(s+3)F(s) = \frac{6}{s+1} = \frac{c_1(s+3)}{s+1} + c_2 \tag{8.13a}$$

この第 2 辺と第 3 辺を $s=-3$ で評価すると，ただちに係数 c_2 を得る．すなわち，

$$c_2 = \left.\frac{c_1(s+3)}{s+1} + c_2\right|_{s=-3} = \left.\frac{6}{s+1}\right|_{s=-3} = -3 \tag{8.13b}$$

[3] **混合法** 混合法は，未定係数法とヘビサイドの方法とを混合した方法である．混合法においても，ヘビサイドの方法と同様に，簡単に係数 c_i を得ることができる．

(8.11a) 式の第 1 辺と第 2 辺との分子を等置すると，

$$6 = c_1(s+3) + c_2(s+1) \tag{8.14a}$$

上の等式はすべての s で成立するので，この両辺を $s=-1$ と $s=-3$ で評価すると，

$$\left.\begin{array}{l} 6 = c_1(s+3) + c_2(s+1)|_{s=-1} = 2c_1 \\ 6 = c_1(s+3) + c_2(s+1)|_{s=-3} = -2c_2 \end{array}\right\} \tag{8.14b}$$

上式より，ただちに $[c_1 \quad c_2] = [3 \quad -3]$ を得る．

8.2.2　ヘビサイドの展開定理

部分分数展開における係数決定法の一つとして前節で例示したヘビサイドの方法は，次の展開定理として体系化される．

第8章 ラプラス逆変換

ヘビサイドの展開定理

定係数 a_i, b_i をもつ次の像関数 $F(s)$ を考える.

$$F(s) = \frac{B(s)}{A(s)} = \frac{b_n s^n + b_{n-1} s^{n-1} + \cdots + b_0}{s^n + a_{n-1} s^{n-1} + a_{n-2} s^{n-2} + \cdots + a_0} \tag{8.15a}$$

像関数 $F(s)$ を次式のように部分分数展開するとき,

$$F(s) = b_n + \sum_{i=1}^{r} \sum_{k=1}^{m_i} \frac{c_{ik}}{(s+p_i)^k} \tag{8.15b}$$

このときの係数 c_{ik} は, 次式で与えられる.

$$c_{ik} = \frac{1}{(m_i - k)!} \cdot \left. \frac{d^{m_i - k}}{ds^{m_i - k}} \left((s+p_i)^{m_i} F(s) \right) \right|_{s=-p_i} \tag{8.15c}$$

【証明】 簡単のため, n 個の特性根が異なる単根の場合 ((8.6) 式の場合) と, 単一の n 重根の場合 ((8.8) 式の場合) とに分けて証明を行う.

① **単根の場合** (8.6) 式の両辺に $(s+p_i)$ を乗じ, さらに $s=-p_i$ で評価すると, 次式を得る.

$$(s+p_i) F(s) |_{s=-p_i} = b_n (s+p_i) + \sum_{j=1}^{n} \left. \frac{c_{j1}(s+p_i)}{s+p_j} \right|_{s=-p_i} = c_{i1} \tag{8.16}$$

上式は, すべての特性根が単根の場合の (8.15c) 式を意味する.

② **重根の場合** (8.8) 式の両辺に $(s+p_1)^n$ を乗ずると,

$$(s+p_1)^n F(s) = b_n (s+p_1)^n + \sum_{j=1}^{n} c_{1j} (s+p_1)^{n-j} \tag{8.17a}$$

上式の両辺を $(n-k)$ 回微分し, $s=-p_1$ で評価すると, 次式を得る.

$$\begin{aligned}
& \left. \frac{d^{n-k}}{ds^{n-k}} \left((s+p_1)^n F(s) \right) \right|_{s=-p_1} \\
&= \left. \frac{d^{n-k}}{ds^{n-k}} \left(b_n (s+p_1)^n + \sum_{j=1}^{n} c_{1j}(s+p_1)^{n-j} \right) \right|_{s=-p_1} = (n-k)! c_{1k}
\end{aligned} \tag{8.17b}$$

上式は, すべての特性根が単一 n 重根の場合の (8.15c) 式を意味する. □

分母多項式のすべての特性根が単根の場合の係数は，(8.16) 式に代わり，以下のように求めてもよい．

$$c_{i1} = \left.\frac{B(s)}{\frac{d}{ds}A(s)}\right|_{s=-p_i} \tag{8.18}$$

上式の妥当性は，(8.16) 式にロピタルの定理（l'Hospital rule）を適用することにより，以下のように証明される．

$$\begin{aligned}c_{i1} &= (s+p_i)F(s)|_{s=-p_i} = \left.\frac{(s+p_i)B(s)}{A(s)}\right|_{s=-p_i} \\ &= \left.\frac{\frac{d}{ds}((s+p_i)B(s))}{\frac{d}{ds}A(s)}\right|_{s=-p_i} = \left.\frac{B(s)}{\frac{d}{ds}A(s)}\right|_{s=-p_i}\end{aligned} \tag{8.19}$$

8.2.3　2 次有理関数の係数決定法

ヘビサイドの展開定理は，(8.15b) 式に示しているように，基本的に個々の特性根ごとに有理関数を部分分数展開するものである．有理関数の部分分数展開の目的がラプラス逆変換の簡易遂行にあることを考慮すると，共役の複素根，虚根を有する有理関数は，複素根，虚根単位で展開した方が，都合がよい．このような展開における係数も，ヘビサイドの展開定理と同様な手順で得ることができる．以下に，本書が提案する係数決定法を説明する．

共役複素根 $-\sigma_a \pm j\omega_a$；$\omega_a > 0$ の 2 次因数を積の形で有する次の像関数を考える．

$$F(s) = F'(s)\frac{1}{s^2 + 2\sigma_a s + \sigma_a^2 + \omega_a^2} \quad;\ \omega_a > 0 \tag{8.20a}$$

本像関数のラプラス逆変換を考慮し，本像関数が当該因数対応の 2 次有理関数を和の形で有するように，これを次のように展開する．

$$F(s) = F''(s) + \frac{d_1 s + d_0}{s^2 + 2\sigma_a s + \sigma_a^2 + \omega_a^2} \quad;\ \omega_a > 0 \tag{8.20b}$$

上式の右辺第 2 項の係数 d_1, d_0 は，次の手順で定めることができる．

(8.20b) 式の両辺に 2 次因数 $(s^2 + 2\sigma_a s + \sigma_a^2 + \omega_a^2)$ を乗ずると，

$$\begin{aligned}(s^2 + 2\sigma_a s + \sigma_a^2 + \omega_a^2)F(s) &= F'(s) \\ &= (s^2 + 2\sigma_a s + \sigma_a^2 + \omega_a^2)F''(s) + d_1 s + d_0 \quad ; \omega_a > 0\end{aligned} \quad (8.21)$$

(8.21) 式がすべての s に関し成立している点を考慮の上，同式両辺を特性根 $s = -\sigma_a + j\omega_a$ またはその共役根 $s = -\sigma_a - j\omega_a$ で評価する．特性根 $s = -\sigma_a + j\omega_a$ で (8.21) 式を評価するならば，次式を得る．

$$F'(-\sigma_a + j\omega_a) = d_1(-\sigma_a + j\omega_a) + d_0 \quad ; \omega_a > 0 \quad (8.22)$$

(8.22) 式両辺の実数部，虚数部をおのおの等置することにより，所期の次式を得る．

$$\left.\begin{aligned}d_1 &= \frac{\mathrm{Im}\{F'(-\sigma_a + j\omega_a)\}}{\omega_a} \\ d_0 &= \mathrm{Re}\{F'(-\sigma_a + j\omega_a)\} + d_1 \sigma_a\end{aligned}\right\} \quad (8.23)$$

(8.21) 式を共役根 $s = -\sigma_a - j\omega_a$ で評価する場合にも，同様の結果を得る．なお，特性根が虚根の場合には，(8.20)〜(8.23) 式に $\sigma_a = 0$ の条件を付せばよい．

8.3　ラプラス逆変換の遂行例

本節では，ラプラス逆変換の実際的な遂行の様子を，例題を通じ示す．実際的な遂行法は 3 種に細分割されるが，その基本は，8.1 節に与えた**部分分数展開による方法**である．

8.3.1　部分分数展開のみによる例

[1]　特性根が実根のみの場合

──例題 8.1──

分母多項式が実単根のみをもつ次の像関数を考え，このラプラス逆変換を求めよ．

$$F(s) = \frac{1}{s(s+1)(s+2)} \quad (8.24)$$

解答 (8.24) 式を 1 次形の部分分数へ展開し,この上で (8.4), (8.5) 式を用いると,本像関数のラプラス逆変換を以下のように得る.

$$f(t) = \mathcal{L}^{-1}\{F(s)\} = \mathcal{L}^{-1}\left\{\frac{0.5}{s} - \frac{1}{s+1} + \frac{0.5}{s+2}\right\} = 0.5 - e^{-t} + 0.5e^{-2t} \quad (8.25)$$

□

---**例題 8.2**---

分母多項式が実根であるが 2 重根をもつ次の像関数を考え,このラプラス逆変換を求めよ.

$$F(s) = \frac{1}{s(s+1)^2} \quad (8.26)$$

解答 本像関数のラプラス逆変換は,この部分分数展開式に (8.4), (8.5) 式を用いると,ただちに求められる.すなわち,

$$f(t) = \mathcal{L}^{-1}\{F(s)\} = \mathcal{L}^{-1}\left\{\frac{1}{s} - \frac{1}{s+1} - \frac{1}{(s+1)^2}\right\}$$
$$= 1 - e^{-t} - te^{-t} = 1 - e^{-t}(1+t) \quad (8.27)$$

□

---**例題 8.3**---

分母多項式が実根であるが 3 重根をもつ次の像関数を考え,このラプラス逆変換を求めよ.

$$F(s) = \frac{s+2}{s(s+1)^3} \quad (8.28)$$

解答 本像関数のラプラス逆変換は,この部分分数展開式に (8.4), (8.5) 式を用いると,ただちに求められる.すなわち,

$$f(t) = \mathcal{L}^{-1}\{F(s)\} = \mathcal{L}^{-1}\left\{\frac{2}{s} - \frac{2}{s+1} - \frac{2}{(s+1)^2} - \frac{1}{(s+1)^3}\right\}$$
$$= 2 - 2e^{-t} - 2te^{-t} - 0.5\,t^2 e^{-t} = 2 - e^{-t}(2 + 2t + 0.5\,t^2) \quad (8.29)$$

□

分母多項式が実根のみをもつ像関数に対するラプラス逆変換は，例題 8.2, 8.3 のような直接的な部分分数展開による解法が簡単である．

[2] 特性根が複素根を含む場合

例題 8.4

次の 2 次像関数を考え，このラプラス逆変換を求めよ．
$$F(s) = \frac{5s+14}{s^2+4s+13} \tag{8.30}$$

解答 本像関数の特性根は $-2 \pm j3$ の共役複素根である．共役複素根の存在を考慮し，上式を余弦・正弦関数の形式に展開し，(7.57) 式を適用すると，次のラプラス逆変換を得る．

$$\begin{aligned}
f(t) = \mathcal{L}^{-1}\{F(s)\} &= \mathcal{L}^{-1}\left\{\frac{5(s+2)+4}{(s+2)^2+3^2}\right\} \\
&= 5\mathcal{L}^{-1}\left\{\frac{(s+2)}{(s+2)^2+3^2}\right\} + \frac{4}{3}\mathcal{L}^{-1}\left\{\frac{3}{(s+2)^2+3^2}\right\} \\
&= 5e^{-2t}\cos 3t + \frac{4}{3}e^{-2t}\sin 3t = e^{-2t}\left(5\cos 3t + \frac{4}{3}\sin 3t\right)
\end{aligned} \tag{8.31}$$

□

例題 8.5

次の 3 次像関数を考え，このラプラス逆変換を求めよ．
$$F(s) = \frac{5}{s(s^2+25)} \tag{8.32}$$

解答 本像関数の特性根は $0, \pm j5$ の実根と共役虚根である．実根部分は通常の部分分数展開の形とし，共役虚根部分は 2 次形として，本像関数を展開する．この上で (7.49), (7.54) 式の適用を考慮すると，本像関数のラプラス逆変換を次のように得る．

$$f(t) = \mathcal{L}^{-1}\{F(s)\} = \mathcal{L}^{-1}\left\{\frac{1}{5}\left(\frac{1}{s} - \frac{s}{s^2+25}\right)\right\} = \frac{1}{5}(1-\cos 5t) \tag{8.33}$$

□

8.3 ラプラス逆変換の遂行例

---**例題 8.6**---

次の 4 次像関数を考え,このラプラス逆変換を求めよ.

$$F(s) = \frac{4s^2 - 36s - 72}{s^2(s^2 + 36)} \tag{8.34}$$

解答 本像関数の特性根は $0, \pm j6$ の 2 重実根と共役虚根である.実根部分は通常の部分分数展開の形とし,共役虚根部分は 2 次形として,本像関数を展開する.この上で (7.51),(7.54) 式の適用を考慮すると,本像関数のラプラス逆変換を次のように得る.

$$\begin{aligned} f(t) = \mathcal{L}^{-1}\{F(s)\} &= \mathcal{L}^{-1}\left\{\left(\left(-\frac{1}{s} - \frac{2}{s^2}\right) + \frac{s+6}{s^2+36}\right)\right\} \\ &= -1 - 2t + \cos 6t + \sin 6t \end{aligned} \tag{8.35}$$

□

以上の例題から理解されるように,像関数が共役の虚根あるいは複素根の特性根を有する場合には,像関数を,共役の虚根,複素根を有する有理関数と実根を有する分母多項式との和として展開し,この上で (7.54),(7.56)〜(7.59) 式を適用すると,ラプラス逆変換を簡単に遂行できる.

[3] 条件分けを要する一般の場合 上に示したラプラス逆変換の遂行法を統合的に利用した例を示す.このための像関数 $F(s)$ として,次式を考える.

$$F(s) = \frac{\omega_n^2}{s(s^2 + 2\zeta\omega_n s + \omega_n^2)} \tag{8.36a}$$

上式における係数 ζ, ω_n は,おのおの**減衰係数**(**damping coefficient**),**固有周波数**(**natural frequency**)と呼ばれる.

(8.36a) 式は,次のように部分分数展開される.

$$F(s) = \frac{1}{s} - \frac{s + 2\zeta\omega_n}{s^2 + 2\zeta\omega_n s + \omega_n^2} \tag{8.36b}$$

(8.36b) 式右辺第 2 項の特性方程式は

$$s^2 + 2\zeta\omega_n s + \omega_n^2 = 0 \tag{8.37}$$

となり,本方程式の 2 個の特性根は,減衰係数 ζ の値により,異なる実根,

2 重実根，共役の複素根，共役の虚根となる．この点を考慮して，(8.36b) 式第 2 項の部分分数展開を変更し，像関数 $F(s)$ のラプラス逆変換を遂行する．

① $\zeta > 1$ の場合　減衰係数が 1 より大 ($\zeta > 1$) の場合の特性根は，異なる実根となり，次のように求められる．

$$s_1 = -a\omega_n, \quad s_2 = -b\omega_n \tag{8.38a}$$

ただし，

$$a = \zeta + \sqrt{\zeta^2 - 1}, \quad b = \zeta - \sqrt{\zeta^2 - 1}, \quad a > b > 0 \tag{8.38b}$$

(8.38) 式を考慮するならば，(8.36) 式の像関数 $F(s)$ は次式のように部分分数展開される．

$$F(s) = \frac{1}{s} - \frac{1}{2\sqrt{\zeta^2 - 1}} \left(-\frac{b}{s + a\omega_n} + \frac{a}{s + b\omega_n} \right) \tag{8.39}$$

上式より，原関数 $f(t)$ として次式を得る．

$$f(t) = \mathcal{L}^{-1}\{F(s)\} = 1 - \frac{1}{2\sqrt{\zeta^2 - 1}} (-be^{-a\omega_n t} + ae^{-b\omega_n t}) \tag{8.40}$$

② $\zeta = 1$ の場合　減衰係数が 1 ($\zeta = 1$) の場合の特性根は，2 重実根となり，次のように求められる．

$$s_1 = s_2 = -\omega_n \tag{8.41}$$

(8.41) 式を考慮するならば，(8.36) 式は次式のように部分分数展開される．

$$F(s) = \frac{1}{s} - \frac{s + 2\omega_n}{(s + \omega_n)^2} = \frac{1}{s} - \left(\frac{1}{s + \omega_n} + \frac{\omega_n}{(s + \omega_n)^2} \right) \tag{8.42}$$

上式より，原関数 $f(t)$ として次式を得る．

$$f(t) = \mathcal{L}^{-1}\{F(s)\} = 1 - e^{-\omega_n t}(1 + \omega_n t) \tag{8.43}$$

③ $0 < \zeta < 1$ の場合　減衰係数が $0 < \zeta < 1$ の場合には，特性根は次の共役な複素根となる．

8.3 ラプラス逆変換の遂行例

$$s_i = \left(-\zeta \pm j\sqrt{1-\zeta^2}\right)\omega_n \tag{8.44}$$

この点を考慮し，(8.36) 式を以下のように展開する．

$$\begin{aligned}F(s) &= \frac{1}{s} - \frac{(s+\zeta\omega_n) + \zeta\omega_n}{(s+\zeta\omega_n)^2 + \omega_n^2 - \zeta^2\omega_n^2} \\ &= \frac{1}{s} - \frac{(s+\zeta\omega_n) + \left(\zeta/\sqrt{1-\zeta^2}\right)\sqrt{1-\zeta^2}\,\omega_n}{(s+\zeta\omega_n)^2 + \left(\sqrt{1-\zeta^2}\,\omega_n\right)^2}\end{aligned} \tag{8.45}$$

上式より，原関数 $f(t)$ として次式を得る．

$$\begin{aligned}f(t) &= \mathcal{L}^{-1}\{F(s)\} \\ &= 1 - e^{-\zeta\omega_n t}\left(\cos\sqrt{1-\zeta^2}\,\omega_n t + \frac{\zeta}{\sqrt{1-\zeta^2}}\sin\sqrt{1-\zeta^2}\,\omega_n t\right) \\ &= 1 - \frac{e^{-\zeta\omega_n t}}{\sqrt{1-\zeta^2}}\cos\left(\sqrt{1-\zeta^2}\,\omega_n t + \phi\right)\end{aligned} \tag{8.46a}$$

ただし，

$$\phi = -\tan^{-1}\frac{\zeta}{\sqrt{1-\zeta^2}} \tag{8.46b}$$

④ $\zeta = 0$ の場合　減衰係数が $\zeta = 0$ の場合には，特性根は次の共役な虚根となる．

$$s_i = \pm j\omega_n \tag{8.47}$$

また，(8.36) 式は次式となる．

$$F(s) = \frac{1}{s} - \frac{s}{s^2 + \omega_n^2} \tag{8.48}$$

上式より，ただちに次の原関数を得る．

$$f(t) = \mathcal{L}^{-1}\{F(s)\} = 1 - \cos\omega_n t \tag{8.49}$$

(8.49) 式は，(8.44)〜(8.46) 式に $\zeta = 0$ の条件を付与しても得ることができる．

すべての場合の原関数を導出したこの時点で，原関数の工学的特性を説明しておく．図 8.1 に，原関数 $f(t)$ を，$\zeta = 0.2 \sim 1.4$ の範囲で例示した．ただし，横軸である時間軸は，$t_n = \omega_n t$ とする正規化時間とした．実時間に戻すには，$t = t_n / \omega_n$ の関係に従い，正規化時間を固有周波数 ω_n で除すればよい．

減衰係数が $\zeta \geq 1$ の場合には，原関数は振動することなく定常値に指数的に整定する．このときの指数減衰特性は，2 種のモード $e^{-a\omega_n t}$, $e^{-b\omega_n t}$ に従う．減衰係数 $\zeta > 1$ に当たる本特性は，**過減衰（over damping）** あるいは**過制動**と呼ばれる．

特性根が 2 重実根の場合には，原関数の特性は，(8.43) 式が示しているように，$e^{-\omega_n t}$, $te^{-\omega_n t}$ により支配される．減衰係数 $\zeta = 1$ に当たる本特性は，**臨界減衰（critical damping）** あるいは**臨界制動**と呼ばれる．

減衰係数が $0 < \zeta < 1$ の場合には，原関数は振動しながら，定常値に指数的に整定する．このときのモードは $e^{\left(-\zeta \pm j\sqrt{1-\zeta^2}\right)\omega_n t}$ である．本モードは，指数減衰を示す $e^{-\zeta \omega_n t}$ と，周波数 $\sqrt{1-\zeta^2}\omega_n$ [rad/s] の振動を意味する $e^{\left(\pm j\sqrt{1-\zeta^2}\right)\omega_n t}$ からなる．なお，$0 < \zeta < 1$ の場合には，周波数 $\sqrt{1-\zeta^2}\omega_n$ は**減衰固有周波数（damped natural frequency）** と呼ばれる．減衰係数 $0 < \zeta < 1$ に当たる本特性は，**不足減衰（under damping）** あるいは**不足制動**と呼ばれる．

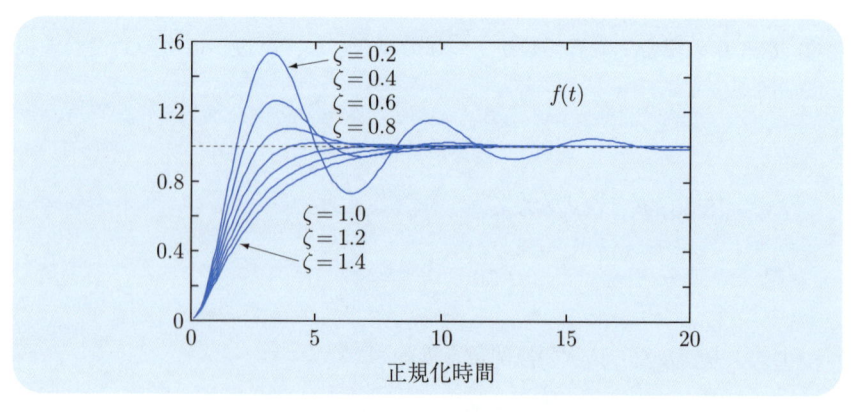

図 8.1 原関数における減衰係数の影響

減衰係数が $\zeta = 0$ の場合には，モードから指数減数因子は消滅し，振動因子のみが残る．この場合には，(8.49) 式が示しているように，原関数は整定することはなく，持続振動する．

8.3.2 時間積分定理を併用する例

像関数の分母多項式が独立的に s 因数を有する場合には，**時間積分定理**を活用して，像関数のラプラス逆変換を遂行することができる．以下に，数例を示す．

例題 8.7

(8.24) 式の像関数を考え，このラプラス逆変換を求めよ．

$$F(s) = \frac{1}{s(s+1)(s+2)} \tag{8.24}$$

解答 本像関数は，以下のように書き改めることもできる．

$$F(s) = \frac{1}{s(s+1)(s+2)} = \frac{1}{s}F'(s), \quad F'(s) = \frac{1}{(s+1)(s+2)} \tag{8.50}$$

像関数 $F'(s)$ のラプラス逆変換 $f'(t)$ は，以下のように求められる．

$$f'(t) = \mathcal{L}^{-1}\{F'(s)\} = \mathcal{L}^{-1}\left\{\frac{1}{s+1} - \frac{1}{s+2}\right\} = e^{-t} - e^{-2t} \tag{8.51}$$

したがって，像関数 $F(s)$ のラプラス逆変換 $f(t)$ は，時間積分定理により，次式となる．

$$\begin{aligned}f(t) &= \int_0^t f'(\tau)\,d\tau = \int_0^t (e^{-\tau} - e^{-2\tau})\,d\tau \\ &= \left. -e^{-\tau} + 0.5\,e^{-2\tau} \right|_0^t = 0.5 - e^{-t} + 0.5 e^{-2t}\end{aligned} \tag{8.52}$$

□

例題 8.8

(8.26) 式の像関数を考え，このラプラス逆変換を求めよ．

$$F(s) = \frac{1}{s(s+1)^2} \tag{8.26}$$

解答 本像関数は，以下のように書き改めることもできる．

$$F(s) = \frac{1}{s(s+1)^2} = \frac{1}{s}F'(s), \quad F'(s) = \frac{1}{(s+1)^2} \tag{8.53}$$

像関数 $F'(s)$ のラプラス逆変換 $f'(t)$ は，(7.52) 式より以下のように求められる．

$$f'(t) = \mathcal{L}^{-1}\{F'(s)\} = te^{-t} \tag{8.54}$$

したがって，像関数 $F(s)$ のラプラス逆変換 $f(t)$ は，時間積分定理により，次式となる．

$$\begin{aligned} f(t) &= \int_0^t f'(\tau)\,d\tau = \int_0^t \tau e^{-\tau}\,d\tau \\ &= \left. -e^{-\tau}(1+\tau) \right|_0^t = 1 - e^{-t}(1+t) \end{aligned} \tag{8.55}$$

□

例題 8.9

(8.32) 式の像関数を考え，このラプラス逆変換を求めよ．

$$F(s) = \frac{5}{s(s^2+25)} \tag{8.32}$$

解答 本像関数は，以下のように書き改めることもできる．

$$F(s) = \frac{5}{s(s^2+25)} = \frac{1}{s}F'(s), \quad F'(s) = \frac{5}{s^2+25} \tag{8.56}$$

像関数 $F'(s)$ のラプラス逆変換 $f'(t)$ は，(7.54) 式より，ただちに以下のように求められる．

$$f'(t) = \mathcal{L}^{-1}\{F'(s)\} = \sin 5t \tag{8.57}$$

したがって，像関数 $F(s)$ のラプラス逆変換 $f(t)$ は，時間積分定理により，次式となる．

$$\begin{aligned} f(t) &= \int_0^t f'(\tau)\,d\tau = \int_0^t \sin 5\tau\,d\tau \\ &= \left. -\frac{1}{5}\cos 5\tau \right|_0^t = \frac{1}{5}(1 - \cos 5t) \end{aligned} \tag{8.58}$$

□

8.3 ラプラス逆変換の遂行例

時間積分定理を併用したラプラス逆変換の遂行は，元の像関数 $F(s)$ から分割された像関数 $F'(s)$ のラプラス逆変換が単純であれば，定理併用の効果が大きい．

8.3.3 時間畳込み定理を活用する例

像関数が積の形で与えられている場合には，**時間畳込み定理**を活用して，像関数のラプラス逆変換を求めることもできる．以下に，**部分分数展開のみによる方法**との対比を行いながら，時間畳込み定理を活用したラプラス逆変換の遂行方法を数例示す．

例題 8.10

次の像関数 $F(s)$ を考え，このラプラス逆変換を求めよ．

$$F(s) = \frac{1}{(s^2 + \omega_0^2)^2} \tag{8.59}$$

解答

① **部分分数展開による方法** (8.59) 式は，次のように展開することができる．

$$F(s) = \frac{1}{(s^2 + \omega_0^2)^2} = \frac{1}{2\omega_0^2}\left(\frac{1}{s^2+\omega_0^2} - \frac{s^2 - \omega_0^2}{(s^2+\omega_0^2)^2}\right) \tag{8.60}$$

したがって，(7.54), (7.59) 式を利用すると，本像関数 $F(s)$ のラプラス逆変換 $f(t)$ は次のように求められる．

$$f(t) = \mathcal{L}^{-1}\{F(s)\} = \frac{1}{2\omega_0^2}\left(\frac{1}{\omega_0}\sin\omega_0 t - t\cos\omega_0 t\right) \tag{8.61}$$

② **時間畳込み定理を利用する方法** 一方，(8.59) 式は，(7.54) 式を用い，次のように展開することもできる．

$$F(s) = \frac{1}{s^2 + \omega_0^2} \cdot \frac{1}{s^2 + \omega_0^2} = \frac{1}{\omega_0^2}\mathcal{L}\{\sin\omega_0 t\}\mathcal{L}\{\sin\omega_0 t\} \tag{8.62}$$

したがって，時間畳込み定理と三角関数の**加法定理**とを活用すると，

本像関数 $F(s)$ のラプラス逆変換 $f(t)$ は次のように求められる．

$$\begin{aligned}
f(t) &= \mathcal{L}^{-1}\{F(s)\} \\
&= \frac{1}{\omega_0^2} \int_0^t \sin\omega_0(t-\tau)\sin\omega_0\tau\, d\tau \\
&= \frac{1}{2\omega_0^2} \int_0^t \left(\cos\omega_0(t-2\tau) - \cos\omega_0 t\right) d\tau \\
&= \frac{1}{2\omega_0^2}\left(\frac{1}{2\omega_0}\sin\omega_0(2\tau-t) - (\cos\omega_0 t)\tau\right)\bigg|_0^t \\
&= \frac{1}{2\omega_0^2}\left(\frac{1}{\omega_0}\sin\omega_0 t - t\cos\omega_0 t\right)
\end{aligned} \quad (8.63)$$

上式は，(8.61) 式と同一である． □

例題 8.11

次の像関数 $F(s)$ を考え，このラプラス逆変換を求めよ．

$$F(s) = \frac{s}{(s^2+\omega_0^2)^2} \quad (8.64)$$

解答

① **部分分数展開による方法**　本像関数 $F(s)$ のラプラス逆変換 $f(t)$ は，(7.59) 式を利用すると，ただちに求められる．すなわち，

$$f(t) = \mathcal{L}^{-1}\{F(s)\} = \frac{1}{2\omega_0}\, t\sin\omega_0 t \quad (8.65)$$

② **時間畳込み定理を利用する方法**　一方，(8.64) 式は，(7.54) 式を用い，次のように展開することもできる．

$$F(s) = \frac{s}{s^2+\omega_0^2} \cdot \frac{1}{s^2+\omega_0^2} = \frac{1}{\omega_0}\mathcal{L}\{\cos\omega_0 t\}\mathcal{L}\{\sin\omega_0 t\} \quad (8.66)$$

したがって，時間畳込み定理と三角関数の加法定理とを活用すると，本像関数 $F(s)$ のラプラス逆変換 $f(t)$ は次のように求められる．

8.3 ラプラス逆変換の遂行例

$$f(t) = \mathcal{L}^{-1}\{F(s)\}$$
$$= \frac{1}{\omega_0} \int_0^t \cos\omega_0(t-\tau)\sin\omega_0\tau\, d\tau$$
$$= \frac{1}{2\omega_0} \int_0^t \left(\sin\omega_0 t - \sin\omega_0(t-2\tau)\right) d\tau$$
$$= \frac{1}{2\omega_0} \left.\left((\sin\omega_0 t)\tau - \frac{1}{2\omega_0}\cos\omega_0(2\tau - t)\right)\right|_0^t$$
$$= \frac{1}{2\omega_0} t\sin\omega_0 t \tag{8.67}$$

上式は，(8.65) 式と同一である．　　　　　　　　　　　□

例題 8.12

次の像関数 $F(s)$ を考え，このラプラス逆変換を求めよ．
$$F(s) = \frac{s^2}{(s^2+\omega_0^2)^2} \tag{8.68}$$

解答

① **部分分数展開による方法** (8.68) 式は，次のように展開することができる．

$$F(s) = \frac{s^2}{(s^2+\omega_0^2)^2} = \frac{1}{2}\left(\frac{1}{s^2+\omega_0^2} + \frac{s^2-\omega_0^2}{(s^2+\omega_0^2)^2}\right) \tag{8.69}$$

したがって，(7.54), (7.58) 式を利用すると，本像関数 $F(s)$ のラプラス逆変換 $f(t)$ は次のように求められる．

$$f(t) = \mathcal{L}^{-1}\{F(s)\} = \frac{1}{2}\left(\frac{1}{\omega_0}\sin\omega_0 t + t\cos\omega_0 t\right) \tag{8.70}$$

② **時間畳込み定理を利用する方法** 一方，(8.68) 式は，(7.54) 式を用い，次のように展開することもできる．

$$F(s) = \frac{s}{s^2+\omega_0^2} \cdot \frac{s}{s^2+\omega_0^2} = \mathcal{L}\{\cos\omega_0 t\}\mathcal{L}\{\cos\omega_0 t\} \tag{8.71}$$

したがって，時間畳込み定理と三角関数の加法定理とを活用すると，本像関数 $F(s)$ のラプラス逆変換 $f(t)$ は次のように求められる．

$$\begin{aligned}
f(t) &= \mathcal{L}^{-1}\{F(s)\} \\
&= \int_0^t \cos\omega_0(t-\tau)\cos\omega_0\tau\, d\tau \\
&= \frac{1}{2}\int_0^t \left(\cos\omega_0(t-2\tau) + \cos\omega_0 t\right) d\tau \\
&= \frac{1}{2}\left(\frac{1}{2\omega_0}\sin\omega_0(2\tau-t) + (\cos\omega_0 t)\tau\right)\bigg|_0^t \\
&= \frac{1}{2}\left(\frac{1}{\omega_0}\sin\omega_0 t + t\cos\omega_0 t\right)
\end{aligned} \tag{8.72}$$

上式は，(8.70) 式と同一である． □

問題 8.1

(1) **初期値定理** (8.59)，(8.64)，(8.68) 式の 3 像関数に対して，初期値定理を適用し，おのおのの対応原関数 $f(t)$ が $f(0_+) = 0$ であることを確認せよ．

(2) **時間微分定理** 像関数 (8.59) 式と (8.64) 式とは分子の s 因数に相違があるに過ぎない．対応原関数 $f(t)$ が $f(0_+) = 0$ であることを考慮すると，二つの原関数は，微積分の関係にある．(8.59) 式対応の原関数 (8.61) 式を微分することにより，(8.64) 式対応の原関数 (8.65) 式が得られることを確認せよ．

(3) **時間微分定理** 像関数 (8.64) 式と (8.68) 式とは分子の s 因数に相違があるに過ぎない．対応原関数 $f(t)$ が $f(0_+) = 0$ であることを考慮すると，二つの原関数は，微積分の関係にある．(8.64) 式対応の原関数 (8.65) を微分することにより，(8.68) 式対応の原関数 (8.70) 式が得られることを確認せよ．

第9章
ラプラス変換を用いた微分方程式の解法

ラプラス変換の効果的な活用の一つが微分方程式の求解である．基本的な微分方程式は，線形定係数常微分方程式である．本章では，まず，ラプラス変換を用いた線形定係数常微分方程式の解法を説明し，つづいて，連立線形定係数常微分方程式の解法を説明する．さらには，線形定係数常微分方程式の境界条件問題，積分項混在の微積分方程式，偏微分方程式の求解に関し，ラプラス変換を用いた解法を説明する．

[9章の内容]

線形定係数常微分方程式の解法
連立線形定係数常微分方程式の解法
境界条件問題の解法
積分方程式の解法
偏微分方程式の解法

9.1 線形定係数常微分方程式の解法

9.1.1 直接的な解法

任意形状の絶対収束信号 $u(t)$；$t \geq 0$ と定係数 a_i, b_i をもつ次の n 階線形定係数常微分方程式を考える．

$$\sum_{i=0}^{n} a_i \frac{d^i}{dt^i} y(t) = \sum_{i=0}^{n} b_i \frac{d^i}{dt^i} u(t) \quad ; \quad a_n = 1 \tag{9.1}$$

ここで考える問題は，ラプラス変換を用いて上の微分方程式を解くこと，すなわち信号 $y(t)$；$t \geq 0$ を得ることである．なお，本書では，$u(t), y(t)$ をおのおのの**駆動信号**，**解信号**と呼称する．

上式の両辺に対して，初期値に留意して (7.23) 式の時間微分定理を適用し，ラプラス変換を施すと次式を得る．

$$\sum_{i=0}^{n} a_i \left(s^i Y(s) - \sum_{k=1}^{i} s^{i-k} y^{(k-1)}(0_+) \right)$$
$$= \sum_{i=0}^{n} b_i \left(s^i U(s) - \sum_{k=1}^{i} s^{i-k} u^{(k-1)}(0_+) \right) \tag{9.2}$$

ここに，$Y(s), U(s)$ は原関数 $y(t), u(t)$ のラプラス変換すなわち像関数である．また，$y^{(n)}, u^{(n)}$ は，(7.23) 式に従った n 階導関数の簡略化表現である．

本書では，原関数 $y(t), u(t)$ の微分方程式である (9.1) 式を**原方程式**（**original equation**）と呼称し，像関数 $Y(s), U(s)$ の代数方程式を意味する (9.2) 式を**像方程式**（**image equation**）と呼称する．

像方程式 (9.2) 式を $Y(s)$ について整理すると，次式を得る．

$$Y(s) = \frac{B(s)}{A(s)} U(s) + \frac{C(s)}{A(s)} \tag{9.3a}$$

ただし，

$$A(s) = s^n + a_{n-1} s^{n-1} + a_{n-2} s^{n-2} + \cdots + a_0 \tag{9.3b}$$
$$B(s) = b_n s^n + b_{n-1} s^{n-1} + b_{n-2} s^{n-2} + \cdots + b_0 \tag{9.3c}$$

9.1 線形定係数常微分方程式の解法

$$C(s) = c_{n-1}s^{n-1} + c_{n-2}s^{n-2} + \cdots + c_0$$
$$= \sum_{i=0}^{n}\sum_{k=1}^{i} a_i s^{i-k} y^{(k-1)}(0_+) - \sum_{i=0}^{n}\sum_{k=1}^{i} b_i s^{i-k} u^{(k-1)}(0_+) \quad (9.3\text{d})$$

(9.3a) 式の両辺に対してラプラス逆変換をとると，所期の解を以下のように得る．

$$y(t) = \mathcal{L}^{-1}\{Y(s)\} = \mathcal{L}^{-1}\left\{\frac{B(s)}{A(s)}U(s) + \frac{C(s)}{A(s)}\right\}$$
$$= \mathcal{L}^{-1}\left\{\frac{B(s)U(s) + C(s)}{A(s)}\right\} \quad (9.4)$$

(9.4) 式第 3 辺の第 1 項は，駆動信号 $u(t)$；$t \geq 0$ による解信号 $y(t)$；$t \geq 0$ への寄与分を，また第 2 項は，初期値による解信号 $y(t)$；$t \geq 0$ への寄与分を，おのおの示している．

(9.3b)，(9.3c) 式が明示しているように，多項式 $A(s)$, $B(s)$ は原方程式の定係数からただちに決定される．また，多項式 $C(s)$ は定係数と初期値からただちに決定される．したがって，駆動信号の像関数 $U(s)$ が得られたならば，これを (9.4) 式に用いることにより，ただちに所期の解信号 $y(t)$；$t \geq 0$ を得る．

原方程式 (9.1) 式を対象とした上の解法は，図 7.1 右側に示した求解手順に従っている．同図における "線形代数方程式の解" は，本例では，(9.3) 式が該当する．なお，本解法の具体例は，次項で示す．

再度，(9.4) 式を考える．同式に時間畳込み定理を活用するならば，ただちに次式を得る（後掲の (9.41)，(9.43)，(9.79) 式参照）．

$$y(t) = \mathcal{L}^{-1}\{G(s)U(s)\} + \mathcal{L}^{-1}\left\{\frac{C(s)}{A(s)}\right\}$$
$$= \int_0^t g(t-\tau)u(\tau)\,d\tau + \mathcal{L}^{-1}\left\{\frac{C(s)}{A(s)}\right\} \quad (9.5\text{a})$$
$$g(t) = \mathcal{L}^{-1}\{G(s)\}$$
$$= \mathcal{L}^{-1}\left\{\frac{B(s)}{A(s)}\right\} \quad (9.5\text{b})$$

上式は，初期値がゼロとする場合には，線形定係数常微分方程式の解信号 $y(t)$ は，駆動信号 $u(t)$ と $g(t)$ との畳込み積分で与えられることを意味している．駆動信号 $u(t)$ をインパルス信号 $u(t) = \delta(t)$ とする場合には，初期値ゼロの

条件を付した (9.5a) 式は，次のように整理される．

$$y(t) = \int_0^t g(t-\tau)\delta(\tau)\,d\tau = g(t) \tag{9.6}$$

駆動信号 $u(t)$ をシステムの入力信号，解信号 $y(t)$ をシステムの出力信号ととらえる場合には，(9.6) 式より，$g(t)$ は**インパルス応答**（**impulse response**）と呼ばれる．これに対して，インパルス応答のラプラス変換である $G(s) = B(s)/A(s)$ は，**伝達関数**（**transfer function**）と呼ばれる（(9.5b) 式参照）．

9.1.2　求解の例

例題 9.1

　図 9.1 (a) のダイオードを有する RL 回路を考える．同図におけるダイオードは理想的特性をもつものとする．また，$v_{in}, i(t)$ は，印加した一定電圧（直流電圧），回路に流れる電流とする．あらかじめスイッチは開いており，十分な時間が経過しているものとする．時刻 $t=0$ にスイッチオンし通電した場合の電流応答を求めよ．

解答　スイッチオン後の本回路に関しては，ダイオードに対して逆バイアス電圧がかかり，ダイオードはオフ状態となる．このため，スイッチオン時の図 9.1 (a) の回路は，スイッチオン時の図 7.2 (a) の回路と等価となる．スイッチオン時の図 7.2 (a) の回路に関しては，**キルヒホフの第 2 法則**より次の回路方程式が成立する．

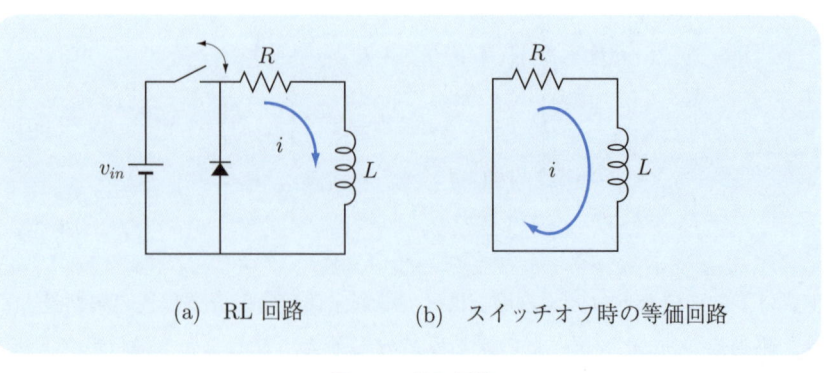

(a) RL 回路　　(b) スイッチオフ時の等価回路

図 **9.1**　RL 回路

9.1 線形定係数常微分方程式の解法

$$v_{in} = R\,i(t) + L\frac{d}{dt}\,i(t) \quad;\quad v_{in} = 定数, i(0_+) = 0 \tag{9.7a}$$

または,

$$\frac{d}{dt}\,i(t) + \frac{R}{L}\,i(t) = \frac{v_{in}}{L} \quad;\quad v_{in} = 定数, i(0_+) = 0 \tag{9.7b}$$

上式の両辺に対してラプラス変換をとり, $i(t)$ の像関数 $I(s)$ について整理すると次式を得る.

$$I(s) = \frac{1}{s(Ls+R)}\,v_{in} = \frac{v_{in}}{R}\frac{\frac{R}{L}}{s(s+\frac{R}{L})} = \frac{v_{in}}{R}\left(\frac{1}{s} - \frac{1}{s+\frac{R}{L}}\right) \tag{9.8}$$

上の像関数 $I(s)$ に対してラプラス逆変換を施すと, 所期の解信号 $i(t)$ を得る. すなわち,

$$i(t) = \mathcal{L}^{-1}\{I(s)\} = \frac{v_{in}}{R}\left(1 - \exp\left(-\frac{R}{L}t\right)\right) \tag{9.9}$$

上の電流応答は, 図 7.2 (b) のように描画される. スイッチオン後十分な時間が経過した定常状態での電流は, (9.9) 式より $i(t) = v_{in}/R$ となる.

一方, (9.7b) 式と (9.1) 式との対比を通じ, 次式を得る.

$$A(s) = s + \frac{R}{L}, \qquad B(s) = \frac{1}{L}, \qquad C(s) = 0, \qquad U(s) = \frac{v_{in}}{s} \tag{9.10}$$

上式を (9.4) 式に用い, ただちに (9.8) 式を得ることもできる. □

例題 9.2

再び, 図 9.1 (a) の回路を考える. 同図において, スイッチオン後十分な時間が経過しているものとする. 時刻 $t = 0$ にスイッチオフした場合の電流応答を求めよ.

解答 スイッチオフ後の本回路に関しては, インダクタンスに誘導電圧が発生し, これがダイオードに対して順バイアス電圧として作用する. このため, スイッチオフ時の図 9.1 (a) の回路は, 同図 (b) と等価となる. 図 9.1 (b) の回路に関しては, キルヒホフの第 2 法則より次の回路方程式が成立する.

$$0 = Ri(t) + L\frac{d}{dt}i(t) \quad ; \quad i(0_+) = \frac{v_{in}}{R} \tag{9.11a}$$

または，

$$\frac{d}{dt}i(t) + \frac{R}{L}i(t) = 0 \quad ; \quad i(0_+) = \frac{v_{in}}{R} \tag{9.11b}$$

上式の両辺に対してラプラス変換をとり，$i(t)$ の像関数 $I(s)$ について整理すると次式を得る．

$$I(s) = \frac{i(0_+)}{s + \frac{R}{L}} = \frac{v_{in}}{R} \cdot \frac{1}{s + \frac{R}{L}} \tag{9.12}$$

上の像関数 $I(s)$ に対してラプラス逆変換を施すと，所期の解信号 $i(t)$ を得る．すなわち，

$$i(t) = \mathcal{L}^{-1}\{I(s)\} = \frac{v_{in}}{R}\exp\left(-\frac{R}{L}t\right) \tag{9.13}$$

スイッチオフ後十分な時間が経過した定常状態での電流は，(9.13) 式よりゼロとなる．

一方，(9.11b) 式と (9.1) 式との対比を通じ，次式を得る．

$$A(s) = s + \frac{R}{L}, \quad C(s) = i(0_+) = \frac{v_{in}}{R}, \quad B(s)U(s) = 0 \tag{9.14}$$

上式を (9.4) 式に用い，ただちに (9.12) 式を得ることもできる． □

図 9.1 の回路において，回路特性を $v_{in} = 1\,[\text{V}]$，$R = 1\,[\Omega]$，$L = 0.05\,[\text{H}]$ とし，$\omega = 10\,[\text{rad/s}]$ 相当の周期でスイッチをオン・オフしたときの電流応答の様子を図 9.2 に示す．同図は，上から，スイッチング信号（1 = オン，0 = オフ），電流を示している．スイッチオン時には $v_{in} = 1\,[\text{V}]$ が回路に印加され，オフ時にはこれが除去される．同図より，(9.9)，(9.13) 式の電流応答の正当性が確認される．

例題 9.3

次の非ゼロの初期値を有する 1 階原方程式を求解せよ．

$$\frac{d}{dt}y(t) + ay(t) = 1 \quad ; \quad y(0_+) = 1 \tag{9.15}$$

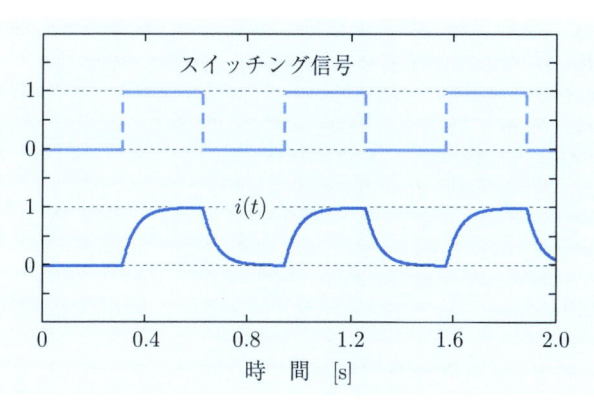

図 **9.2** 電圧応答の一例

解答 (9.15) 式両辺に対して，初期値に留意しつつ時間微分定理を利用してラプラス変換をとり，さらに $y(t)$ の像関数 $Y(s)$ について整理すると次式を得る．

$$sY(s) - y(0_+) + aY(s) = sY(s) - 1 + aY(s) = \frac{1}{s} \quad (9.16\text{a})$$

$$Y(s) = \frac{s+1}{s(s+a)} = \frac{1}{a}\left(\frac{1}{s} - \frac{a-1}{s+a}\right) \quad (9.16\text{b})$$

上の像関数 $Y(s)$ に対してラプラス逆変換を施すと，所期の解信号を得る．すなわち，

$$y(t) = \mathcal{L}^{-1}\{Y(s)\} = \frac{1}{a}\left(1 - (a-1)e^{-at}\right) \quad (9.17)$$

一方，(9.15) 式と (9.1) 式との対比を通じ，次式を得る．

$$A(s) = s + a, \quad B(s) = 1, \quad C(s) = 1, \quad U(s) = \frac{1}{s} \quad (9.18)$$

上式を (9.4) 式に用い，ただちに (9.16b) 式を得ることもできる． □

例題 9.4

次の可変駆動信号（**余弦信号**）を伴う 1 階原方程式を求解せよ．

$$\frac{d}{dt}y(t) + ay(t) = \cos t \quad ; \quad y(0_+) = 0 \quad (9.19)$$

解答 (9.19) 式両辺に対して，初期値に留意しつつ時間微分定理を利用してラプラス変換をとり，さらに $y(t)$ の像関数 $Y(s)$ について整理すると，次式を得る．

$$sY(s) + aY(s) = \frac{s}{s^2+1} \tag{9.20a}$$

$$Y(s) = \frac{s}{(s+a)(s^2+1)} = \frac{1}{1+a^2}\left(-\frac{a}{s+a} + \frac{as+1}{s^2+1}\right) \tag{9.20b}$$

上の像関数 $Y(s)$ に対してラプラス逆変換を施すと，所期の解信号を得る．すなわち，

$$y(t) = \mathcal{L}^{-1}\{Y(s)\} = \frac{1}{1+a^2}\left(-ae^{-at} + a\cos t + \sin t\right) \tag{9.21}$$

一方，(9.19) 式と (9.1) 式との対比を通じ，次式を得る．

$$A(s) = s+a, \quad B(s) = 1, \quad C(s) = 0, \quad U(s) = \frac{s}{s^2+1} \tag{9.22}$$

上式を (9.4) 式に用い，ただちに (9.20b) 式を得ることもできる． □

例題 9.5

図 9.3 の交流電圧源を伴う RL 回路を考える．ただし，交流電圧源 v_{in} は，次式で表現されるものとする．

$$v_{in}(t) = V\cos\omega_0 t \quad ; V = 定数, \omega_0 = 定数 \tag{9.23}$$

時刻 $t=0$ にスイッチオンした場合の電流応答を求めよ．

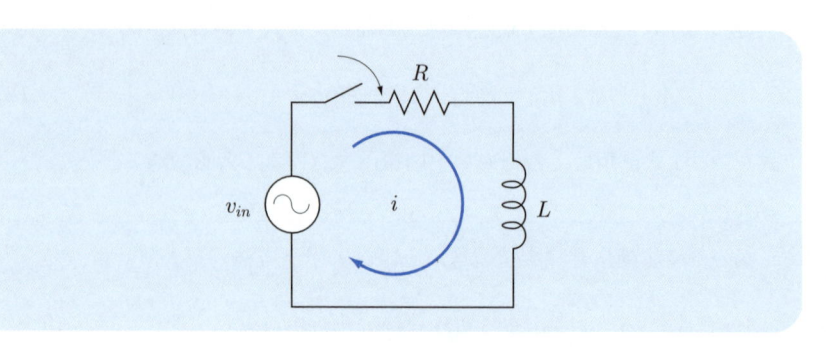

図 9.3 RL 交流回路

9.1 線形定係数常微分方程式の解法

解答 図 9.3 の回路に関しては，キルヒホッフの第 2 法則より次の回路方程式が成立する．

$$v_{in}(t) = R\,i(t) + L\frac{d}{dt}i(t) \quad ; \quad i(0_+) = 0 \quad (9.24\text{a})$$

または，

$$\frac{d}{dt}i(t) + \frac{R}{L}i(t) = \frac{v_{in}(t)}{L} \quad ; \quad i(0_+) = 0 \quad (9.24\text{b})$$

(9.23) 式を考慮の上，(9.24) 式の両辺に対してラプラス変換をとり，$i(t)$ の像関数 $I(s)$ について整理すると次式を得る．

$$\begin{aligned} I(s) &= \frac{Vs}{(s^2 + \omega_0^2)(Ls + R)} = V\left(\frac{as + b}{s^2 + \omega_0^2} + \frac{c}{Ls + R}\right) \\ &= V\left(\frac{as + \beta\omega_0}{s^2 + \omega_0^2} - \frac{a}{s + \frac{R}{L}}\right) \end{aligned} \quad (9.25\text{a})$$

ただし，

$$a = \frac{R}{R^2 + \omega_0^2 L^2}, \qquad b = \omega_0\,\beta = \frac{\omega_0^2 L}{R^2 + \omega_0^2 L^2}, \qquad c = -La \quad (9.25\text{b})$$

上の像関数 $I(s)$ に対してラプラス逆変換を施すと，所期の解信号 $i(t)$ を得る．すなわち，

$$i(t) = \mathcal{L}^{-1}\{I(s)\} = V\left(a\cos\omega_0 t + \beta\sin\omega_0 t - a\exp\left(-\frac{R}{L}t\right)\right) \quad (9.26)$$

一方，(9.24b) 式と (9.1) 式との対比を通じ，次式を得る．

$$A(s) = s + \frac{R}{L}, \qquad B(s) = \frac{1}{L}, \qquad C(s) = 0, \qquad U(s) = \frac{Vs}{s^2 + \omega_0^2} \quad (9.27)$$

上式を (9.4) 式に用い，ただちに (9.25) 式を得ることもできる． □

なお，$\omega_0 = 0$ とする場合には（すなわち，交流電圧源を直流電圧源とする場合には），(9.25), (9.26) 式は，おのおの (9.8), (9.9) 式に帰着する．

図 9.3 の回路において，回路特性を $V = 1\,[\text{V}]$, $\omega_0 = 100\pi\,[\text{rad/s}]$, $R = 1\,[\Omega]$,

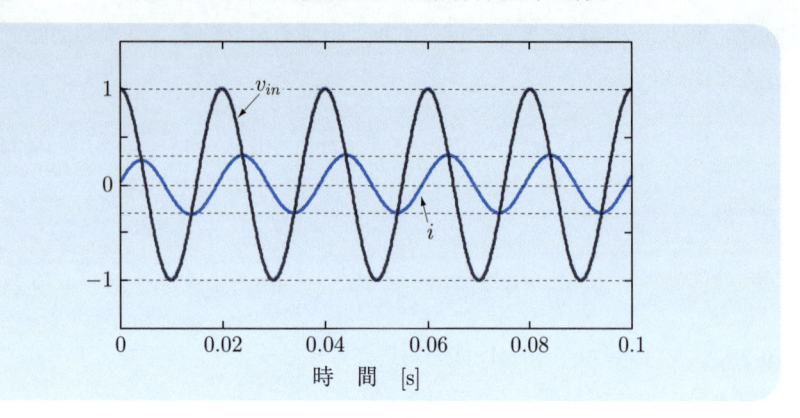

図 9.4　電流応答の一例

$L = 0.01\,[\text{H}]$ としたときの電流応答の様子を図 9.4 に示した．同図は，印加交流電圧 v_{in}，応答電流 i を示している．本例では，スイッチオン後の約 $0.03\,[\text{s}]$ には，過渡応答は終了し定常応答に入っている．

---例題 9.6---

次の可変駆動信号（指数信号）を伴う 2 階原方程式を求解せよ．

$$\left.\begin{aligned}&\frac{d^2}{dt^2}y(t) + 3\frac{d}{dt}y(t) + 2y(t) = \frac{d}{dt}u(t) + 3u(t) \\ &y(0_+) = 1 \\ &y^{(1)}(0_+) = 0 \\ &u(t) = e^{-4t}\end{aligned}\right\} \quad (9.28)$$

解答　原方程式 (9.28) 式においては，同式右辺に可変駆動信号 $u(t)$ の微分値が利用されている．しかも，この微分値の初期時刻の値は $u(0_+) = 1$ でありゼロではない．駆動信号の初期値も，解信号の初期値と同様に，ラプラス変換上の初期値として作用する．(9.28) 式両辺に対して，上述の初期値に留意しつつ時間微分定理を利用してラプラス変換をとると次式を得る．

$$\left.\begin{aligned}&(s^2 Y(s) - sy(0_+) - y^{(1)}(0_+)) + 3(sY(s) - y(0_+)) + 2Y(s) \\ &\quad = sU(s) - u(0_+) + 3U(s) \\ &U(s) = \frac{1}{s+4}, \qquad u(0_+) = 1\end{aligned}\right\} \quad (9.29\text{a})$$

9.1 線形定係数常微分方程式の解法

(9.29a) を $y(t)$ の像関数 $Y(s)$ について整理すると,

$$Y(s) = \left(\frac{s+3}{s^2+3s+2} \cdot \frac{1}{s+4} \right) + \left(\frac{s+3}{s^2+3s+2} - \frac{1}{s^2+3s+2} \right)$$
$$= \frac{5}{3} \cdot \frac{1}{s+1} - \frac{1}{2} \cdot \frac{1}{s+2} - \frac{1}{6} \cdot \frac{1}{s+4} \tag{9.29b}$$

上の像関数 $Y(s)$ に対してラプラス逆変換を施すと,所期の解信号を得る.すなわち,

$$y(t) = \mathcal{L}^{-1}\{Y(s)\} = \frac{5}{3} e^{-t} - \frac{1}{2} e^{-2t} - \frac{1}{6} e^{-4t} \tag{9.30}$$

一方,(9.28) 式と (9.1) 式との対比を通じ,次式を得る.

$$\left. \begin{array}{l} A(s) = s^2 + 3s + 2 \\ B(s) = s + 3 \\ C(s) = (s+3) - 1 \\ U(s) = \dfrac{1}{s+4} \end{array} \right\} \tag{9.31}$$

上式を (9.4) 式に用い,ただちに (9.29b) 式を得ることもできる. □

問題 9.1

微分方程式の求解 ラプラス変換を利用して,以下の原方程式を求解せよ.

① $\dfrac{d}{dt} y(t) + ay(t) = (1 + a^2) \sin t \ ; \ y(0_+) = 0$

② $\dfrac{d^2}{dt^2} y(t) + 5 \dfrac{d}{dt} y(t) + 4y(t) = 4 \ ; \ y(0_+) = 0, \ y^{(1)}(0_+) = 0$

③ $\dfrac{d^2}{dt^2} y(t) + 3 \dfrac{d}{dt} y(t) + 2y(t) = 2 \ ; \ y(0_+) = -1, \ y^{(1)}(0_+) = 0$

④ $\dfrac{d^2}{dt^2} y(t) + 5 \dfrac{d}{dt} y(t) + 6y(t) = 6 \ ; \ y(0_+) = 6, \ y^{(1)}(0_+) = 6$

9.2 連立線形定係数常微分方程式の解法

9.2.1 直接的な解法

簡単のため，任意形状の絶対積分可能信号（絶対収束信号）$u_1(t), u_2(t)$；$t \geq 0$ と次の 2 連の連立線形定係数常微分方程式を考える．

$$\sum_{i=0}^{n} a_{11,i} \frac{d^i}{dt^i} y_1(t) + \sum_{i=0}^{n} a_{12,i} \frac{d^i}{dt^i} y_2(t) = \sum_{i=0}^{n} b_{1,i} \frac{d^i}{dt^i} u_1(t) \quad (9.32\text{a})$$

$$\sum_{i=0}^{n} a_{21,i} \frac{d^i}{dt^i} y_1(t) + \sum_{i=0}^{n} a_{22,i} \frac{d^i}{dt^i} y_2(t) = \sum_{i=0}^{n} b_{2,i} \frac{d^i}{dt^i} u_2(t) \quad (9.32\text{b})$$

ここで考える問題は，ラプラス変換を用いて，上の連立した原方程式を解くことすなわち信号 $y_1(t), y_2(t)$；$t \geq 0$ を得ることである．

(9.32) 式に対して，初期値に留意しつつ (7.23) 式の時間微分定理を適用し，ラプラス変換を施すと次式を得る．

$$\begin{aligned}
\sum_{i=0}^{n} a_{11,i} &\left(s^i Y_1(s) - \sum_{k=1}^{i} s^{i-k} y_1^{(k-1)}(0_+) \right) \\
+ \sum_{i=0}^{n} a_{12,i} &\left(s^i Y_2(s) - \sum_{k=1}^{i} s^{i-k} y_2^{(k-1)}(0_+) \right) \\
= \sum_{i=0}^{n} b_{1,i} &\left(s^i U_1(s) - \sum_{k=1}^{i} s^{i-k} u_1^{(k-1)}(0_+) \right)
\end{aligned} \quad (9.33\text{a})$$

$$\begin{aligned}
\sum_{i=0}^{n} a_{21,i} &\left(s^i Y_1(s) - \sum_{k=1}^{i} s^{i-k} y_1^{(k-1)}(0_+) \right) \\
+ \sum_{i=0}^{n} a_{22,i} &\left(s^i Y_2(s) - \sum_{k=1}^{i} s^{i-k} y_2^{(k-1)}(0_+) \right) \\
= \sum_{i=0}^{n} b_{2,i} &\left(s^i U_2(s) - \sum_{k=1}^{i} s^{i-k} u_2^{(k-1)}(0_+) \right)
\end{aligned} \quad (9.33\text{b})$$

ここに，$Y_i(s), U_i(s)$ は，おのおの原関数 $y_i(t), u_i(t)$ のラプラス変換すなわち像関数である．

(9.33) 式を $Y_1(s), Y_2(s)$ について整理すると，像方程式として次式を得る．

9.2 連立線形定係数常微分方程式の解法

$$\begin{bmatrix} A_{11}(s) & A_{12}(s) \\ A_{21}(s) & A_{22}(s) \end{bmatrix} \begin{bmatrix} Y_1(s) \\ Y_2(s) \end{bmatrix}$$
$$= \begin{bmatrix} B_1(s) & 0 \\ 0 & B_2(s) \end{bmatrix} \begin{bmatrix} U_1(s) \\ U_2(s) \end{bmatrix} + \begin{bmatrix} C_1(s) \\ C_2(s) \end{bmatrix} \quad (9.34\text{a})$$

ただし,

$$A_{ij}(s) = a_{ij,n}s^n + a_{ij,n-1}s^{n-1} + a_{ij,n-2}s^{n-2} + \cdots + a_{ij,0} \quad (9.34\text{b})$$

$$B_i(s) = b_{i,n}s^n + b_{i,n-1}s^{n-1} + b_{i,n-2}s^{n-2} + \cdots + b_{i,0} \quad (9.34\text{c})$$

$$\begin{aligned}
C_1(s) &= c_{1,n-1}s^{n-1} + c_{1,n-2}s^{n-2} + \cdots + c_{1,0} \\
&= \sum_{i=0}^{n}\sum_{k=1}^{i} a_{11,i}s^{i-k}y_1^{(k-1)}(0_+) + \sum_{i=0}^{n}\sum_{k=1}^{i} a_{12,i}s^{i-k}y_2^{(k-1)}(0_+) \\
&\quad - \sum_{i=0}^{n}\sum_{k=1}^{i} b_{1,i}s^{i-k}u_1^{(k-1)}(0_+)
\end{aligned} \quad (9.34\text{d})$$

$$\begin{aligned}
C_2(s) &= c_{2,n-1}s^{n-1} + c_{2,n-2}s^{n-2} + \cdots + c_{2,0} \\
&= \sum_{i=0}^{n}\sum_{k=1}^{i} a_{21,i}s^{i-k}y_1^{(k-1)}(0_+) + \sum_{i=0}^{n}\sum_{k=1}^{i} a_{22,i}s^{i-k}y_2^{(k-1)}(0_+) \\
&\quad - \sum_{i=0}^{n}\sum_{k=1}^{i} b_{2,i}s^{i-k}u_2^{(k-1)}(0_+)
\end{aligned} \quad (9.34\text{e})$$

像方程式の解は, (9.34a) 式に逆行列処理を施すことにより, ただちに得られる. すなわち,

$$\begin{bmatrix} Y_1(s) \\ Y_2(s) \end{bmatrix} = \begin{bmatrix} A_{11}(s) & A_{12}(s) \\ A_{21}(s) & A_{22}(s) \end{bmatrix}^{-1} \begin{bmatrix} B_1(s)U_1(s) + C_1(s) \\ B_2(s)U_2(s) + C_2(s) \end{bmatrix} \quad (9.35)$$

(9.35) 式の両辺に対してラプラス逆変換をとると所期の解信号を得る. すなわち,

$$\begin{bmatrix} y_1(t) \\ y_2(t) \end{bmatrix} = \mathcal{L}^{-1}\left\{ \begin{bmatrix} Y_1(s) \\ Y_2(s) \end{bmatrix} \right\} \quad (9.36)$$

(9.35) 式右辺においては, $B_i(s)U_i(s)$ が駆動信号による解信号への寄与分を, また $C_i(s)$ が初期値による解信号への寄与分を, おのおの示している.

9.2.2 状態空間表現による解法

(9.1) 式の 2 階以上の線形定係数常微分方程式は，あるいは連立線形定係数常微分方程式は，次の**状態空間表現**（state space description）に書き改めることができる．

$$\frac{d}{dt}\boldsymbol{x}(t) = \boldsymbol{A}\boldsymbol{x}(t) + \boldsymbol{B}\boldsymbol{u}(t) \tag{9.37a}$$

$$\boldsymbol{y}(t) = \boldsymbol{C}\boldsymbol{x}(t) \tag{9.37b}$$

ここに，$\boldsymbol{x}(t)$, $\boldsymbol{u}(t)$, $\boldsymbol{y}(t)$ は適当な次元のベクトル信号であり，また，$\boldsymbol{A}$, $\boldsymbol{B}$, $\boldsymbol{C}$ はベクトル信号と整合したサイズを有する行列である．これら行列の要素は，元来の微分方程式の係数が一定であるので，すべて一定である．

状態空間表現を構成する (9.37a), (9.37b) 式は，それぞれ，**状態方程式**（state equation），**出力方程式**（output equation）と呼ばれる．また，ベクトル信号 $\boldsymbol{x}(t)$ は**状態変数**（state variable）と呼ばれる．状態空間表現された微分方程式すなわち状態方程式は，ラプラス変換を用い簡単に解くことができる．以下，これを示す．

状態変数の初期値 $\boldsymbol{x}(0_+)$ に留意して，(9.37a) 式の両辺に対してラプラス変換を施すと，

$$s\boldsymbol{X}(s) - \boldsymbol{x}(0_+) = \boldsymbol{A}\boldsymbol{X}(s) + \boldsymbol{B}\boldsymbol{U}(s) \tag{9.38a}$$

ここに，$\boldsymbol{X}(s)$, $\boldsymbol{U}(s)$ は，おのおの $\boldsymbol{x}(t)$, $\boldsymbol{u}(t)$ の像関数を意味する．上式を像関数 $\boldsymbol{X}(s)$ に関して整理すると次の像方程式を得る．

$$[s\boldsymbol{I} - \boldsymbol{A}]\boldsymbol{X}(s) = \boldsymbol{B}\boldsymbol{U}(s) + \boldsymbol{x}(0_+) \tag{9.38b}$$

ここに，$\boldsymbol{I}$ は単位行列である．本像方程式の解は，(9.38b) 式の逆行列処理を介し，ただちに得られる．すなわち，

$$\boldsymbol{X}(s) = [s\boldsymbol{I} - \boldsymbol{A}]^{-1}\left[\boldsymbol{B}\boldsymbol{U}(s) + \boldsymbol{x}(0_+)\right] \tag{9.39}$$

上式に対しラプラス逆変換をとると，所期の解を得る．すなわち，

$$\boldsymbol{x}(t) = \mathcal{L}^{-1}\{\boldsymbol{X}(s)\} = \mathcal{L}^{-1}\left\{[s\boldsymbol{I} - \boldsymbol{A}]^{-1}\left[\boldsymbol{B}\boldsymbol{U}(s) + \boldsymbol{x}(0_+)\right]\right\} \tag{9.40a}$$

$$\boldsymbol{y}(t) = \boldsymbol{C}\boldsymbol{x}(t) \tag{9.40b}$$

(9.39), (9.40a) 式右辺においては，$BU(s)$ が駆動信号による解信号への寄与分を，また $x(0_+)$ が初期値による解信号への寄与分を，おのおの示している．なお，(9.40) 式の 2 式は，次式のように一つにまとめることもできる．

$$y(t) = \mathcal{L}^{-1}\{Y(s)\} = \mathcal{L}^{-1}\left\{C\left[sI - A\right]^{-1}\left[BU(s) + x(0_+)\right]\right\} \quad (9.41)$$

特に，初期値がゼロの場合には，(9.41) 式は次式となる．

$$y(t) = \mathcal{L}^{-1}\{Y(s)\} = \mathcal{L}^{-1}\left\{\left[C\left[sI - A\right]^{-1} B\right] U(s)\right\}$$
$$= \mathcal{L}^{-1}\{\widetilde{G}(s)U(s)\} \quad (9.42\text{a})$$

$$\widetilde{G}(s) = C\left[sI - A\right]^{-1} B \quad (9.42\text{b})$$

上式に，時間畳込み定理を適用することにより，次の関係を得ることもできる．

$$y(t) = \int_0^t G(t - \tau)\, u(\tau)\, d\tau \quad (9.43\text{a})$$

$$G(t) = \mathcal{L}^{-1}\{\widetilde{G}(s)\} = \mathcal{L}^{-1}\{C\left[sI - A\right]^{-1} B\} \quad (9.43\text{b})$$

駆動信号 $u(t)$ を多変数システムの入力信号，解信号 $y(t)$ を多変数システムの出力信号ととらえる場合には，$G(t)$ は**インパルス応答行列**（**impulse response matrix**）と呼ばれ，このラプラス変換である $\widetilde{G}(s)$ は**伝達関数行列**（**transfer function matrix**）と呼ばれる（(9.5), (9.6) 式参照）．

9.2.3　求解の例

―例題 9.7―

図 9.5 の RLC 回路を考える．v_{in}, $i(t)$ は，印加した一定電圧（直流電圧），回路に流れる電流である．あらかじめスイッチは B 側に入れられており，十分な時間が経過しているものとする．時刻 $t = 0$ にスイッチを A 側に入れた場合の電流応答 $i(t)$ と出力電圧応答（キャパシタンス C の両端の電圧応答）$v_{out}(t)$ を求めよ．

解答　本回路に関しては，スイッチを A 側に入れた状態では次の回路方程式が成立する．

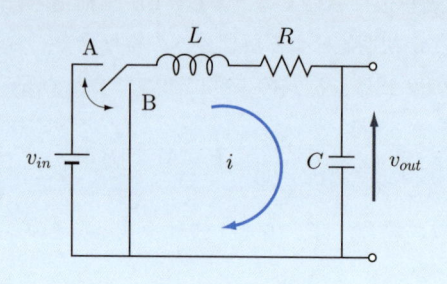

図 9.5 RLC 回路

$$v_{in} = Ri(t) + L\frac{d}{dt}i(t) + v_{out}(t) \quad ; v_{in} = \text{定数}, i(0_+) = 0 \quad (9.44\text{a})$$

$$i(t) = C\frac{d}{dt}v_{out}(t) \quad\quad\quad\quad\quad ; v_{out}(0_+) = 0 \quad (9.44\text{b})$$

上の回路方程式を，$i(t), v_{out}(t)$ を状態変数として状態空間表現すると，

$$\frac{d}{dt}\begin{bmatrix} i(t) \\ v_{out}(t) \end{bmatrix} = \begin{bmatrix} -\dfrac{R}{L} & -\dfrac{1}{L} \\ \dfrac{1}{C} & 0 \end{bmatrix} \begin{bmatrix} i(t) \\ v_{out}(t) \end{bmatrix} + \begin{bmatrix} \dfrac{1}{L} \\ 0 \end{bmatrix} v_{in} \quad (9.45)$$

$i(t), v_{out}(t)$ の像関数を $I(s), V_{aut}(s)$ とし，(9.45) 式を初期値に注意して (9.37)～(9.39) 式に適用すると，次式を得る．

$$\begin{bmatrix} I(s) \\ V_{out}(s) \end{bmatrix} = \begin{bmatrix} s + \dfrac{R}{L} & \dfrac{1}{L} \\ -\dfrac{1}{C} & s \end{bmatrix}^{-1} \left[\begin{bmatrix} \dfrac{v_{in}}{Ls} \\ 0 \end{bmatrix} + \begin{bmatrix} i(0_+) \\ v_{out}(0_+) \end{bmatrix} \right]$$

$$= \frac{1}{s^2 + \frac{R}{L}s + \frac{1}{LC}} \begin{bmatrix} s & -\dfrac{1}{L} \\ \dfrac{1}{C} & s + \dfrac{R}{L} \end{bmatrix} \begin{bmatrix} \dfrac{v_{in}}{Ls} \\ 0 \end{bmatrix}$$

$$= \begin{bmatrix} \dfrac{Cv_{in}}{LCs^2 + RCs + 1} \\ \dfrac{v_{in}}{s(LCs^2 + RCs + 1)} \end{bmatrix} \quad (9.46)$$

(9.46) 式に対しラプラス逆変換をとると，所期の電流応答と出力電圧応答とを得る．(9.46) 式右辺の分母は 2 次であり，この特性根は回路素子すなわ

9.2 連立線形定係数常微分方程式の解法

ち抵抗 R,インダクタンス L,キャパシタンス C によって,実根あるいは複素根となる.8.3 節で詳しく説明したように,特性根によって,ラプラス逆変換の細部遂行が異なる((9.46) 式の $I(s)$ の分母多項式は,(8.36b) 式右辺第 2 項のそれと同一形式である.一方,(9.46) 式の $V_{out}(s)$ の分母多項式は,(8.36a) 式のそれと同一形式である). □

ラプラス逆変換の遂行を具体的に示すべく,回路素子と印加直流電圧に具体値を与える.すなわち,$R = 0.5\,[\Omega]$,$L = 0.1\,[\mathrm{H}]$,$C = 2.5\,[\mathrm{F}]$,$v_{in} = 3\,[\mathrm{V}]$ とする.この例の場合には,(9.46) 式は次の (9.47) 式となり,電流応答,出力電圧応答として (9.48) 式を得る.

$$\begin{bmatrix} I(s) \\ V_{out}(s) \end{bmatrix} = \begin{bmatrix} \dfrac{30}{s^2+5s+4} \\ \dfrac{12}{s(s^2+5s+4)} \end{bmatrix} = \begin{bmatrix} 10\left(\dfrac{1}{s+1} - \dfrac{1}{s+4}\right) \\ \dfrac{3}{s} - \dfrac{4}{s+1} + \dfrac{1}{s+4} \end{bmatrix} \quad (9.47)$$

$$\begin{bmatrix} i(t) \\ v_{out}(t) \end{bmatrix} = \mathcal{L}^{-1}\left\{ \begin{bmatrix} I(s) \\ V_{out}(s) \end{bmatrix} \right\} = \begin{bmatrix} 10(e^{-t} - e^{-4t}) \\ 3 - 4e^{-t} + e^{-4t} \end{bmatrix} \quad (9.48)$$

(9.48) 式から理解されるように,十分に時間が経過した定常状態では,電流はゼロすなわち $i(t) = 0$ に,出力電圧は印加電圧と同一すなわち $v_{out}(t) = v_{in}$ となる.

―例題 9.8―――

再び図 9.5 の回路を考える.あらかじめスイッチは A 側に入れられており,十分な時間が経過しているものとする.時刻 $t = 0$ にスイッチを B 側に入れた場合の電流応答 $i(t)$ と出力電圧応答 $v_{out}(t)$ を求めよ.

解答 本回路に関しては,スイッチを B 側に入れた状態では次の回路方程式が成立する.

$$0 = R\,i(t) + L\frac{d}{dt}i(t) + v_{out}(t) \quad ;\ i(0_+) = 0 \quad (9.49\mathrm{a})$$

$$i(t) = C\frac{d}{dt}v_{out}(t) \quad ;\ v_{out}(0_+) = v_{in} \quad (9.49\mathrm{b})$$

上の回路方程式を,$i(t)$,$v_{out}(t)$ を状態変数として状態空間表現すると,

$$\frac{d}{dt}\begin{bmatrix} i(t) \\ v_{out}(t) \end{bmatrix} = \begin{bmatrix} -\dfrac{R}{L} & -\dfrac{1}{L} \\ \dfrac{1}{C} & 0 \end{bmatrix} \begin{bmatrix} i(t) \\ v_{out}(t) \end{bmatrix} \tag{9.50}$$

(9.50) 式を初期値に注意して (9.37) ～ (9.39) 式に適用すると，次式を得る．

$$\begin{bmatrix} I(s) \\ V_{out}(s) \end{bmatrix} = \begin{bmatrix} s+\dfrac{R}{L} & \dfrac{1}{L} \\ -\dfrac{1}{C} & s \end{bmatrix}^{-1} \begin{bmatrix} i(0_+) \\ v_{out}(0_+) \end{bmatrix}$$

$$= \frac{1}{s^2 + \frac{R}{L}s + \frac{1}{LC}} \begin{bmatrix} s & -\dfrac{1}{L} \\ \dfrac{1}{C} & s+\dfrac{R}{L} \end{bmatrix} \begin{bmatrix} 0 \\ v_{in} \end{bmatrix}$$

$$= \begin{bmatrix} -\dfrac{C\,v_{in}}{LCs^2 + RCs + 1} \\ \dfrac{C(Ls+R)v_{in}}{LCs^2 + RCs + 1} \end{bmatrix} \tag{9.51}$$

(9.51) 式右辺第 1 行は，(9.46) 右辺第 1 行と極性反転の関係にある．

(9.51) 式に対しラプラス逆変換をとると，所期の電流応答と出力電圧応答とを得る．(9.51) 式の分母多項式は，(9.46) 式の分母多項式と同一であり，分母多項式の特性根によって，ラプラス逆変換の細部遂行が異なる ((8.36) 式参照). □

ラプラス逆変換の遂行を具体的に示すべく，回路素子と印加直流電圧に具体値を与える．すなわち，$R = 0.5\,[\Omega]$, $L = 0.1\,[\mathrm{H}]$, $C = 2.5\,[\mathrm{F}]$, $v_{in} = 3\,[\mathrm{V}]$ とする．この例の場合には，(9.51) 式は次の (9.52) 式となり，電流応答，出力電圧応答として (9.53) 式を得る．

$$\begin{bmatrix} I(s) \\ V_{out}(s) \end{bmatrix} = \begin{bmatrix} -\dfrac{30}{s^2+5s+4} \\ \dfrac{3(s+5)}{s^2+5s+4} \end{bmatrix} = \begin{bmatrix} -10\left(\dfrac{1}{s+1} - \dfrac{1}{s+4}\right) \\ \dfrac{4}{s+1} - \dfrac{1}{s+4} \end{bmatrix} \tag{9.52}$$

$$\begin{bmatrix} i(t) \\ v_{out}(t) \end{bmatrix} = \mathcal{L}^{-1}\left\{ \begin{bmatrix} I(s) \\ V_{out}(s) \end{bmatrix} \right\} = \begin{bmatrix} -10(e^{-t} - e^{-4t}) \\ 4e^{-t} - e^{-4t} \end{bmatrix} \tag{9.53}$$

9.2 連立線形定係数常微分方程式の解法

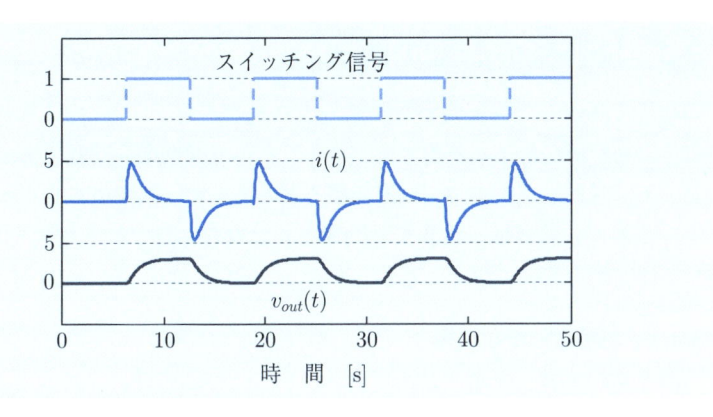

図 9.6 電流応答と電圧応答の一例

(9.53) 式から理解されるように，十分に時間が経過した定常状態では，電流，出力電圧はともにゼロとなる．また，電流応答は，(9.48) 式の電流応答の極性反転となる．

図 9.5 の回路において，回路特性を $R = 0.5\,[\Omega]$, $L = 0.1\,[\mathrm{H}]$, $C = 2.5\,[\mathrm{F}]$, $v_{in} = 3\,[\mathrm{V}]$ とし，$\omega = 0.5\,[\mathrm{rad/s}]$ 相当の周期でスイッチをオン・オフしたときの電流応答，出力電圧応答の様子を図 9.6 に示した．同図は，上から，スイッチング信号（1 = A 側オン，0 = B 側オン），電流 $i(t)$，キャパシタンス C の両端の出力電圧 $v_{out}(t)$ を示している．同図より，(9.48), (9.53) 式の電流応答と出力電圧応答の正当性が確認される．特に，電流応答からは，解析式と整合した対称性（ゼロレベルを基準とした対称性）が確認される．

問題 9.2

連立微分方程式の求解 ラプラス変換を利用して，以下の原方程式を求解せよ．

① $\dfrac{d}{dt}\boldsymbol{x}(t) = \begin{bmatrix} 0 & 1 \\ -6 & -5 \end{bmatrix}\boldsymbol{x}(t) + \begin{bmatrix} 0 \\ 6 \end{bmatrix}u(t)\ ;\ u(t)=1,\ \boldsymbol{x}(0_+) = \begin{bmatrix} 6 \\ 6 \end{bmatrix}$

② $\dfrac{d}{dt}\boldsymbol{x}(t) = \begin{bmatrix} -1 & -2 \\ 2 & -1 \end{bmatrix}\boldsymbol{x}(t) + \begin{bmatrix} 5 \\ 0 \end{bmatrix}u(t)\ ;\ u(t)=1,\ \boldsymbol{x}(0_+) = \begin{bmatrix} 0 \\ 5 \end{bmatrix}$

9.3 境界条件問題の解法

これまで説明した線形定係数常微分方程式の求解問題では,「あらかじめ与えられた初期値に対する解信号を求める」という**初期条件問題**であった.これに対して,解信号が指定時刻に既定値をとるように,初期値を設定する問題もある.この種の問題は,**境界条件問題**といわれる.ラプラス変換を用いれば,境界条件問題も簡単に解くことができる.以下に,例示を通じこれを説明する.

9.3.1 駆動信号がない場合

次の 2 階原方程式を考える.

$$\frac{d^2}{dt^2}y(t) + 5\frac{d}{dt}y(t) + 4y(t) = 0 \quad ; \quad y(0_+) = 0,\ y(1) = 1 \tag{9.54}$$

上式では,時刻 $t = 0, 1$ に,解信号 $y(t)$ がとるべき値(境界条件)が既定されている.その一つが初期値 $y(0_+) = 0$ である.原方程式は 2 階であるので,初期値 $y^{(1)}(0_+)$ に関し設定自由が残されている.この設定を通じ,残りの境界条件 $y(1) = 1$ を満足させることを考える.

(9.54) 式と (9.1) 式との対比を通じ,(9.3b) ~ (9.3d) 式より次式を得る.

$$\left.\begin{array}{l} A(s) = s^2 + 5s + 4 \\ C(s) = (s+5)\,y(0_+) + y^{(1)}(0_+) \\ B(s)U(s) = 0 \end{array}\right\} \tag{9.55}$$

像関数 $Y(s)$ を定めた (9.3a) 式に上式を用いた上,既定の初期値 $y(0_+) = 0$ を適用すると,

$$\begin{aligned} Y(s) &= \frac{y^{(1)}(0_+)}{s^2 + 5s + 4} \\ &= \frac{y^{(1)}(0_+)}{3}\left(\frac{1}{s+1} - \frac{1}{s+4}\right) \end{aligned} \tag{9.56}$$

上の像関数 $Y(s)$ にラプラス逆変換を施すと,次の解信号を得る.

$$\begin{aligned} y(t) &= \mathcal{L}^{-1}\{Y(s)\} \\ &= \frac{y^{(1)}(0_+)}{3}(e^{-t} - e^{-4t}) \end{aligned} \tag{9.57}$$

ここで，上式に対し既定の境界条件 $y(1) = 1$ を付与し，初期値 $y^{(1)}(0_+)$ を設定すると，

$$y(1) = \frac{y^{(1)}(0_+)}{3}(e^{-1} - e^{-4}) \tag{9.58a}$$

$$y^{(1)}(0_+) = \frac{3y(1)}{e^{-1} - e^{-4}} = \frac{3}{e^{-1} - e^{-4}} \tag{9.58b}$$

設定した (9.58b) 式の初期値を (9.57) 式に用いると，(9.54) 式の原方程式を満足する次式を得る．

$$y(t) = \frac{e^{-t} - e^{-4t}}{e^{-1} - e^{-4}} \tag{9.59}$$

9.3.2 駆動信号がある場合

次の 2 階原方程式を考える．

$$\frac{d^2}{dt^2}y(t) + 3\frac{d}{dt}y(t) + 2y(t) = \sin t \ ; \ y(0_+) = 0, \ y(1) = 1 \tag{9.60}$$

駆動信号の有無の違いを除けば，本式の問題は (9.54) 式と同様な問題であるので，同様な手順で求解する．

(9.60) 式と (9.1) 式との対比を通じ，(9.3b) 〜 (9.3d) 式より次式を得る．

$$\left.\begin{aligned} A(s) &= s^2 + 3s + 2 \\ B(s) &= 1 \\ C(s) &= (s+3)\,y(0_+) + y^{(1)}(0_+) \\ U(s) &= \frac{1}{s^2+1} \end{aligned}\right\} \tag{9.61}$$

像関数 $Y(s)$ を定めた (9.3a) 式に上式を用いた上，既定の初期値 $y(0_+) = 0$ を適用すると，

$$\begin{aligned} Y(s) &= \frac{1}{s^2+3s+2}\left(\frac{1}{s^2+1} + y^{(1)}(0_+)\right) \\ &= \left(\frac{\frac{1}{2}}{s+1} + \frac{-\frac{1}{5}}{s+2} + \frac{-\frac{3}{10}s + \frac{1}{10}}{s^2+1}\right) + y^{(1)}(0_+)\left(\frac{1}{s+1} - \frac{1}{s+2}\right) \end{aligned} \tag{9.62}$$

(9.62) 式の像関数 $Y(s)$ に対してラプラス逆変換を施すと，次の解信号を得る．

$$y(t) = \mathcal{L}^{-1}\{Y(s)\}$$
$$= \frac{1}{2}e^{-t} - \frac{1}{5}e^{-2t} - \frac{3}{10}\cos t + \frac{1}{10}\sin t + y^{(1)}(0_+)(e^{-t} - e^{-2t}) \qquad (9.63)$$

ここで，上式に対し既定の境界条件 $y(1) = 1$ を付与し，初期値 $y^{(1)}(0_+)$ を設定すると，

$$y(1) = \frac{1}{2}e^{-1} - \frac{1}{5}e^{-2} - \frac{3}{10}\cos 1 + \frac{1}{10}\sin 1 + y^{(1)}(0_+)(e^{-1} - e^{-2}) \qquad (9.64a)$$

$$y^{(1)}(0_+) = \frac{y(1) + \left(-\frac{1}{2}e^{-1} + \frac{1}{5}e^{-2} + \frac{3}{10}\cos 1 - \frac{1}{10}\sin 1\right)}{e^{-1} - e^{-2}}$$
$$= \frac{1 - \frac{1}{2}e^{-1} + \frac{1}{5}e^{-2} + \frac{3}{10}\cos 1 - \frac{1}{10}\sin 1}{e^{-1} - e^{-2}} \qquad (9.64b)$$

設定した (9.64b) 式の初期値を (9.63) 式に用いると，(9.60) 式の原方程式を満足する次式を得る．

$$y(t) = \frac{1}{2}e^{-t} - \frac{1}{5}e^{-2t} - \frac{3}{10}\cos t + \frac{1}{10}\sin t$$
$$+ \frac{1 - \frac{1}{2}e^{-1} + \frac{1}{5}e^{-2} + \frac{3}{10}\cos 1 - \frac{1}{10}\sin 1}{e^{-1} - e^{-2}}(e^{-t} - e^{-2t}) \qquad (9.65)$$

9.3.3 自励振動の場合

時刻 $t = 0, T$ で境界条件をもつ次の 2 階原方程式を考える．

$$\frac{d^2}{dt^2}y(t) + \omega_0^2 y(t) = 0 \quad ; \; \omega_0 > 0, \; y(0_+) = \text{既定}, \; y(T) = \text{既定} \qquad (9.66)$$

上式の境界条件問題は (9.54) 式の問題と同様であるので，同様な手順で求解する．

(9.66) 式と (9.1) 式との対比を通じ，(9.3b) ～ (9.3d) より次式を得る．

$$\left.\begin{array}{l} A(s) = s^2 + \omega_0^2 \\ C(s) = sy(0_+) + y^{(1)}(0_+) \\ B(s)U(s) = 0 \end{array}\right\} \qquad (9.67)$$

9.3 境界条件問題の解法

像関数 $Y(s)$ を定めた (9.3a) 式に (9.67) 式を用いると,

$$Y(s) = \frac{y(0_+)s + y^{(1)}(0_+)}{s^2 + \omega_0^2} \tag{9.68}$$

上の像関数 $Y(s)$ に対してラプラス逆変換を施すと,次の解信号を得る.

$$\begin{aligned} y(t) &= \mathcal{L}^{-1}\{Y(s)\} \\ &= y(0_+)\cos\omega_0 t + \frac{y^{(1)}(0_+)}{\omega_0}\sin\omega_0 t \end{aligned} \tag{9.69}$$

この解信号は減衰も発散もせず,**自励振動**を繰り返す.また,$t = 0_+$ での境界条件を満足している.

ここで,初期値 $y^{(1)}(0_+)$ を設定すべく,(9.69) 式に対し $t = T$ での境界条件を付与すると,

$$y(T) = y(0_+)\cos\omega_0 T + \frac{y^{(1)}(0_+)}{\omega_0}\sin\omega_0 T \tag{9.70a}$$

したがって,$\sin\omega_0 T \neq 0$ ならば(換言するならば $\omega_0 T \neq n\pi$;$n = 1, 2, \cdots$ ならば),境界条件を満足する初期値として次式を得る.

$$y^{(1)}(0_+) = \frac{\omega_0(\,y(T) - y(0_+)\cos\omega_0 T\,)}{\sin\omega_0 T} \tag{9.70b}$$

上の初期値を (9.69) 式に用いると,(9.66) 式の原方程式を満足する次の解信号を得る.

$$\begin{aligned} y(t) &= y(0_+)\cos\omega_0 t + \frac{(\,y(T) - y(0_+)\cos\omega_0 T\,)}{\sin\omega_0 T}\sin\omega_0 t \\ &\quad ; \omega_0 T \neq n\pi \quad (n = 1, 2, \cdots) \end{aligned} \tag{9.71}$$

なお,$\omega_0 T = n\pi$;$n = 1, 2, \cdots$ の場合には,任意の境界条件で (9.66) 式を満足する解信号は存在しない.この場合にも,あえて (9.66) 式を満足する解信号を得るには,境界条件は次式を満足しなければならない.

$$\left.\begin{array}{l} y(0_+) = y(T) \quad ; \ \omega_0 T = 2m\pi \quad (m = 1, 2, \cdots) \\ y(0_+) = -y(T) \quad ; \ \omega_0 T = (2m-1)\pi \quad (m = 1, 2, \cdots) \end{array}\right\} \quad (9.72)$$

(9.72) 式の境界条件の下での解信号は，(9.69) 式より，任意の定数 a をもつ次式となる．

$$y(t) = y(0_+)\cos\omega_0 t + a\sin\omega_0 t \quad ; \ \omega_0 T = n\pi \quad (n = 1, 2, \cdots) \quad (9.73)$$

図 9.7 に，$y(0_+) = 1, a = 0$ を条件に，(9.72)，(9.73) 式を満足する解信号（余弦信号）を示した．また，図 9.8 に，$y(0_+) = 0, a = 1$ を条件に，(9.72)，(9.73) 式を満足する解信号（正弦信号）を示した．両図では，T を一定として ω_0 を変化させて自励振動の様子を描画した．

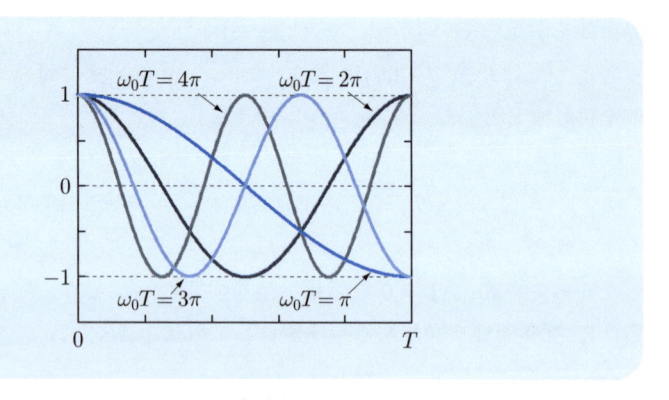

図 **9.7** 余弦信号

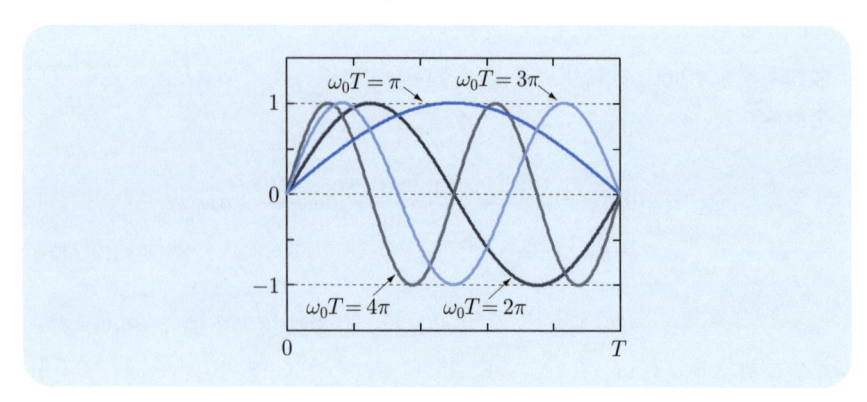

図 **9.8** 正弦信号

9.4 積分方程式の解法

これまでは,微分方程式の求解にラプラス変換を用いた解法を説明してきた.方程式の中には,微分項に加えて積分項を有する微積分方程式もある.また,積分項のみで構成される積分方程式もある.本節では,このような方程式の求解にラプラス変換を用いた解法を説明する.

9.4.1 積分初期値の扱い

[1] **連立微分方程式に基づく像関数** 再び,図 9.5 を考える.A 側にスイッチオンした状態での回路特性は (9.44) ～ (9.46) 式で記述された.ただし,ここでの検討では,過渡応答解析の開始時刻(ゼロ時刻)は A 側にスイッチオンした直後ではなく,スイッチオン後若干の時間が経過した時点とする.この場合,電流初期値,出力電圧初期値はゼロでない,すなわち $i(0_+) \neq 0$, $v_{out}(0_+) \neq 0$ となる.本状態での電流と出力電圧の像関数 $I(s), V_{out}(s)$ は,(9.46) 式より以下のように求められる.

$$\begin{bmatrix} I(s) \\ V_{out}(s) \end{bmatrix} = \begin{bmatrix} s + \dfrac{R}{L} & \dfrac{1}{L} \\ -\dfrac{1}{C} & s \end{bmatrix}^{-1} \left[\begin{bmatrix} \dfrac{v_{in}}{Ls} \\ 0 \end{bmatrix} + \begin{bmatrix} i(0_+) \\ v_{out}(0_+) \end{bmatrix} \right]$$

$$= \dfrac{1}{s^2 + \dfrac{R}{L}s + \dfrac{1}{LC}} \begin{bmatrix} s & -\dfrac{1}{L} \\ \dfrac{1}{C} & s + \dfrac{R}{L} \end{bmatrix} \begin{bmatrix} \dfrac{v_{in}}{Ls} + i(0_+) \\ v_{out}(0_+) \end{bmatrix}$$

$$= \begin{bmatrix} \dfrac{LC\, i(0_+)s + C(v_{in} - v_{out}(0_+))}{LCs^2 + RCs + 1} \\ \dfrac{LC v_{out}(0_+)s^2 + (L\, i(0_+) + RC v_{out}(0_+))s + v_{in}}{s(LCs^2 + RCs + 1)} \end{bmatrix} \quad (9.74)$$

[2] **微積分方程式の解法** 以上の準備の下,(9.44) 式の原方程式(連立微分方程式)を再検討する.出力電圧を表現した (9.44b) 式の微分方程式を積分形の方程式として再構築するならば,(9.44) 式は以下のように記述することができる.

$$v_{in} = R\, i(t) + L \dfrac{d}{dt} i(t) + v_{out}(t) \quad ; \quad v_{in} = \text{定数} \quad (9.75\text{a})$$

第9章 ラプラス変換を用いた微分方程式の解法

$$v_{out}(t) = \frac{1}{C}\int_{-\infty}^{t} i(\tau)\,d\tau = \frac{1}{C}\left(\int_{-\infty}^{0} i(\tau)\,d\tau + \int_{0}^{t} i(\tau)\,d\tau\right)$$

$$= \frac{1}{C}\int_{0}^{t} i(\tau)\,d\tau + v_{out}(0_+) \tag{9.75b}$$

ただし，

$$v_{out}(0_+) = \frac{1}{C}\int_{-\infty}^{0} i(\tau)\,d\tau = 定数 \tag{9.75c}$$

(9.75b) 式は，右辺第 1 項に求解すべき信号（電流）を非積分関数としてもつ積分項を備えている．一般に，このような積分項を有する方程式は，**積分方程式**と呼ばれる．

(9.75) 式は，微分・積分項混在の**微積分方程式**として次式のようにまとめられる．

$$v_{in} = R\,i(t) + L\frac{d}{dt}i(t) + v_{out}(t)$$

$$= R\,i(t) + L\frac{d}{dt}i(t) + \left(\frac{1}{C}\int_{0}^{t} i(\tau)\,d\tau + v_{out}(0_+)\right) \;;\; v_{in} = 定数 \tag{9.76}$$

(9.76) 式の微積分方程式においては，積分関連の初期値が定数として追加されている点に，注意されたい．

微積分方程式に対して，電流の初期値に留意してラプラス変換をとると，

$$\frac{v_{in}}{s} = RI(s) + L(sI(s) - i(0_+)) + V_{out}(s)$$

$$= RI(s) + L(sI(s) - i(0_+)) + \left(\frac{I(s)}{Cs} + \frac{v_{out}(0_+)}{s}\right) \tag{9.77}$$

上式を電流の像関数 $I(s)$ について整理すると，次式を得る．

$$I(s) = \frac{LC\,i(0_+)s + C\,(v_{in} - v_{out}(0_+))}{LCs^2 + RCs + 1} \tag{9.78a}$$

電流の像関数 $I(s)$ より出力電圧の像関数 $V_{out}(s)$ を算定すると，次式を得る．

$$V_{out}(s) = \frac{I(s)}{Cs} + \frac{v_{out}(0_+)}{s}$$

$$= \frac{LCv_{out}(0_+)s^2 + (L\,i(0_+) + RCv_{out}(0_+))s + v_{in}}{s(LCs^2 + RCs + 1)} \tag{9.78b}$$

(9.78) 式は，(9.74) 式と同一である．本同一性は，「積分に関連した初期値を (9.75b)，(9.75c) 式の例のように定数として扱うならば，微積分方程式も直接的にラプラス変換をとることができる」ことを示すものである．適切な積分関連初期値の事前付与を介して構築された微積分方程式のラプラス変換遂行は，微分項のみからなる微分方程式のそれと同様である．

微分項をもたない積分項のみからなる積分方程式に関しても，適切な積分関連初期値の事前付与を介してこれが構築されているのであれば，本方程式に対しラプラス変換を直接的にとることができる．

9.4.2 逆問題

時間畳込み積分を有する次の**積分方程式**を考える（(9.5) 式参照）．

$$y(t) = \int_0^t g(t-\tau)\, u(\tau)\, d\tau + b u(t) \tag{9.79}$$

本方程式においては，$y(t)$, $g(t)$ が与えられているものとする．ここで考える問題は，積分方程式を満足する $u(t)$ を求めることである．

(9.79) 式の原方程式に対し時間畳込み定理を活用してラプラス変換をとり，同式を像方程式に変換すると次式を得る．

$$Y(s) = G(s)U(s) + bU(s) \tag{9.80}$$

ただし，$Y(s)$, $G(s)$, $U(s)$ は，おのおの原関数 $y(t)$, $g(t)$, $u(t)$ の像関数である．

上式を像関数 $U(s)$ について整理し，ラプラス逆変換をとると，所期の解 $u(t)$ を得る．すなわち，

$$u(t) = \mathcal{L}^{-1}\left\{\frac{Y(s)}{b + G(s)}\right\} \tag{9.81}$$

(9.79) 式の積分方程式は，**第 2 種ボルテラ形積分方程式**（**Volterra integral equation**）あるいはポアソン形積分方程式（**Poisson integral equation**）と呼ばれる．特に，$b=0$ としたときの (9.79) 式の積分方程式は，**第 1 種ボルテラ形積分方程式**あるいはアーベル形積分方程式（**Abel integral equation**）と呼ばれる．

駆動信号 $u(t)$ から $y(t)$ を求めるすなわち $u(t) \to y(t)$ 形式の問題に対して，上の問題は $y(t) \to u(t)$ 形式すなわち駆動信号を求める問題である．工学的には，この種の**逆問題**は種々存在する．図 9.9 にこの 1 例を示した．同図は，A 局から信号 $u(t)$ を衛星中継を介して B 局へ送る様子を概略的に示している．B 局で受信した信号は $u(t)$ ではなく，伝送路の影響を受けた信号 $y(t)$ となっている．このため，受信信号から元の送信信号を回復する処理が行われる．この回復処理は，伝送路の影響を受けた受信信号が (9.79) 式とするならば，(9.81) 式で表現される．

以下に具体例を示す．次式を考える．

$$y(t) = \sin \omega_0 t = \int_0^t e^{-a(t-\tau)} u(\tau) \, d\tau \tag{9.82}$$

(9.82) 式を (9.79) 式と対比すると，(9.82) 式を満足する解信号として次式を得る．

$$\begin{aligned}
u(t) &= \mathcal{L}^{-1}\left\{\frac{Y(s)}{b+G(s)}\right\} = \mathcal{L}^{-1}\left\{\frac{1}{G(s)}Y(s)\right\} = \mathcal{L}^{-1}\left\{(s+a)\cdot\frac{\omega_0}{s^2+\omega_0^2}\right\} \\
&= \mathcal{L}^{-1}\left\{\frac{\omega_0(s+a)}{s^2+\omega_0^2}\right\} = \omega_0 \cos \omega_0 t + a \sin \omega_0 t \\
&= \sqrt{\omega_0^2 + a^2} \sin(\omega_0 t + \phi) \quad ; \quad \phi = \tan^{-1}\frac{\omega_0}{a}
\end{aligned} \tag{9.83}$$

信号 $y(t)$, $u(t)$ の振幅と位相の相違を確認されたい．

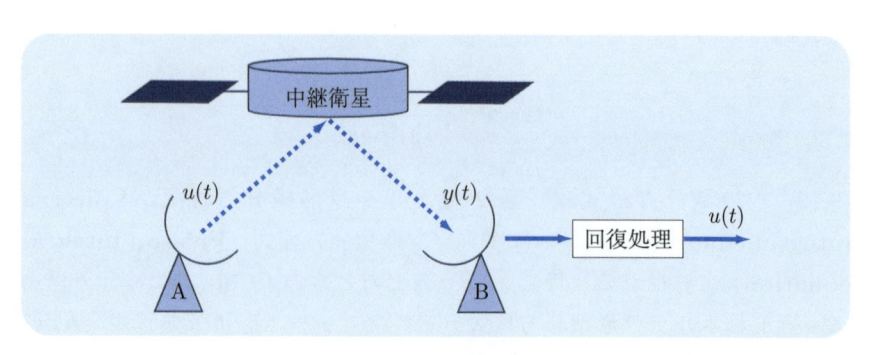

図 9.9 逆問題の例

9.4 積分方程式の解法

問題 9.3

積分方程式の求解 図 9.10 の RC 直流回路を考える．時刻 $t = 0$ でのキャパシタンス C の出力電圧は，$v_{out}(0_+) \neq 0$ とする．

① 時刻 $t = 0$ にスイッチオンし通電した場合の電流 $i(t)$ とキャパシタンス C の両端の出力電圧 $v_{out}(t)$ のラプラス変換を，微分方程式を立てて導出せよ．同様に，同信号のラプラス変換を，積分方程式を立てて導出せよ．この上で，いずれの方程式による導出においても，ラプラス変換が次式となることを確認せよ．

$$\begin{bmatrix} I(s) \\ V_{out}(s) \end{bmatrix} = \frac{1}{RCs+1} \begin{bmatrix} C(v_{in} - v_{out}(0_+)) \\ \dfrac{v_{in}}{s} + RCv_{out}(0_+) \end{bmatrix}$$

② 次に，電流と電圧の応答が次式で与えられることを示せ．

$$\begin{bmatrix} i(t) \\ v_{out}(t) \end{bmatrix} = \begin{bmatrix} \dfrac{v_{in} - v_{out}(0_+)}{R} e^{-(1/RC)t} \\ v_{in} - (v_{in} - v_{out}(0_+)) e^{-(1/RC)t} \end{bmatrix}$$

③ 上式による電流 $i(t)$，電圧 $v_{out}(t)$ を，$0 < v_{out}(0_+) < v_{in}$ を条件に，概略的に描画せよ．この際，電流，電圧の初期値，最終値を明示せよ．

④ 像関数 $I(s)$，$V_{out}(s)$ に初期値定理，最終値定理を適用して得た初期値，最終値が，原関数 $i(t)$，$v_{out}(t)$ から直接的に得た初期値，最終値と同一となることを確認せよ．

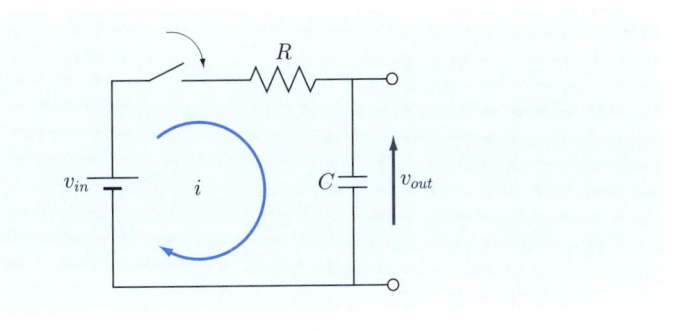

図 9.10 RC 回路

9.5 偏微分方程式の解法

9.5.1 求解の準備

ラプラス変換を用いた偏微分方程式の解法を説明する．この準備として，若干の予備知識を整理しておく．2個の独立変数 x, t をもつ原関数 $f(x, t)$ に関し，変数 t に対するラプラス変換すなわち像関数を $F(x, s)$ とするとき，両関数は次の関係にある．

$$F(x, s) = \mathcal{L}_t\{f(x, t)\} = \int_0^\infty f(x, t)\, e^{-st}\, dt \tag{9.84a}$$

$$f(x, t) = \mathcal{L}_s^{-1}\{F(x, s)\} = \frac{1}{2\pi j}\int_{\sigma_1-j\infty}^{\sigma_1+j\infty} F(x, s)\, e^{st}\, ds \tag{9.84b}$$

すなわち，2個の独立変数をもつ原関数，像関数の関係は，ラプラス変換の対象としない変数を定係数ととらえるならば，これまで説明してきた単変数の原関数と像関数の関係と同一である．ひいては，原関数 $f(x, t)$，像関数 $F(x, s)$ の性質に関しては，第7章，第8章で説明した性質がそのまま成立する．たとえば，時間微分定理として次式が成立する．

$$\mathcal{L}_t\left\{\frac{\partial f(x, t)}{\partial t}\right\} = sF(x, s) - f(x, 0_+) \tag{9.85}$$

なお，本書では，(9.84)，(9.85) 式のように，独立した2変数をもつ偏微分方程式のラプラス変換に関し，ラプラス変換記号に脚符を付けて，対象とする変数を明示する．

ラプラス変換の対象としない変数を定係数ととらえることにより，原関数 $f(x, t)$，像関数 $F(x, s)$ の間には次の関係も成立する．

$$\begin{aligned}\mathcal{L}_t\left\{\frac{\partial f(x, t)}{\partial x}\right\} &= \int_0^\infty \frac{\partial f(x, t)}{\partial x}\, e^{-st}\, dt \\ &= \frac{\partial}{\partial x}\int_0^\infty f(x, t)\, e^{-st}\, dt = \frac{\partial F(x, s)}{\partial x}\end{aligned} \tag{9.86a}$$

一般に，次式が成り立つ．

$$\mathcal{L}_t\left\{\frac{\partial^n f(x, t)}{\partial x^n}\right\} = \frac{\partial^n F(x, s)}{\partial x^n} \quad ; n = 1, 2, \cdots \tag{9.86b}$$

9.5.2 基礎的方程式

[1] **問題の設定** 独立変数 x, t をもつ次の偏微分方程式を考える.

$$\frac{\partial f(x,t)}{\partial x} = \frac{\partial f(x,t)}{\partial t} + f(x,t) \quad ; \quad x \geq 0, \, t \geq 0 \tag{9.87a}$$

このとき,本方程式は次の条件を満足するものとする.

$$f(x, 0_+) = e^{-ax} \quad ; \quad a > 0 \tag{9.87b}$$

$$\lim_{x \to \infty} f(x,t) = 0 \tag{9.87c}$$

(9.87b) 式は $t=0$ における既定初期値である.すなわち,同式右辺の関数は既知である.一方,(9.87c) 式は $x=\infty$ における境界条件である.ここで考える問題は,ラプラス変換を用いて上の偏微分方程式を求解することである.

[2] **ラプラス変換を用いた解法**　(9.87b) 式に変数 t に関する初期値が与えられている点を考慮し,まず,変数 t に関し (9.87a) 式をラプラス変換することを考える.原関数 $f(x,t)$ の変数 t に関するラプラス変換を $F(x,s)$ とする.変数 t に関し (9.87a) 式のラプラス変換をとり,(9.87b) 式の既定初期値を用いると,次式を得る.

$$\frac{\partial F(x,s)}{\partial x} = sF(x,s) - f(x, 0_+) + F(x,s) = (s+1)F(x,s) - e^{-ax} \tag{9.88}$$

(9.88) 式は,$F(x,s)$ の変数 x に関する微分方程式でもある.本認識に基づき,$F(x,s)$ に対して変数 x に関するラプラス変換を考え,この像関数をラプラス演算子 z を用い $\tilde{F}(z,s)$ と表現する.(9.88) 式に対して,変数 x に関するラプラス変換を施すと,次式を得る.

$$z\tilde{F}(z,s) - F(0_+, s) = (s+1)\tilde{F}(z,s) - \frac{1}{z+a} \tag{9.89}$$

上式を像関数 $\tilde{F}(z,s)$ に関して整理すると,

$$\begin{aligned}
\mathcal{L}_x\{F(x,s)\} &= \tilde{F}(z,s) \\
&= \frac{F(0_+, s)}{z-(s+1)} - \frac{1}{(z-(s+1))(z+a)} \\
&= \frac{F(0_+, s)}{z-(s+1)} - \frac{1}{s+1+a}\left(\frac{1}{z-(s+1)} - \frac{1}{z+a}\right)
\end{aligned} \tag{9.90}$$

(9.90) 式の像関数 $\tilde{F}(z, s)$ に対して変数 z に関するラプラス逆変換を施すと，(9.88) 式の解信号 $F(x, s)$ として次式を得る．

$$\begin{aligned}F(x, s) &= \mathcal{L}_z^{-1}\{\tilde{F}(z, s)\} \\ &= \left(F(0_+, s) - \frac{1}{s+1+a}\right)e^{(s+1)x} + \frac{1}{s+1+a}e^{-ax} \\ &= e^x e^{sx}\left(F(0_+, s) - \frac{1}{s+1+a}\right) + e^{-ax}\frac{1}{s+1+a} \end{aligned} \quad (9.91)$$

(9.91) 式に対して，時間推移定理を活用し，変数 s に関してラプラス逆変換をとると，未定初期値を含む次式を得る．

$$\begin{aligned}f(x, t) &= \mathcal{L}_s^{-1}\{F(x, s)\} \\ &= e^x\Big(f(0_+, (t+x)) - e^{-(a+1)(t+x)}\Big) + e^{-ax}e^{-(a+1)t}\end{aligned} \quad (9.92)$$

(9.87c) 式の境界条件が成立するためには，(9.92) 式右辺の e^x 項はゼロでなくてはならない．これより，未定初期値は次のように設定される．

$$f(0_+, t) = e^{-(a+1)t} \quad (9.93)$$

(9.93) 式の設定初期値を (9.92) 式に適用すると，所期の解信号を得る．すなわち，

$$f(x, t) = e^{-ax}e^{-(a+1)t} \quad (9.94)$$

(9.94) 式の解信号は (9.93) 式の初期値とも整合している．(9.94) 式が (9.87a) 式の偏微分方程式を満足することも容易に確認される．

上に示した解法では，(9.92) 式の原関数 $f(x, t)$ に対して境界条件を付与して未定初期値を設定し，この上で，最終的な解信号を得た．これに対して，(9.91) 式の像関数 $F(x, s)$ に対して境界条件を付与して未定初期値を設定し，この上で，最終的な解信号を得ることもできる．参考までに，これを示しておく．

(9.87c) 式の境界条件が成立するためには，原関数 $f(x, t)$ の変数 t に関するラプラス変換である $F(x, s)$ は，次式を満足しなければならない．

$$\lim_{x \to \infty} F(x, s) = \mathcal{L}_t\Big\{\lim_{x \to \infty} f(x, t)\Big\} = \mathcal{L}_t\{0\} = 0 \quad (9.95)$$

9.5 偏微分方程式の解法

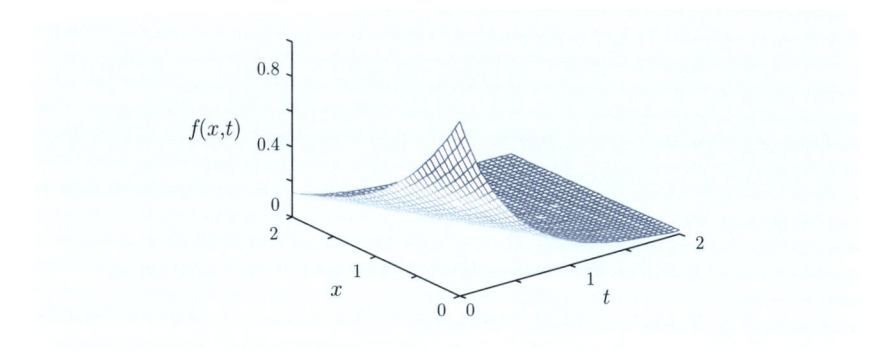

図 **9.11** 解信号の例

(9.95) 式を (9.91) 式に適用すると，(9.91) 式右辺第 1 項すなわち e^x 項はゼロでなくてはならない．これより，未定初期値は (9.96) 式のように，また $F(x, s)$ は (9.97) 式のように定まる．

$$F(0_+, s) = \frac{1}{s+1+a} \tag{9.96}$$

$$F(x, s) = e^{-ax}\frac{1}{s+1+a} \tag{9.97}$$

(9.96)，(9.97) 式より，ただちに (9.93)，(9.94) 式を得る．

図 9.11 に，$a = 1$ を条件に，(9.94) 式の原関数 $f(x, t)$ を描画した．$ax + (a+1)t = $ 定数 の直線上では，$f(x, t)$ は同一の値をとることになるが，同図より，t, x の両方向への指数減数特性と同時に本特性も視認される．

9.5.3 無損失線路電信方程式と波動方程式

[1] **問題の設定** 無損失線路（**lossless transmission line**）の特性を表現した，独立変数 x, t をもつ次の偏微分方程式を考える．

$$-\frac{\partial v(x,t)}{\partial x} = L\frac{\partial i(x,t)}{\partial t}, \quad -\frac{\partial i(x,t)}{\partial x} = C\frac{\partial v(x,t)}{\partial t}$$
$$; x \geq 0, t \geq 0 \tag{9.98a}$$

このとき，本方程式は (9.98b) 式の初期値と (9.98c) 式の境界条件を満足するものとする．

$$v(x, 0_+) = 0, \quad i(x, 0_+) = 0 \tag{9.98b}$$

$$v(0_+, t) = 既定, \quad \lim_{x \to \infty} v(x,t) = 0 \tag{9.98c}$$

(9.98b) 式は $t=0$ における既定初期値であり，線路は $t=0$ では電圧も電流もゼロ状態にあることを示している．一方，(9.98c) 式は x の始端，末端における境界条件である．

(9.98a) 式は，**無損失線路の電信方程式（telegrapher's equation）** と呼ばれる．(9.98a) 式は，独立変数 x, t で偏微分を行うことにより，次の**波動方程式**に書き改めることもできる．

$$\frac{\partial^2 v(x,t)}{\partial x^2} = LC \frac{\partial^2 v(x,t)}{\partial t^2} \quad ; \; x \geq 0,\, t \geq 0 \tag{9.99a}$$

$$\frac{\partial^2 i(x,t)}{\partial x^2} = LC \frac{\partial^2 i(x,t)}{\partial t^2} \quad ; \; x \geq 0,\, t \geq 0 \tag{9.99b}$$

ここで考える問題は，ラプラス変換を用いて，(9.98) 式または (9.99) 式の偏微分方程式を求解することである．

[2] ラプラス変換を用いた解法　(9.98b) 式に，$t=0$ における既定初期値が与えられている点を考慮し，(9.98a) 式を t に関しラプラス変換することを考える．原関数 $v(x,t), i(x,t)$ の変数 t に関するラプラス変換をおのおの $V(x,s), I(x,s)$ と表現する．(9.98a) 式に t に関しラプラス変換を施すと，次式を得る．

$$-\frac{\partial V(x,s)}{\partial x} = L(sI(x,s) - i(x, 0_+)) = LsI(x,s) \tag{9.100a}$$

$$-\frac{\partial I(x,s)}{\partial x} = C(sV(x,s) - v(x, 0_+)) = CsV(x,s) \tag{9.100b}$$

(9.98c) 式に，電圧 $v(x,t)$ に関し境界条件が付与されている点を考慮し，(9.100) 式を $V(x,s)$ について整理すると，次式を得る．

$$\frac{\partial^2 V(x,s)}{\partial x^2} = LCs^2 V(x,s) \tag{9.101}$$

9.5 偏微分方程式の解法

(9.101) 式は，(9.99a) 式の波動方程式を，初期値をゼロとして，t に関してラプラス変換をとったものと同一である．

(9.101) 式は，$V(x, s)$ の変数 x に関する微分方程式でもある．本認識に基づき，$V(x, s)$ に対して変数 x に関するラプラス変換を考え，この像関数をラプラス演算子 z を用い $\tilde{V}(z, s)$ と表現する．(9.101) 式に対して，変数 x に関するラプラス変換を施すと，次式を得る．

$$z^2 \tilde{V}(z, s) - zV(0_+, s) - V^{(1)}(0_+, s) = LCs^2 \tilde{V}(z, s) \qquad (9.102)$$

上式を像関数 $\tilde{V}(z, s)$ に関して整理すると，

$$\begin{aligned}
\mathcal{L}_x\{V(x, s)\} &= \tilde{V}(z, s) \\
&= \frac{zV(0_+, s) + V^{(1)}(0_+, s)}{z^2 - LCs^2} \\
&= \frac{A(s)}{z + \sqrt{LC}s} + \frac{B(s)}{z - \sqrt{LC}s}
\end{aligned} \qquad (9.103\text{a})$$

$$A(s) = \frac{\sqrt{LC}sV(0_+, s) - V^{(1)}(0_+, s)}{2\sqrt{LC}s} \qquad (9.103\text{b})$$

$$B(s) = \frac{\sqrt{LC}sV(0_+, s) + V^{(1)}(0_+, s)}{2\sqrt{LC}s} \qquad (9.103\text{c})$$

(9.103) 式の像関数 $\tilde{V}(z, s)$ に対して変数 z に関するラプラス逆変換を施すと，(9.101) 式の解信号 $V(x, s)$ として次式を得る．

$$V(x, s) = \mathcal{L}_z^{-1}\{\tilde{V}(z, s)\} = A(s)e^{-\sqrt{LC}sx} + B(s)e^{\sqrt{LC}sx} \qquad (9.104)$$

ここで，(9.98c) 式に与えられた境界条件を考える．本境界条件を変数 t に関しラプラス変換をとると，s 領域で評価した境界条件として次式を得る．

$$\lim_{x \to \infty} V(x, s) = \mathcal{L}_t\left\{\lim_{x \to \infty} v(x, t)\right\} = \mathcal{L}_t\{0\} = 0 \qquad (9.105)$$

(9.105) 式の境界条件を (9.104) 式に適用すると，ただちに次式を得る．

$$B(s) = 0 \qquad (9.106\text{a})$$

(9.106a) 式を (9.103c) 式に適用すると，未定初期値 $V^{(1)}(0_+, s)$ が次のように設定される．

$$V^{(1)}(0_+, s) = -\sqrt{LC}\, s V(0_+, s) \qquad (9.106\text{b})$$

(9.106) 式と (9.103b) 式とを (9.104) 式に用いると，境界条件を考慮した s 領域の解信号 $V(x, s)$ を次のように得る．

$$V(x, s) = \mathcal{L}_z^{-1}\{\tilde{V}(z, s)\} = V(0_+, s)\, e^{-\sqrt{LC}\, x s} \qquad (9.107)$$

(9.107) 式に対して，時間推移定理を活用し，変数 s に関してラプラス逆変換をとると，t 領域の電圧解信号 $v(x, t)$ として次式を得る．

$$v(x, t) = \mathcal{L}_s^{-1}\{V(x, s)\} = v(0_+, t - \sqrt{LC}\, x) \qquad (9.108)$$

つづいて電流について考える．(9.107) 式を (9.100a) 式に用いると，原関数 $i(x, t)$ の変数 t に関するラプラス変換 $I(x, s)$ として次式を得る．

$$I(x, s) = -\frac{1}{Ls} \cdot \frac{\partial V(x, s)}{\partial x} = \sqrt{\frac{C}{L}}\, V(0_+, s)\, e^{-\sqrt{LC}\, x s} \qquad (9.109)$$

(9.109) 式に対して，時間推移定理を活用し，変数 s に関してラプラス逆変換をとると，t 領域の電流解信号 $i(x, t)$ として次式を得る．

$$i(x, t) = \mathcal{L}_s^{-1}\{I(x, s)\} = \sqrt{\frac{C}{L}}\, v\!\left(0_+, t - \sqrt{LC}\, x\right) \qquad (9.110)$$

(9.108)，(9.110) 式に示した t 領域の電圧，電流の解信号に関しては，次の表現を採用している点には留意されたい ((7.18) 式，図 7.4 参照)．

$$v(0_+, t - \sqrt{LC}\, x) \equiv \begin{cases} 0 & ; 0 \leq t < \sqrt{LC}\, x \\ v(0_+, t - \sqrt{LC}\, x) & ; t \geq \sqrt{LC}\, x \end{cases} \qquad (9.111)$$

上記関数の特性上，$t - \sqrt{L/C}\, x =$ 定数 の時刻・場所では，電圧，電流はそれぞれ同一の値をとることになる．

9.5 偏微分方程式の解法

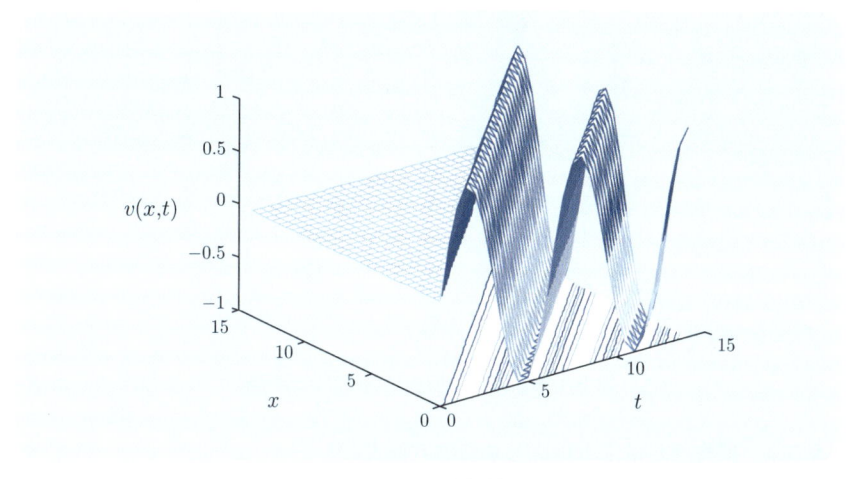

図 9.12 波動伝播の例

なお，(9.108) 式の電圧と (9.110) 式の電流とを関係づける $\sqrt{L/C}$ は，**特性インピーダンス（characteristic impedance）**，**波動インピーダンス（wave impedance）**，あるいは**サージインピーダンス（surge impedance）**と呼称される．また，$1/\sqrt{LC}$ は**位相速度（phase velocity, phase speed）**といわれ，波動の伝播速度を意味する．

図 9.12 に，$v(0_+, t) = \sin t$, $LC = 1$ を条件に，電圧解信号 $v(x, t)$ を描画した．すなわち，次式を描画した．

$$\begin{aligned} v(x, t) &= v\left(0_+, t - \sqrt{LC}x\right) = \sin(t - x) \\ &= -\sin(x - t) \quad ; \ 0 \leq x \leq t \end{aligned} \tag{9.112}$$

同図下部には，参考までに等高線を示した．電圧解信号は (9.111) 式の波動特性を示すとともに，(9.98b) 式の初期値，(9.98c) 式の境界条件を満足している点を確認されたい．

(9.112) 式と図 9.12 は，$x = 0$ の地点において $v(0_+, t) = \sin t$ で励振した場合の波動伝播の様子を示している．この観点より，ある時刻 $t = t_1$ における各地点 x での波動の様子を図 9.13 に概略的に示した．地点 $x_1 = t_1/\sqrt{LC} = t_1$ が波動伝播の先頭となる．

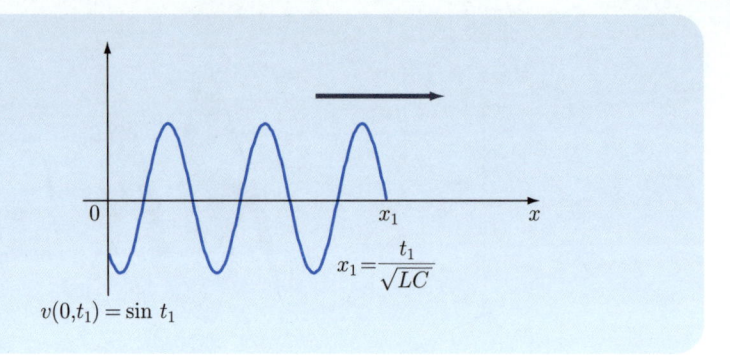

図 9.13 時刻 $t = t_1$ での波動伝播の例

9.5.4 損失線路電信方程式と熱伝導方程式

[1] 問題の設定 損失線路（**loss transmission line**）の特性を表現した，独立変数 x, t をもつ次の偏微分方程式を考える．

$$-\frac{\partial v(x,t)}{\partial x} = Ri(x,t), \quad -\frac{\partial i(x,t)}{\partial x} = C\frac{\partial v(x,t)}{\partial t}$$
$$; x \geq 0,\ t > 0 \tag{9.113a}$$

このとき，本方程式は (9.113b) 式の初期値と (9.113c) 式の境界条件を満足するものとする．

$$v(x, 0_+) = 0, \quad i(x, 0_+) = 0 \tag{9.113b}$$

$$v(0_+, t) = E_0 = \text{定数}, \quad \lim_{x\to\infty} v(x,t) = 0 \tag{9.113c}$$

(9.113b) 式は $t = 0$ における既定初期値であり，線路は $t = 0$ では電圧も電流もゼロ状態にあることを示している．一方，(9.113c) 式は x の始端，末端における境界条件である．始端での一定電圧 E_0 は，初期値と矛盾を起こさないように，$t > 0$ の直後に瞬時印加されるものとする．

(9.113a) 式は，**損失線路の電信方程式**と呼ばれる．同式は，独立変数 x, t で偏微分を行うことより，次の**熱伝導方程式**に書き改めることもできる．

9.5 偏微分方程式の解法

$$\frac{\partial^2 v(x,t)}{\partial x^2} = RC\frac{\partial v(x,t)}{\partial t} \quad ; x \geq 0,\ t > 0 \qquad (9.114\text{a})$$

$$\frac{\partial^2 i(x,t)}{\partial x^2} = RC\frac{\partial i(x,t)}{\partial t} \quad ; x \geq 0,\ t > 0 \qquad (9.114\text{b})$$

ここで考える問題は，ラプラス変換を用いて，(9.113) 式または (9.114) 式の偏微分方程式を求解することである．

[2] ラプラス変換を用いた解法　(9.113b) 式に，$t=0$ における既定初期値が与えられている点を考慮し，(9.113a) 式を t に関しラプラス変換することを考える．原関数 $v(x,t)$，$i(x,t)$ の変数 t に関するラプラス変換をおのおの $V(x,s)$，$I(x,s)$ と表現する．(9.113a) 式に t に関しラプラス変換を施すと，次式を得る．

$$-\frac{\partial V(x,s)}{\partial x} = RI(x,s) \qquad (9.115\text{a})$$

$$-\frac{\partial I(x,s)}{\partial x} = C(sV(x,s) - v(x,0_+))$$

$$= CsV(x,s) \qquad (9.115\text{b})$$

(9.113c) 式に，電圧 $v(x,t)$ に関し境界条件が付与されている点を考慮し，(9.115) 式を $V(x,s)$ について整理すると，次式を得る．

$$\frac{\partial^2 V(x,s)}{\partial x^2} = RCsV(x,s) \qquad (9.116)$$

上式は，(9.114a) 式の熱伝導方程式を，初期値をゼロとして，t に関してラプラス変換をとったものと同一である．

(9.116) 式は，$V(x,s)$ の変数 x に関する微分方程式でもある．本認識に基づき，$V(x,s)$ に対して変数 x に関するラプラス変換を考え，この像関数をラプラス演算子 z を用い $\tilde{V}(z,s)$ と表現する．(9.116) 式に対して，変数 x に関するラプラス変換を施すと，次式を得る．

$$z^2\tilde{V}(z,s) - zV(0_+,s) - V^{(1)}(0_+,s) = RCs\tilde{V}(z,s) \qquad (9.117)$$

上式を像関数 $\tilde{V}(z,s)$ に関して整理すると，

$$\mathcal{L}_x\{V(x,\,s)\} = \tilde{V}(z,\,s)$$

$$= \frac{zV(0_+,\,s) + V^{(1)}(0_+,\,s)}{z^2 - RCs}$$

$$= \frac{A(s)}{z + \sqrt{RCs}} + \frac{B(s)}{z - \sqrt{RCs}} \qquad (9.118\mathrm{a})$$

$$A(s) = \frac{\sqrt{RCs}\,V(0_+,\,s) - V^{(1)}(0_+,\,s)}{2\sqrt{RCs}} \qquad (9.118\mathrm{b})$$

$$B(s) = \frac{\sqrt{RCs}\,V(0_+,\,s) + V^{(1)}(0_+,\,s)}{2\sqrt{RCs}} \qquad (9.118\mathrm{c})$$

(9.118) 式の像関数 $\tilde{V}(z,\,s)$ に対して変数 z に関するラプラス逆変換を施すと，(9.116) 式の解信号 $V(x,\,s)$ として次式を得る．

$$V(x,\,s) = \mathcal{L}_z^{-1}\{\tilde{V}(z,\,s)\} = A(s)e^{-\sqrt{RCs}\,x} + B(s)e^{\sqrt{RCs}\,x} \qquad (9.119)$$

ここで，(9.113c) 式に与えられた境界条件を考える．本境界条件を変数 t に関しラプラス変換をとると，s 領域で評価した境界条件として次式を得る．

$$\lim_{x \to \infty} V(x,\,s) = \mathcal{L}_t\Big\{\lim_{x \to \infty} v(x,t)\Big\} = \mathcal{L}_t\{0\} = 0 \qquad (9.120)$$

(9.120) 式の境界条件を (9.119) 式に適用すると，ただちに次式を得る．

$$B(s) = 0 \qquad (9.121\mathrm{a})$$

(9.121a) 式を (9.118c) 式に適用すると，未定初期値 $V^{(1)}(0_+,\,s)$ が次のように設定される．

$$V^{(1)}(0_+,\,s) = -\sqrt{RCs}\,V(0_+,\,s) \qquad (9.121\mathrm{b})$$

(9.121) 式と (9.118b) 式とを (9.119) 式に用いると，境界条件を考慮した s 領域の解信号 $V(x,\,s)$ を次のように得る．

$$V(x,\,s) = \mathcal{L}_z^{-1}\{\tilde{V}(z,\,s)\} = V(0_+,\,s)\,e^{-\sqrt{RCs}\,x} \qquad (9.122)$$

さて，ここで，初期値 $V(0_+,\,s)$ を設定することを考える．(9.113c) 式の始

9.5 偏微分方程式の解法

端境界条件より，次の関係を得る．

$$V(0_+, s) = \mathcal{L}_t\{v(0_+, t)\} = \mathcal{L}_t\{E_0\} = \frac{E_0}{s} \tag{9.123}$$

(9.123) 式を (9.122) 式に用いると，次式を得る．

$$V(x, s) = E_0 \frac{e^{-\sqrt{RC}x\sqrt{s}}}{s} \tag{9.124}$$

問題 7.4 の結果を利用して，(9.124) 式に対し変数 s に関してラプラス逆変換をとると，t 領域の電圧解信号 $v(x, t)$ として**誤差関数** $\mathrm{erf}(x)$ を用いた次式を得る．

$$\begin{aligned} v(x, t) &= \mathcal{L}_s^{-1}\{V(x, s)\} \\ &= E_0\left(1 - \mathrm{erf}\left(\frac{\sqrt{RC}x}{2\sqrt{t}}\right)\right) \quad ; x \geq 0,\ t > 0 \end{aligned} \tag{9.125a}$$

$$\mathrm{erf}(x) = \frac{2}{\sqrt{\pi}} \int_0^x \exp(-y^2)\, dy \tag{9.125b}$$

つづいて電流について考える．(9.124) 式を (9.115a) 式に用いると，原関数 $i(x, t)$ の変数 t に関するラプラス変換 $I(x, s)$ として次式を得る．

$$\begin{aligned} I(x, s) &= -\frac{1}{R}\frac{\partial V(x, s)}{\partial x} \\ &= E_0\sqrt{\frac{C}{R}} \frac{e^{-\sqrt{RC}x\sqrt{s}}}{\sqrt{s}} \end{aligned} \tag{9.126}$$

問題 7.4 の結果を利用して，(9.126) 式に対し変数 s に関してラプラス逆変換をとると，t 領域の電流解信号 $i(x, t)$ として次式を得る．

$$\begin{aligned} i(x, t) &= \mathcal{L}_s^{-1}\{I(x, s)\} \\ &= E_0\sqrt{\frac{C}{R}} \frac{1}{\sqrt{\pi t}} \exp\left(-\frac{RCx^2}{4t}\right) \quad ; x \geq 0,\ t > 0 \end{aligned} \tag{9.127}$$

ラプラス変換を用いた偏微分方程式の求解手順 これまで示した具体例から理解されるように,ラプラス変換を用いた偏微分方程式の求解手順は,以下のように整理される.まず,独立変数 t(あるいは x)に関しラプラス変換を遂行する.つづいて,独立変数 x(あるいは t)に関してラプラス変換を遂行する.ラプラス変換を施す順番は,既定初期値が付与されているものを優先し,ラプラス変換遂行時には既定初期値を付与する.2 変数のラプラス変換を介して得た像方程式を,像関数について求解する.本像関数に対し,2 変数に関しラプラス逆変換を遂行し,解信号を得る.ラプラス逆変換の遂行順序は,ラプラス変換と逆順である.また,ラプラス逆変換の遂行時には所定の境界条件を満足するように未定初期値を設定する.以上説明した偏微分方程式のラプラス変換を用いた解法の手順は,図 9.14 のように整理することができる.

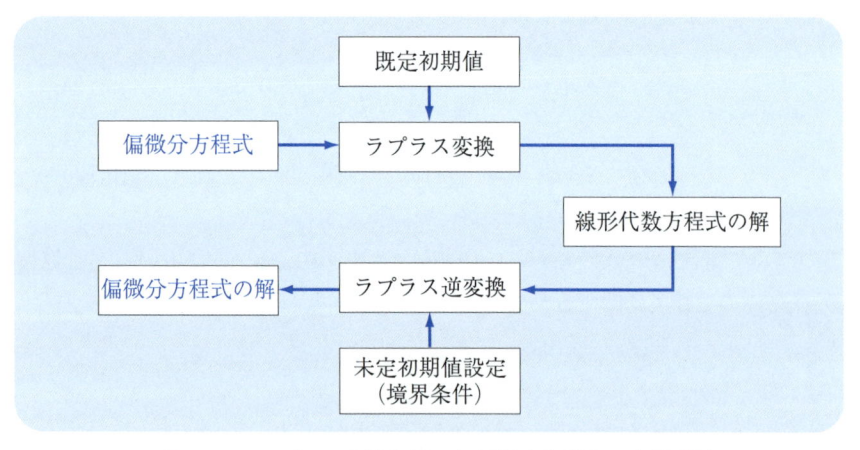

図 **9.14** ラプラス変換を用いた偏微分方程式の求解手順

参考文献

[1] F. Ayres, Jr: Schaum's Outline of Theory and Problems of Matrices, McGraw-Hill（1962）

[2] M.R.Spiegel: Schaum's Outline of Theory and Problems of Advanced Mathematics for Engineers & Scientists , McGraw-Hill（1971）

[3] C.N.Dorny: A Vector Space Approach to Models and Optimization, John Wiley & Sons（1975）

[4] 篠崎寿夫・高橋宣明・富山薫順・松浦武信・吉田正廣：現代工学のための数ベクトルの空間からヒルベルト空間へ，現代工学社（1994）

[5] 高橋宣明：工学系学生のためのヒルベルト空間入門，東海大学出版会（1999）

[6] A.Papoulis: The Fourier Integral and Its Applications, McGraw-Hill（1962）

[7] H.P.Hsu: Fourier Analysis, Simon & Schuster（1967）

[8] A.Papoulis: Signal Analysis, McGraw-Hill（1977）

[9] 洲之内源一郎：フーリエ解析とその応用，サイエンス社（1977）

[10] 松尾博：やさしいフーリエ変換，森北出版（1986）

[11] 白井宏：応用解析学入門 ― 複素関数論・フーリエ解析・ラプラス変換 ―，コロナ社（1993）

[12] 小暮陽三：なっとくするフーリエ変換，講談社（1999）

[13] 樋口禎一・八高隆雄：フーリエ級数とラプラス変換の基礎・基本，牧野書店（2000）

[14] 田代嘉宏：ラプラス変換とフーリエ解析要論 第2版，森北出版（2004）

[15] 楊剣鳴：システム解析のためのフーリエ・ラプラス変換の基礎，コロナ社（2008）

[16] 新中新二：システム設計のための基礎制御工学，コロナ社（2009）

索　引

あ　行

アーベル形積分方程式　237
位相スペクトラム　104, 129
位相速度　247
一様収束　36
一般解　162
一般化関数　131
一般化ハミング窓　127
一般化フーリエ級数　28, 31, 50
一般化フーリエ級数展開　28
一般フーリエ係数　28
インパルス応答　214
インパルス応答行列　225
インパルス信号　137, 180
エネルギースペクトラム　115
エネルギースペクトラム密度関数　115

か　行

開区間　6
解信号　212
解析接続　167
ガウス関数　133
ガウス信号　130
拡散方程式　156
過減衰　204
数ベクトル　4
過制動　204

過渡応答　162
過渡解　162
加法定理　184, 207
関数空間　6
関数ベクトル　6
完全　28, 31
完全性　32
奇関数　48, 105, 144
奇関数に対する三角フーリエ級数　56
奇数次項成分　53
基底　17
ギブス現象　39
基本波成分　53
逆元　5
逆問題　238
境界条件問題　230
共役　11
共役性　33
共役定理　111
極　167, 192
距離　10, 30
距離空間　10
距離の公理　10
キルヒホフの第 2 法則　214
近似定理　30, 32
偶関数　48, 105, 144
偶関数に対する三角フーリエ級数　56
偶数次項成分　53
矩形波信号　64

矩形パルス関数　132
矩形パルス信号　60, 117, 121, 127, 147, 180, 185
矩形フィルタ　129
矩形窓　127
駆動信号　212
区分的に滑らかな関数　34
区分的に連続な関数　34
グラム・シュミットの直交化法　19
クロネッカのデルタ　17
結合則　4, 113, 178
ケットベクトル　11
元　4
原関数　103, 168
減衰係数　201
減衰固有周波数　204
原方程式　212
交換則　4, 113, 178
広義積分　34, 98
広義積分可能　34
高調波成分　53
公理　4
交流成分　53
コーシー・シュワルツの不等式　12
誤差関数　189, 251
固有周波数　201
混合法　194

さ 行

サージインピーダンス　247
斉次方程式　162
最終値定理　178
最大ノルム　8
三角関数系　23, 50
三角波信号　73
三角パルス関数　132

三角パルス信号　119, 149
三角フーリエ級数　50
三角フーリエ係数　50
三角不等式　7, 13
残差ベクトル　19
時間推移定理　107, 171
時間積分定理　109, 174, 205
時間畳込み積分　237
時間畳込み定理　111, 176, 207
時間微分定理　108, 173
時間領域　112, 162
シグナム関数　129
次元　17
二乗シンク関数　119, 122
指数位数　167
指数関数系　22, 32
指数減衰の正弦信号　123
指数減衰の余弦信号　122
指数信号　116, 146, 182, 220
指数正弦信号　185, 186
指数余弦信号　185, 186
実関数　105
実数　6, 33, 52, 99, 105
実数体　6, 14
実フーリエ積分　100
実ユークリッド関数空間　14
四半波対称奇関数　57
四半波対称奇関数の三角フーリエ級数　59
四半波対称偶関数　57
四半波対称偶関数の三角フーリエ級数　58
射影成分　15, 19, 28
周期関数　33, 51
周期信号　141, 188
周期定理　177
収束定理Ⅰ　37

索　引

収束定理 II　37
収束特性　29, 32, 35, 46, 51
周波数推移定理　107
周波数畳込み定理　112
周波数微分定理　110
周波数領域　112, 162
出力方程式　224
上限定理　39
状態空間表現　224
状態変数　224
状態方程式　224
初期条件問題　152, 230
初期値　152, 162
初期値定理　178
自励振動　233
シンク関数　62, 118, 122, 133
振幅スペクトラム　104, 129
シンボリック関数　131
スカラ乗算　4
スケーリング定理　106, 170
正規化シンク関数　62
正規直交関数系　22
正規直交基底　17, 29, 31
正弦信号　90, 139, 182
正弦フーリエ級数　92
正則性　130
積分定理　41
積分方程式　236, 237
絶対収束　35, 167
絶対積分可能　100, 166
ゼロ元　5
ゼロ内積　16
線形空間　4
線形従属　17
線形代数方程式　162
線形定係数常微分方程式　152
線形定係数微分方程式　163

線形定理　40, 106, 170
線形独立　17
線形微分方程式　162
全波整流信号　79
増加指数　167
像関数　103, 168
双曲線正弦信号　187
双曲線余弦信号　187
像方程式　212
損失線路　248
損失線路の電信方程式　248

た　行

体　6
第1種ボルテラ形積分方程式　237
第2種ボルテラ形積分方程式　237
台形波信号　76
対称定理　110
多項式　192
畳込み積分　112, 122, 162, 164
単位元　5
単位スカラ　5
単位ステップ関数　136
単位ステップ信号　140, 181, 185
超関数　131
直線信号　89
直流信号　137
直流成分　53
直交　16
直交化　19
直交関数系　22
直交基底　17, 28, 31, 50
直交成分　16
定常応答　162
定常解　162
ディラックのデルタ　44

テスト関数　131
デュアメルの公式　178
デルタ関数　44, 131, 180
デルタ関数列　45, 142
伝達関数　214
伝達関数行列　225
転置　8
同次方程式　162
特異点　167
特殊解　162
特性インピーダンス　247
特性根　192
特性多項式　192
特性方程式　192

な 行

内積　11
内積空間　11, 28, 31, 50
内積の公理　11
任意周期　87
任意周期の奇関数に対する三角フーリエ級数　88
任意周期の偶関数に対する三角フーリエ級数　87
任意周期の三角フーリエ級数　87
任意周期の四半波奇関数に対する三角フーリエ級数　88
任意周期の四半波偶関数に対する三角フーリエ級数　88
任意周期の複素フーリエ級数　44
熱伝導方程式　156, 248
のこぎり波信号　70
ノルム　7
ノルム空間　9
ノルムの公理　7
ノルム不変性　115

は 行

パーシバルの定理　114, 122
パーシバルの等式　29, 32, 114
バートレット窓　127
バイアス付き余弦信号　126
波動インピーダンス　247
波動方程式　154, 244
ハニング窓　127
ハミング窓　127
半2次信号　86
半周期余弦信号　125
半のこぎり波信号　75
半波整流信号　81
半波対称　54
半波対称関数の三角フーリエ級数　55
非斉次方程式　162
非正規化シンク関数　62
微積分方程式　236
非同次方程式　162
微分定理　40
ヒルベルト信号　128
ヒルベルト変換フィルタ　129
フーリエ逆変換　103
フーリエ級数　50
フーリエ係数　50
フーリエ係数の特性　51
フーリエ正弦変換　145
フーリエ積分　99, 144
フーリエ積分の存在定理 I　100, 169
フーリエ積分の存在定理 II　102
フーリエ変換　103
フーリエ変換対　103
フーリエ変換定義式 I　103
フーリエ変換定義式 II　103
フーリエ変換定義式 III　104
フーリエ余弦変換　145

複素推移定理　172
複素数　6
複素数体　6, 14
複素積分定理　175
複素畳込み定理　176
複素微分定理　175
複素フーリエ級数　32, 51, 98, 141
複素フーリエ係数　33
複素フーリエ積分　99
複素領域　162
符号関数　129
符号信号　129
不足減衰　204
不足制動　204
部分分数展開　192, 198, 207
ブラベクトル　11
分配則　5
平均収束　36
閉区間　6
平行成分　15
ベクトル　4
ベクトル加算　4
ベクトル空間　4
ベクトル空間の公理　4
ベッセルの不等式　32
ヘビサイド関数　136, 140, 181
ヘビサイドの展開定理　196
ヘビサイドの方法　194
ポアソン形積分方程式　237

ま　行

未定係数法　194
ミンコフスキーの不等式　7, 13
無限積分　98
無限積分可能　98
無限ノルム　8

無損失線路　243
無損失線路の電信方程式　244
モード　204
モーメント　113

や　行

ユークリッド空間　14
ユークリッドノルム　7, 9
有限区間の正弦信号　128
有限区間の余弦信号　124, 127
有理関数　192
有理多項式　192
ユニタリー空間　14
ユニタリー特性　114
余弦信号　93, 138, 182, 217
余弦フーリエ級数　89

ら　行

ラプラス演算子　165
ラプラス逆変換　162, 168
ラプラス逆変換の存在定理　168
ラプラス変換　162, 165
ラプラス変換対　168
ラプラス変換の存在定理　166, 169
ラプラス変換の定義式　165
ラプラス方程式　157
臨界減衰　204
臨界制動　204
ルジャンドル多項式　21
ルベーグ積分　14
ロドリグの公式　21
ロピタルの定理　197

索　引

欧　字

120 度矩形波信号　67
1 次従属　17
1 次独立　17
2 次信号　84
ℓ_2 ノルム　7
n 次高調波成分　53
n 次信号　182

外国語索引

120 degree rectangular signal　67
Abel integral equation　237
absolute convergence　35
AC component　53
analytical continuation　167
arbitrary period　87
associative law　4
average convergence　36
Bartlett window　127
basis　17
Bessel inequality　32
bra-vector　11
cardinal sine function　62
Cauchy-Schwarz inquality　12
characteristic equation　192
characteristic impedance　247
characteristic polynomial　192
characteristic root　192
cket-vector　11
commutative law　4
complete　28
complex convolution theorem　176
complex differentiation theorem　175
complex domain　162
complex Fourier integral　99

complex integration theorem　175
complex number　6
complex shift theorem　172
conjugate　11
conjugate theorem　111
convergence characteristic　29
convolution integral　112
cosine signal　93
critical damping　204
damped natural frequency　204
damping coefficient　201
DC component　53
diffusion equation　156
dimension　17
Dirac delta function　44
distributive law　5
Duhamel formular　178
element　4
energy spectral density function　115
energy spectrum　115
error function　189
Euclidean norm　7
Euclidean space　4
even function　48
even quarter-wave symmetry function　57
exponential order　167
field　6
final-value theorem　179
Fourier cosine series　89
Fourier cosine transform　145
Fourier series　50
Fourier sine series　92
Fourier sine transform　145
Fourier transform　103
Fourier transform pair　103
frequency convolution theorem　112

frequency differentiation theorem   110
frequency domain   162
frequency shift theorem   107
full-wave rectfied signal   79
function space   6
function vector   6
fundamental frequency component   53
general Fourier coefficient   28
general solution   162
generalized Fourier series   28
generalized Fourier series expansion   28
generalized function   131
generalized Hamming window   127
Gibbs phenomenon   39
Gram-Schmidt orthogonalization procedure   19
half-wave rectified signal   81
half-wave symmetry   54
Hamming window   127
Hanning window   127
harmonic components   53
harmonics   53
heat conduction equation   156
heat equation   156
Heaviside function   136
Hilbert transform filter   129
homogeneous equation   162
hyper function   131
image equation   212
image function   103
impulse response   214
impulse response matrix   225
infinity norm   8
initial value   152
initial-value theorem   178
inner product   11

inner product space   11
inverse element   5
inverse Fourier transform   103
inverse Laplace transform   162
Kronecker delta   17
Laplace equation   157
Laplace operator   165
Laplace transform   162
Laplace transform pair   168
Lebesgue integral   14
Legendre polynomials   21
l'Hospital rule   197
linear algebraic equation   162
linear constant coefficient differential equation   163
linear differential equation   162
linear signal   89
linear space   4
linear transformation theorem   106
linearly dependent   17
linearly independent   17
loss transmission line   248
lossless transmission line   243
magnitude spectrum   104
maximum norm   8
Minkowski inequality   7
natural frequency   201
non-homogeneous equation   162
norm   7
norm preservation   115
norm space   9
normalized sinc function   62
n-th harmonic   53
odd function   48
odd quarter-wave symmetry function   57
original equation   212

索　引　　**261**

original function　103
orthogonal basis　17
orthogonal functions　22
orthonomal functions　22
orthonormal basis　17
output equation　224
over damping　204
Parseval equation　29
Parseval identity　29
Parseval theorem　114
partial fraction expansion　192
particular solution　162
periodic function　51
periodicity theorem　177
phase spectrum　104
phase speed　247
phase velocity　247
piecewise continuous function　34
piecewise smooth function　34
Poisson integral equation　237
pole　192
polynomial　192
quadrature filter　129
rational function　192
rational polynomial　192
real Euclidean function space　14
real number　6
rectangular pulse signal　60
rectangular signal　64
rectangular window　127
Rodrigues formula　21
sawtooth signal　70
scalar multiplication　4
scaling theorem　106
second-order signal　84
signum function　129
sinc function　62

sine cordinal function　62
sine signal　90
state equation　224
state space description　224
state variable　224
steady state response　162
surge impedance　247
symbolic function　131
symmetry theorem　110
telegrapher's equation　244
testing function　131
time convolution theorem　111
time differentiation theorem　108
time domain　162
time integration theorem　109
time shift theorem　107
transfer function　214
transfer function matrix　225
transient response　162
transpose　8
trapezoidal signal　76
triangular signal　73
trigonometric Fourier series　50
under damping　204
uniform convergence　36
unit element　5
unit step function　136
unitary property　114
unitary space　14
unnormalized sinc fumction　62
vector addition　4
vector space　4
Volterra integral equation　237
wave equation　154
wave impedance　247
wave motion equation　154
zero element　5

著者略歴

新中新二
(しんなかしんじ)

1979 年　University of California, Irvine 大学院博士課程修了
　　　　　Doctor of Philosophy（University of California, Irvine）
1979 年　防衛庁（現防衛省）第一研究所勤務
1981 年　防衛大学校勤務
1986 年　キヤノン株式会社勤務
1990 年　工学博士（東京工業大学）
1991 年　株式会社日機電装システム研究所創設（代表）
1996 年　神奈川大学工学部教授
現　在　神奈川大学工学部電気電子情報工学科教授

主要著書

適応アルゴリズム—離散と連続，真髄へのアプローチ—（産業図書，1990）
永久磁石同期モータのベクトル制御技術（上巻）—原理から最先端まで—（電波新聞社，2008）
永久磁石同期モータのベクトル制御技術（下巻）—センサレス駆動制御の真髄—（電波新聞社，2008）
システム設計のための基礎制御工学（コロナ社，2009）
永久磁石同期モータの制御—センサレスベクトル制御技術—（東京電機大学出版局，2013）

新・数理/工学ライブラリ ［数学＝4］

フーリエ級数・変換とラプラス変換
—基礎から実践まで—

2010 年 3 月 25 日ⓒ　　　　初　版　発　行
2017 年 9 月 10 日　　　　　初版第 4 刷発行

著　者　新中新二　　　発行者　矢沢和俊
　　　　　　　　　　　印刷者　小宮山恒敏
　　　　　　　　　　　製本者　米良孝司

【発行】　　　　　株式会社　数理工学社
〒151-0051　東京都渋谷区千駄ヶ谷 1 丁目 3 番 25 号
☎ (03) 5474-8661（代）　　　サイエンスビル

【発売】　　　　　株式会社　サイエンス社
〒151-0051　東京都渋谷区千駄ヶ谷 1 丁目 3 番 25 号
営業 ☎ (03) 5474-8500（代）　　振替 00170-7-2387
FAX ☎ (03) 5474-8900

印刷　小宮山印刷工業（株）　　製本　ブックアート

≪検印省略≫

本書の内容を無断で複写複製することは，著作者および
出版者の権利を侵害することがありますので，その場合
にはあらかじめ小社あて許諾をお求め下さい。

ISBN978-4-901683-73-9

PRINTED IN JAPAN

サイエンス社・数理工学社の
ホームページのご案内
http://www.saiensu.co.jp
ご意見・ご要望は
suuri@saiensu.co.jp　　まで．